Motorrad-Reparaturanleitung
Band 5232

YAMAHA
YZF – R1
ab Baujahr 1998

bucheli verlag

Impressum

ISBN 3-7168-1995-6

Motorrad-Reparatur-anleitung Band 5232

Redaktion,
Satz und Gestaltung:
Redaktionsbüro
Thomas Jung
D-70376 Stuttgart
Text:
Thomas Jung
Fotos:
Uwe Altmann
Thomas Jung
MO-Archiv
Druck:
Maisch & Queck
D-70839 Gerlingen
Bindung:
K. Dieringer
D-70839 Gerlingen

040150

VERLAG BUCHELI
Inhaber Paul Pietsch
CH-6304 Zug
Verkauf und Lager:
Gewerbestrasse 10
CH-6330 Cham
Postadresse:
Postfach 4161
CH-6304 Zug
Telefon
0041/41/7417755
Fax 0041/41/7417115

Alleinauslieferung für Deutschland:
Motorbuch-Verlag
D-70032 Stuttgart
Olgastrasse 86
Postfach 103743
Telefon 0711/21080-0

Alleinauslieferung für Österreich:
Verlagsauslieferung Godai
A-1150 Wien XV
Mariahilferstrasse 169
Telefon
0043/222/8934105

Dieser Band entspricht dem Kenntnisstand zum Zeitpunkt der Drucklegung. Abweichungen durch Weiterentwicklung der beschriebenen Fahrzeuge, geänderte Anweisungen des Fahrzeugherstellers bzw. neue gesetzliche Bestimmungen sind möglich.

Inhalt

Ein kleiner Sprung in die Historie

Drei gekreuzte Stimmgabeln: An diesem weltbekannten Emblem ist noch heute gut zu erkennen, dass das ursprüngliche Metier von YAMAHA der Bau von Musikinstrumenten war, und der übrigens heute noch – und zwar sehr erfolgreich – betrieben wird. Die Anfänge dieses Markennamens reichen bis weit ins achtzehnte Jahrhundert zurück und haben ihre Wurzeln in tief greifenden Veränderungen in der japanischen Gesellschaft.
Der Vater des späteren Firmengründers Torakusu Yamaha war als Samurai noch Angehöriger einer über Jahrhunderte privilegierten und elitären Gesellschaftsschicht.
Torakusu Yamaha wurde 1851 in einer ländlichen Gegend im Westen von Japan geboren, mitten hinein in grundlegende gesellschaftliche Umwälzungen. Das Abbröckeln der Territorialherrschaft und der Übergang zur absoluten Monarchie hatten zur Folge, dass den Samurai hohe Steuerlasten aufgebürdet wurden und deren Nachwuchs sich neue Erwerbsquellen erschliessen wollte und musste – eben arbeiten musste.
Torakusu Yamaha erlernte den Beruf des Feinmechanikers. Später absolvierte er noch eine Ausbildung bei einem Hersteller für medizinische Apparaturen.
1884 eröffnete er in Hamamatsu mit seinem Freund Kisaburo Kawai eine kleine Werkstatt, wo er drei Jahre später, nach diversen kleineren Aufträgen, sein erstes Instrument, ein Harmonium, baute. Der Verkauf lief gut an und der Betrieb vergrösserte sich rasch. YAMAHA spezialisierte sich bald auf den Bau von Orgeln, und bereits 1895 startet der Export nach Europa.
Einschneidende Veränderungen wurden durch den Zweiten Weltkrieg ausgelöst, obwohl die Produktion anfangs noch einigermassen normal weiterlief. 1941 bestand nahezu die gesamte Produktion aus Munition und technischem Gerät für die Kriegsmaschinerie.
Die Kapitulation Japans erforderte die Umstrukturierung und den Neuaufbau des Konzerns, und nur neun Monate später war YAMAHA als Musikgerätehersteller auf dem Weltmarkt wieder präsent.
1950 stiess ein neuer Mann an die Spitze des Konzerns: Genichi Kawamaki. Er war die treibende Kraft hinter der Entscheidung, neue Geschäftsbereiche zu erschliessen. Fünf Jahre später begann YAMAHA, Motorräder zu bauen; 1960 lief die Produktion von Booten und Aussenbordmotoren an.

1955
Das erste YAMAHA-Serienmotorrad: Die YA 1. Von Anderen lernen ist kein Fehler!

Die erste YAMAHA-Maschine war eine Kopie eines berühmten europäischen Vorbilds, nämlich der DKW RT 125, dem deutschen Nachkriegs-Volksmotorrad schlechthin, wie sie z.B auch in England (BSA) oder in den USA (Harley-Davidson) »nachempfunden« wurde. Bis in die 60er-Jahre hinein folgte die Modellpolitik überwiegend den Erfordernissen des Inlandsmarktes, wo hauptsächlich kleine, robuste Zweitakter gefragt waren, ähnlich der Situation im Nachkriegs-Deutschland.
Doch auch der Strassenrennsport wurde nicht vernachlässigt und als wichtiges Marketing-Instrument erkannt (im Gegensatz zu den deutschen Herstellern). So erwarb sich YAMAHA rasch Erfolge. 1964 holte das Werk erstmals die Markenweltmeisterschaft in der 250 cm^3-Klasse und belebt mit der Herstellung von käuflichen Rennmaschinen, so genannten Production Racern, bis heute die Motorradszene.
Die Viertakt-Ära läutet YAMAHA für sich 1969 auf der Tokyo Motor Show mit der XS 1 ein. Jedoch musste diese sich an der ebenfalls brandneuen HONDA CB 750 messen lassen, gegen deren Vierzylinder-Power sie auf verlorenem Posten stand und im Verkauf hinter den Erwartungen zurück blieb. Zwei Jahre später gab es eine weiterentwickelte Version (XS 2), die aber für die deutschen Zulassungsbestimmungen stark zugestopft werden musste und zumindest in Europa nicht eben ein Verkaufsschlager wurde. Erst der dritte Anlauf, die XS 650, brachte YAMAHA den sehnlichst gewünschten Durchbruch auf dem Viertaktsektor und blieb immerhin bis 1985 in der Produktion (heute mit fester und treuer Fangemeinde).
YAMAHA-Highlights finden sich noch jede Menge sowohl auf dem Viertakt- als auch Zweitaktsektor, die legendäre Einzylinder-Enduro XT 500 und ihr Strassenableger SR 500 seien genannt, der Vierzylinder-Zweitakter RD 500 oder die erste Fünfventil-FZ 750 von 1986. Dieses über die Jahre immer weiter verfeinerte Know-how steckt heute in jeder YAMAHA.
Die Speerspitze dieser potenten YAMAHA-Sportlerriege ist die YZF-R1, der die Techniker die bewährte Fünfventil-Technik und die kompakte Getriebe-Bauart mit auf den Weg gaben. Die Fünfventil-Technik ermöglicht kleine leichte Ventile, die geringe Betätigungskraft und damit geringen Verschleiss verursachen. Aber auch die Kraftentfaltung zeigt die Wirkung der fünf Ventile pro Brennraum: 91 Nm bei mässigen 4500/min (98-PS-Version) lassen eher auf einen bärigen Tourer denn auf ein Sportgerät schliessen (woran die EXUP-Walze natürlich auch ihren Anteil hat). Die Getriebe-Bauart mit den übereinander liegenden Getriebewellen zeitigt ein kompaktes und kurzes Motorgehäuse, das die Verwendung einer extrem langen Hinterrad-Schwinge erlaubt, wodurch Antriebseinflüsse minimiert werden (die Federung »verhärtet« sich beim Beschleunigen weniger). Das Ganze ist garniert mit einer aggresiven Optik, der ihre Durchtrainiertheit schon im Stand anzusehen ist. Und 177 kg Trockengewicht (ab Baujahr 2000 175 kg dank leichterem Titandämpfer und der Magnesium-Seitendeckel) gepaart mit den »offenen« 150 PS garantieren einen Platz in der ersten Startreihe.

In eigener Sache: Dieser Band kann keine dreijährige Motorradmechaniker-Ausbildung ersetzen, setzt aber geübten Umgang mit Werkzeug und Materie voraus.
Einzelne Arbeitsgänge, zu deren Durchführung Sonderwerkzeuge und umfangreicher Maschinenpark (spezielle Dorne, Hülsen und Pressen) benötigt werden, die Hobbymechaniker-Verhältnisse übersteigen, werden zur Durchführung der YAMAHA-Werkstatt empfohlen.
Um sich und andere nicht zu gefährden, sind Arbeiten an der Bremsanlage ebenfalls versierten Fachkräften vorbehalten.

YAMAHA

Werkzeug 1

Werkzeug und Ersatzteile

1.1 Allgemeine Werkzeuge

Das mit der Maschine gelieferte Bordwerkzeug können wir für umfangreichere Wartungsarbeiten oder gar Motorüberholungen vergessen.
Also muss passendes Qualitätswerkzeug selbst besorgt werden, mit dem der Freizeit-Mechaniker seine Maschine mit Spass bei der Arbeit in Schuss halten kann. Hier eine Aufstellung von Werkzeugen, über die der engagierte Hobby-Schrauber verfügen sollte:

1 Gabelschlüssel (kompletter Satz ab 6/7 bis 30/32)
2 Ringschlüssel (abgekröpft, kompletter Satz ab 6/7)
3 Steckschlüssel (kompletter Satz ab 8/9 bis 20/22 und SW 30, 32)
4 Innensechskantschlüssel (kompletter Satz 2–8 mm, abgewinkelt)
5 Schraubendreher für Schlitzschrauben (ein kompletter Satz)
6 Schraubendreher für Kreuzschlitzschrauben (ein kompletter Satz)
7 Schlosserhämmer(200 g, 500 g, 1000 g)
8 Meissel (Satz: Meissel, Durchtreiber, Körner)
9 Stroboskoplampe (Zündungskontrolle)
10 Feilen und Ölstein (je ein Satz)
11 Flachschaber (verschiedene Klingenbreiten, im Durchschnitt 23 mm)
12 Dreikant-Schaber
13 Zangen (Kombi-, Wasserpumpen-, kleine Flachspitz-, Rundspitz-, Innen- und Aussenseegerring- und Grip-Zange)
14 Isolierter Seitenschneider
15 Schlagschraubendreher (mit Schlitz- und Kreuzschlitz-Einsätzen)
16 Knarre (komplett mit allen Einsätzen)
17 Drehmomentschlüssel (5–60 Nm/60–300 Nm, dazu alle nötigen Werkzeuge und Einsätze)
18 Gewindeschneid-Ausrüstung (komplett mit Lehre und Schneider)
19 Gewindereparatur-Ausrüstung
20 Elektrische Bohrmaschine (komplett mit Ausrüstung und Ständer)
21 Schraubstock
22 Werkbank

Das könnte genügen, aber der sichere Mann treibt die Freude noch weiter und gönnt sich noch andere gute Sachen.

23 Verschiedene Abzieher, von denen der wichtigste ein einfacher zweiarmiger ist
24 Lötlampe mit verschiedener Ausrüstung
25 Elektrische Heizplatte (ca. 25 cm Durchmesser)
26 Schiebelehre (Messschieber) und Messuhr (letztere komplett mit Halter)
27 Schraubzwingen zum Festhalten von Teilen
28 Kolbenringzange
29 Lötkolben (verschiedene Grössen: 30, 80, 150 Watt)
30 Für die Elektrik: Prüflampe, Taschenprüfgerät (Ohm- und Volt-Meter), Säureprüfer

Ausserdem muss der Hobbymechaniker über bestimmte *Verbrauchsstoffe* verfügen, als da wären:

31 Spiritus oder Bremsenreiniger zum Entfetten von Dichtflächen (und natürlich Bremsscheiben reinigen)
32 Flüssige Silikon-Dichtmasse
33 Radlagerfett für Seilzug- und Hebel/Pedal-Drehpunkte
34 Montage-Fett mit MoS_2–Anteil
35 Kupferpaste
36 Polfett (säurefrei)
37 Schraubensicherung (Loctite 221 o.Ä.)
38 Mehrzweck-Sprayöl

Dermassen ausgerüstet, bereitet es auch keine Schwierigkeiten, sich aus den Beständen des nächstgelegenen Schrotthändlers Abzieher, Abdrücker oder Spezialdorne und -halter zu konstruieren. Nützlich ist in dem Fall auch noch ein Schleifbock. Eine Motorradhebebühne stellt ebenfalls eine nicht zu unterschätzende Arbeitserleichterung dar. Auf die Reifenmontage wird hier nicht eingegangen, da die Montage von Schlauchlos-Reifen womöglich auch mit Behelfswerkzeug vonstatten geht, Ihr Reifenhändler aber die Felgen Ihrer R1 bestimmt schonender behandelt, als dies bei einem Reifenwechsel in Eigenregie der Fall ist. Dort kann auch die Wuchtung der Reifen schnell und sicher ausgeführt werden (was auch kein Hexenwerk ist).

1.2 Spezialwerkzeug

■ Folgende Arbeiten erfordern YAMAHA- oder »Universal«-Spezialwerkzeug:

→ **Bild 1:** Ventilfederspanner mit passendem Adapter zum Ausbau der Ventile/Ventilfedern (YAMAHA-Nr. 90890-04019 und 90890-04108 oder 90890-04114).

→ **Bild 2** und **Bild 3**: Rotorabdrücker YAMAHA-Nr. 90890-01080 und Rotorhalter YAMAHA-Nr. 90890-01235 zum Ausbau des Generatorrotors.

→ **Bild 4:** Kupplungskorbhalter zum Ausbau des Kupplungskorbs (nicht erforderlich zum Wechseln Kupplungsfedern oder -beläge; YAMAHA-Nr. 90890-04086).

→ **Bild 5:** Ölfilterschlüssel zur Ölfiltermontage (YAMAHA-Nr. 90890-01426).

→ **Bild 6:** Winkelschraubendreher zum Einstellen des Leerlaufgemischs (YAMAHA-Nr. 90890-03158).

→ **Bild 7** und **Bild 8**: Dämpferstangenhalter YAMAHA-Nr. 90890-01434 und Gegenhalter YAMAHA-Nr. 90890-01423 zum Zerlegen der Teleskopgabel.

TIPP Diese Werkzeuge sind zum Teil (z.B. Ölfilterschlüssel) auch bei den einschlägigen Zubehör-Handelsketten erhältlich.

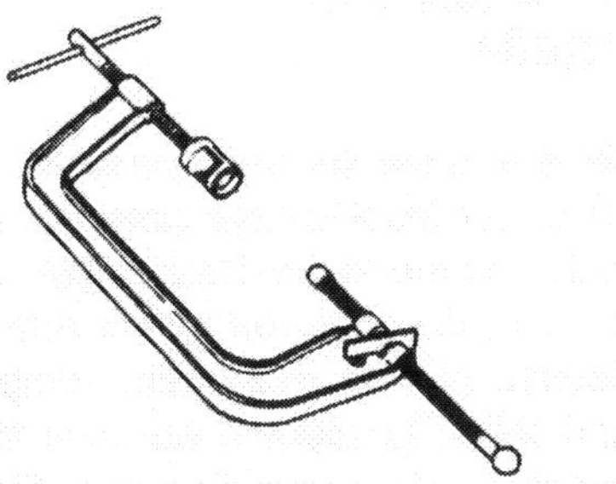

Bild 1
Ventilfederspanner und Adapter
YAMAHA-Spezialwerkzeug 90890-04019 und 90890-04108 oder 90890-04114

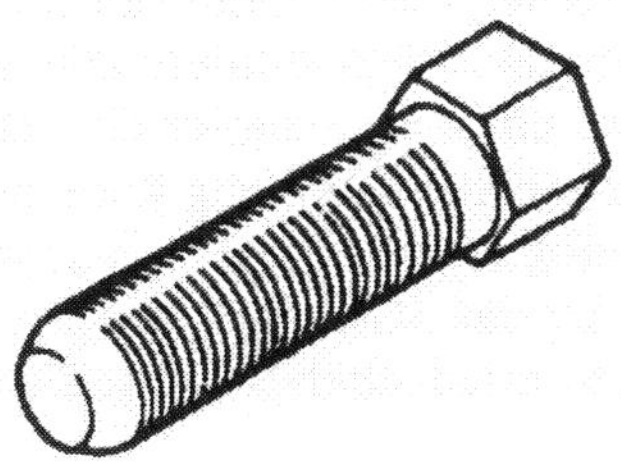

Bild 2
Rotorabdrücker
YAMAHA-Spezialwerkzeug 90890-01080

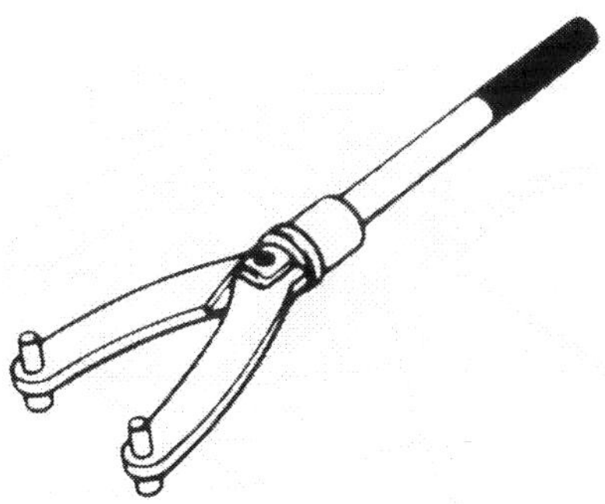

Bild 3
Rotorhalter
YAMAHA-Spezialwerkzeug 90890-01235

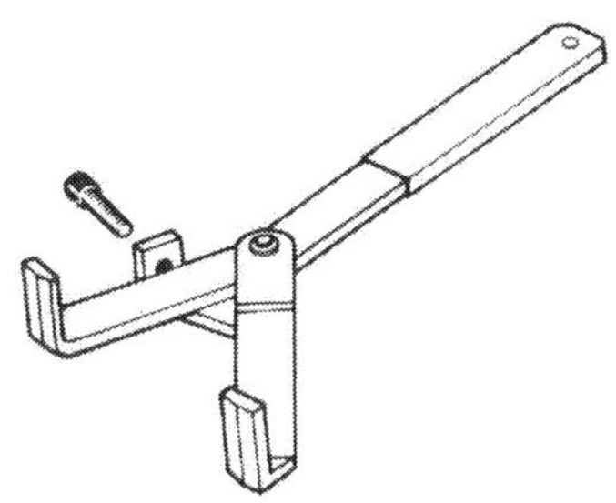

◄ Bild 4
Kupplungsnabenhalter
YAMAHA-Spezialwerkzeug 90890-04086

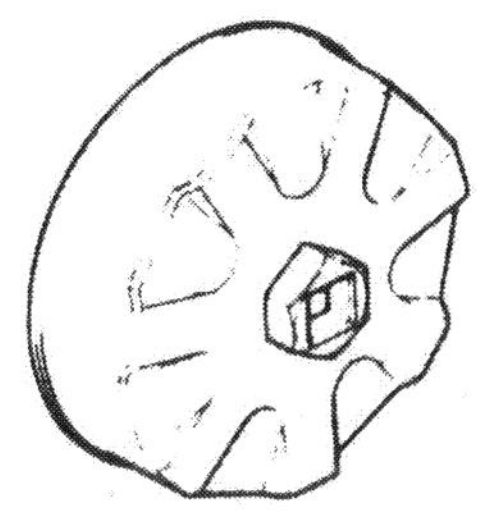

Bild 5
Ölfilterschlüssel
YAMAHA-Spezialwerkzeug 90890-01246

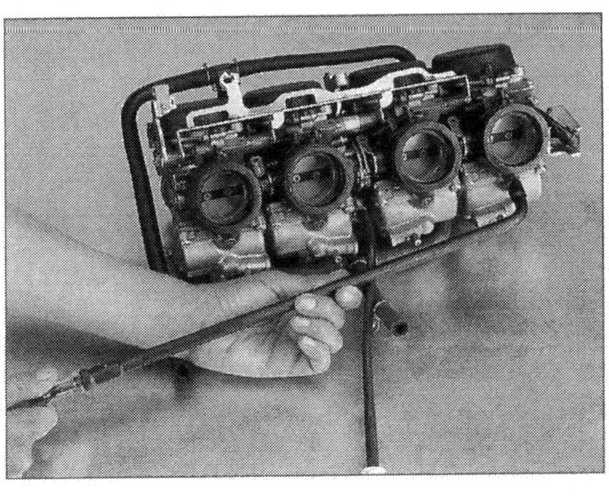

◄ Bild 6
Winkelschraubendreher im Einsatz
YAMAHA-Spezialwerkzeug 90890-03158

Bild 7
Dämpferstangenhalter
YAMAHA-Spezialwerkzeug 90890-01434

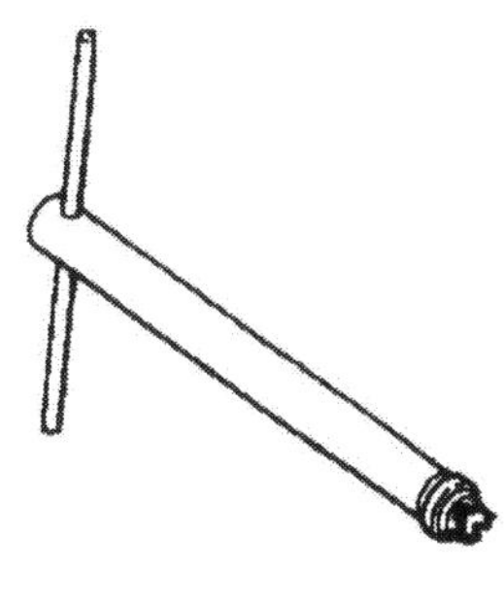

Bild 8
Gegenhalter der Dämpferstange
YAMAHA-Spezialwerkzeug 90890-01423

1.3 Ersatzteile

⚠ **Bild 9** und **Bild 10:** Kraftfahrzeuge sind ständiger Modellpflege unterworfen, wobei meistens nur kleine Details geändert werden, die aber von einem zum anderen Baujahr oftmals nicht mehr kompatibel und selbst Fachleuten wie dem Motorradhändler nicht augenfällig sind. Deshalb ist es sehr wichtig, dass Sie beim Kauf von Ersatzteilen immer Ihren Fahrzeugschein und die Modellcode-Informationen bereithalten, damit Ihr Händler die richtigen, für die jeweilige Ausführung korrekten Teile ausfindig machen kann – das gilt übrigens auch für den Teilekauf bei den einschlägigen Motorradzubehör-Handelsketten.

Bild 9
Rahmennummer ①
am Lenkkopf
(erste drei Zeichen sind Typkennzeichnung)

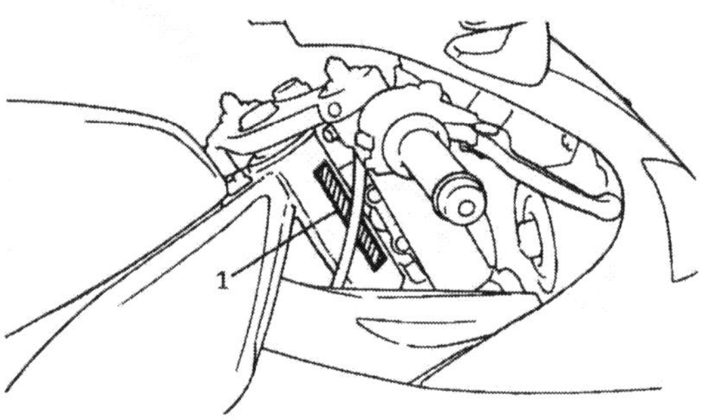

Bild 10 ➤
Modellcode-Klebeschild ①

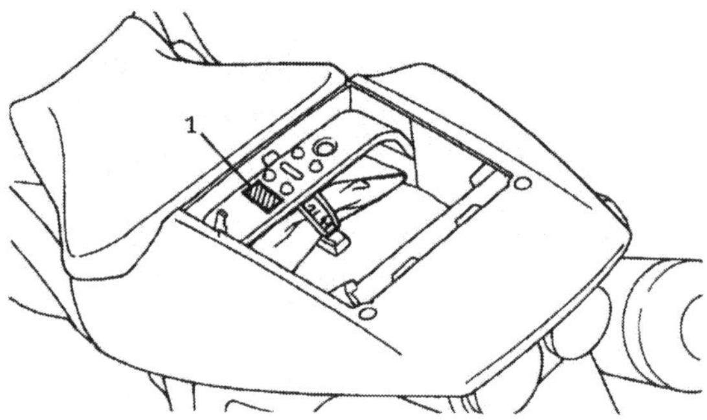

Störungssuche

Keine Klagen über die Zuverlässigkeit von YAMAHAS 600er-Reihenvierer! Störungen sind bei richtiger Pflege nicht zu erwarten, kommen aber natürlich dennoch gelegentlich vor.
Die folgende Liste soll helfen, Fehler zu lokalisieren. Jedoch ist die Liste nicht erschöpfend (leider!), da nicht jede mögliche Ursache für die aufgeführten Störungen angegeben werden kann. Sie kann lediglich als Hilfe zur Erleichterung der Störungssuche bei häufiger vorkommenden Störungen dienen.

2.1 Schmiersystem

2.1.1 Ölstand zu niedrig, hoher Ölverbrauch

- Öl läuft aus, Dichtungen lassen durch
- Kolbenringe verschlissen
- Ventilführungen abgenutzt

2.1.2 Öl verschmutzt

- Öl oder Ölfilter nicht rechtzeitig gewechselt
- Zylinderkopfdichtung schadhaft
- Kolbenringe verschlissen

2.1.3 Öldruck zu niedrig

- Ölstand zu niedrig
- Überdruckventil geöffnet oder festgeklemmt
- Ölpumpe verschlissen/Öl läuft aus

2.1.4 Öldruck zu hoch

- Überdruckventil geschlossen oder blockiert
- Ölfilter, Öltunnel verstopft
- Falsche Ölviskosität

2.1.5 Kein Öldruck

- Ölstand zu niedrig
- Ölpumpe defekt
- Internes Ölleck

2.2 Kraftstoffsystem

2.2.1 Motor wird durchgedreht, springt aber nicht an

- Kein Kraftstoff im Tank
- Kraftstoff gelangt nicht zum Vergaser
- Motor mit Kraftstoff überflutet
- Kein Funke an den Zündkerzen
- Kraftstoff-Filter verstopft
- Luftfilter zugesetzt
- Ansaugen von Nebenluft
- Falsche Choke/Gasdrehgriff-Betätigung

2.2.2 Motor springt schlecht an oder geht sofort wieder aus

- Falsche Choke-Betätigung
- Versagen der Zündanlage
- Vergaser defekt
- Kraftstoff verschmutzt
- Ansaugen von Nebenluft
- Leerlaufdrehzahl falsch eingestellt

2.2.3 Unruhiger Leerlauf

- Zündsystem/Vergaser-Einheit defekt
- Leerlaufdrehzahl falsch eingestellt
- Vergaser nicht synchronisiert
- Kraftstoff verschmutzt

2.2.4 Zündaussetzer beim Beschleunigen

- Zündsystem defekt
- Falscher Elektroden-Abstand der Zündkerzen

2.2.5 Fehlzündungen

- Zündsystem defekt
- Vergaser-Einheit oder Vergaser defekt
- Falscher Elektroden-Abstand der Zündkerzen
- Vergaser-Einheit zieht Neben-(Falsch-)Luft

2.2.6 Schlechte Leistung und hoher Verbrauch

- Kraftstoffsystem verstopft
- Zündsystem defekt
- Luftfilter verschmutzt

2.2.7 Zu mageres Gemisch

- Düsen verstopft
- Tank-Belüftung verstopft, Belüftungsschlauch eingeklemmt
- Kraftstoffschlauch eingeklemmt
- Ansaugen von Nebenluft

2.2.8 Zu fettes Gemisch

- Choke bei warmem Motor betätigt
- Luftfilter verschmutzt

2.3 Zylinderkopf, Ventile & Zylinder

2.3.1 Zu niedrige oder ungleichmässige Kompression

- Ventile falsch eingestellt
- Ventile verbrannt oder verbogen
- Falsche Ventilsteuerzeiten (Montagefehler)
- Ventilfeder gebrochen
- Zylinderkopfdichtung bläst durch
- Zylinderkopf verzogen oder gerissen
- Zylinder oder Kolbenringe verschlissen

2.3.2 Starke Geräuschentwicklung

- Ventile falsch eingestellt
- Klemmendes Ventil oder gebrochene Ventilfeder
- Steuerkette zu locker oder verschlissen
- Steuerkettenspanner verschlissen oder beschädigt
- Kolben oder Zylinder verschlissen
- Übermässige Ölkohlebildung im Brennraum

2.3.3 Zu hohe Kompression

- Übermässige Ölkohlebildung im Brennraum

2.3.4 Starke Rauchentwicklung

- Zylinder oder Kolben verschlissen
- Kolbenringe falsch montiert/gebrochen
- Kolben oder Zylinderwand mit Riefen oder Schrammen

2.3.5 Überhitzen

- Übermässige Ölkohlebildung im Brennraum
- Kühler zugesetzt/verschmutzt/beschädigt

2.4 Kupplung, Getriebe und Schaltgestänge

2.4.1 Kupplung rutscht beim Beschleunigen

- Kein Spiel im Seilzug
- Feder erlahmt oder zu schwach
- Kupplungsbeläge verschlissen

2.4.2 Kupplung rückt nicht aus

- Zu viel Spiel im Seilzug
- Scheibe verzogen
- Druckmechanismus defekt

2.4.3 Kupplung rupft

- Kupplungskorb/-Nabe riefig (eingeschlagene Nute)

2.4.4 Übermässig starker Hebeldruck

- Kupplungszug falsch verlegt, beschädigt oder verschmutzt
- Druckmechanismus beschädigt

2.4.5 Getriebe schwer schaltbar

- Falsche Kupplungseinstellung, zu viel Spiel im Seilzug
- Schaltgabeln/Schaltwelle verbogen
- Schaltwalze beschädigt

2.4.6 Gänge springen heraus

- Schaltklauen verschlissen oder verbogen
- Schaltwelle verbogen
- Schaltwalzen-Anschlag defekt

2.5 Kurbelgehäuse und Kurbelwelle

2.5.1 Übermässig starkes Geräusch

- Kurbelwellenhauptlagerzapfen oder Lager verschlissen (Rumpeln)
- Pleuellager verschlissen (Klopfen)

2.6 Frontpartie

2.6.1 Lenkung schwergängig

- Lenkkopfmutter zu fest angezogen
- Lenkkopflager beschädigt
- Lenkkopflager defekt
- Reifenluftdruck zu niedrig

2.6.2 Motorrad zieht nach einer Seite

- Gabelbeine falsch mit Öl befüllt
- Standrohr verbogen
- Vorderachse verbogen
- Rad falsch eingebaut

2.6.3 Vorderrad flattert

- Rad verzogen
- Vorderradlager ausgeschlagen
- Reifen falsch montiert
- Reifen defekt
- Reifen unwuchtig
- Achsmutter nicht genügend angezogen

2.6.4 Federung zu weich

- Gabelfedern ermüdet
- Zu wenig Gabelöl
- Falsche Gabelöl-Viskosität

2.6.5 Federung zu hart

- Zu viel Gabelöl
- Falsche Gabelöl-Viskosität

2.6.6 Geräusche beim Einfedern

- Gleitrohr abgenutzt
- Führungsbuchsen abgenutzt
- Zu wenig Gabelöl
- Vorderradgabel-Befestigungsteile lose

2.7 Vorderradbremse

2.7.1 Schlechte Bremsleistung

- Luft im Hydrauliksystem
- Abgenutzte Bremsklötze
- Bremsklötze verschmutzt oder verglast
- Hydrauliksystem undicht

2.7.2 Handbremse rubbelt

- Bremsscheibe mit unzulässig hohem Schlag

2.7.3 Nachlassende Bremswirkung unter starker Belastung

- Bremsflüssigkeit überaltert

2.8 Heckpartie

2.8.1 Trommeln oder seitliches Flattern des Rades

- Rad verzogen
- Radlager lose
- Reifen falsch montiert
- Reifen defekt oder unwuchtig
- Rad nicht festgezogen
- Schwingenlager zu viel Spiel/defekt

2.8.2 Bremshebel wippt

- Bremstrommel unrund

2.8.3 Federung zu weich

- Federn ermüdet
- Stossdämpfer falsch eingestellt oder defekt

2.8.4 Geräusche beim Einfedern

- Stossdämpfergehäuse klemmt
- Befestigungsteile lose
- Schwingenlager verschlissen

2.8.5 Schlechte Bremsleistung

- Bremsbeläge verölt, verglast oder abgefahren

2.9 Batterie und Ladesystem

2.9.1 Kein Strom bei eingeschalteter Zündung

- Batterie leer/zu niedriger Säurestand
- Zu geringe spezifische Dichte
- Störung im Ladekreis
- Batteriekabel abgetrennt
- Hauptsicherung durchgebrannt
- Zündschloss defekt

2.9.2 Schwacher Strom bei eingeschalteter Zündung

- Batterie nicht aufgeladen
- Zu niedriger Säurestand
- Zu geringe spezifische Dichte
- Störung im Ladesystem
- Batterieanschluss lose

2.9.3 Schwacher Strom bei laufendem Motor

- Batterie nicht ausreichend geladen
- Zu niedriger Säurestand
- Eine oder mehrere tote Zellen
- Störung im Ladekreis

2.9.4 Zeitweilig aussetzender Strom

- Lose Kabelanschlüsse (Wackelkontakte)
- Kurzschluss in der Anlage

2.9.5 Störung im Ladekreis

- Kabel oder Anschluss lose, gerissen oder kurzgeschlossen
- Regler/Generator defekt

2.10 Zündsystem

2.10.1 Motor wird durchgedreht und springt nicht an

- Kein Funke an den Zündkerzen
- Zündgeberspulen defekt
- Kabel zwischen Zündkerzen oder Zündgeberspulen und Zündbox/-spule ungenügend angeschlossen, bzw. gerissen oder kurzgeschlossen

2.10.2 Kein Funke an den Zündkerzen

- Kurzschlussschalter auf OFF
- Kabel schlecht angeschlossen, gerissen oder kurzgeschlossen zwischen Generator und Zündspule, Zündgeberspule und Kurzschluss-Schalter, Zündgeberspule und Zündspule, Zündgeberspule und Zündschloss oder zwischen Zündspule und Zündkerze
- Zündschloss defekt
- Zündspule/Zündgeberspule defekt

2.10.3 Motor springt an, läuft aber stotternd oder dreht nicht hoch

- Defekt im Primärzündstromkreis
- Zündspule/Zündkerze defekt
- Loses oder blankes Kabel
- Wackelkontakt oder loses Kabel in einem Schalter
- Defekt im Sekundärzündstromkreis
- Hochspannungskabel defekt
- Falscher Zündzeitpunkt
- Zündgeberspule defekt
- Defekt im Kraftstoffsystem

2.11 Starter

2.11.1 Startermotor dreht sich nicht

- Batterie entladen
- Zündschalter defekt
- Startknopf/*Neutral*schalter defekt
- Starter-Relaisschalter defekt
- Kabel lose oder abgetrennt

2.11.2 Startermotor dreht den Motor nur langsam durch

- Zu schwache Batterie
- Hoher Widerstand im Schaltkreis
- Startermotor klemmt, defekt

2.11.3 Startermotor läuft, ohne den Motor durchzudrehen

- Freilauf/Zwischenzahnrad defekt
- Zahnräder des Startermotors defekt

Wartung

Wer lange Freude am zuverlässigen Funktionieren seiner Maschine haben will, kommt um regelmässige Wartungsarbeiten nicht herum. Die YAMAHA-Vierzylinder sind jedoch einfach im Grundaufbau, sodass die Wartungsdienste keinen grossen Werkzeug- und Zeitaufwand erfordern.
Allerdings erfordert die Kontrolle des Ventilspiels das Ablassen des Kühlwassers und den Ausbau der Vergaser und Nockenwellen.
Die Ventilspiel-Kontrollintervalle sind jedoch dank der aufwändigen Technik (zwei obenliegende Nockenwellen mit Tassenstössel-Betätigung der Ventile) mit 42 000 Kilometern (!) recht weit gesteckt.

Die **Wartungsintervalle 3.1** müssen bei normaler Fahrweise nicht sklavisch eingehalten werden. Während einer Urlaubsfahrt kann die fällige Inspektion auch einmal um 500 Kilometer hinausgeschoben werden.
Anders sieht es bei häufigem Kurzstreckenverkehr oder bei dauernden Regenfahrten aus. Eine Fahrerin oder ein Fahrer mit Durchblick werden erkennen, ob sie ihre Maschine erschwerten Bedingungen aussetzen und die höher beanspruchten Baugruppen deshalb vorzeitig überprüfen.
Auch bei Wartungsarbeiten gilt: Ohne gutes Werkzeug in den benötigten Grössen fängt man mit dem Schrauben gar nicht erst an. Arbeiten an der hydraulischen Scheibenbremse sollten allerdings aus Sicherheitsgründen nur bei entsprechenden Vorkenntnissen selbst durchgeführt werden, ansonsten ist das Motorrad in der Fachwerkstatt besser aufgehoben.

■ **Bilder 11** und **12** zeigen Seitenansichten, die letzte Unklarheiten darüber ausräumen, wo sich was befindet.

Bild 11
Seitenansicht von links
1 Luftfilter
2 Batterie
3 Generator
4 Wasserpumpe
5 EXUP-Ventil

3.1
Tabelle für die periodische Wartung

Intervall/km	1000	6000	12 000	18 000	24 000
Zeit/Monate	1	6	12	18	24
Benzinschläuche	–	–	P	–	P
Gasseilzugspiel/Seilzüge	–	–	P	–	P
Luftfilter	–	–	–	E	–
Zündkerze	–	–	P	–	E
Ventilspiel	Alle 42 000 km kontrollieren				
Motoröl	E	–	E	–	E
Motoröl-Filter	E	–	E	–	E
Vergaser-Abgleich (-Synchronisation)	–	–	P	–	P
Leerlaufdrehzahl	P	P	P	P	P
Kühlmittel Alle 3 Jahre erneuern	–	–	P	–	P
Kühlsystem	–	–	P	–	–
Sekundärluftsystem	–	–	P	–	P
Antriebskette	Alle 1000 km reinigen und schmieren				
Bremsflüssigkeit	–	P	P	E	–
Bremsbelag-Verschleiss	–	P	P	P	P
Bremsanlage	P	–	P	–	P
Bremslichtschalter	–	–	P	–	P
Scheinwerfer-Einstellung	–	–	P	–	P
Kupplungssystem	P	P	P	P	P
Seitenständer	–	–	P	–	P
Radaufhängung	–	–	P	–	P
Muttern, Schrauben und Befestigungsteile	P	–	P/A	–	P/A
Räder und Reifen	–	–	P	–	P
Lenkkopflager	P	–	P	–	P

A Anziehen
E Erneuern
P Prüfen und gegebenenfalls einstellen, reinigen, schmieren bzw. erneuern

Bei höheren Kilometerständen als den hier aufgeführten, Intervalle sinngemäss wiederholen.

Bild 12
Seitenansicht von rechts
1 Kupplung
2 Pickup-Gehäuse
3 Wärmetauscher (Motoröl/Kühlmittel)
4 Kühlmittel-Ausgleichsbehälter

3.2 Benzintank und Verkleidung

- Der Komplett-Abbau der Verkleidung ist nicht grundsätzliche Bedingung für alle Wartungs- und Montagearbeiten.
- Wartungs- und Montagearbeiten, die den Abbau von Verkleidungsteilen notwendig machen, enthalten einen Verweis auf dieses Kapitel.

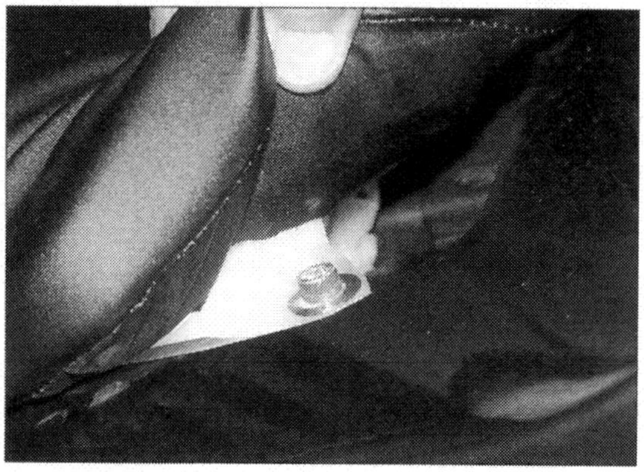

Bild 13
Sitzschrauben unter Polster rechts und links

Sitze

- **Bild 13:** Zwei Befestigungsschrauben ausdrehen und Sitzpolster abnehmen.
- **Bild 14:** Soziussitz mit Zündschlüssel entriegeln und abnehmen.
- **Bild 14:** Sitze in umgekehrter Reihenfolge montieren (Sitzpolster-Nase unter Rahmenlasche einführen).

Benzintank

⚠ Vorsicht beim Umgang mit Benzin (leicht entzündlich).
⚠ Einschlägige Sicherheitsvorkehrungen beachten (Rauchen, offenes Feuer und Funkenflug vermeiden. Geschlossene Räume ausgiebig belüften).

- Sitz abnehmen.
- **Bild 15:** Abdeckungen links und rechts nach Ausdrehen der Innensechskantschrauben abnehmen.
- **Bild 16** und **Bild 17:** Tankbefestigungsschrauben ausdrehen (hinten nur lockern und nach Trennen der Schläuche erst ganz

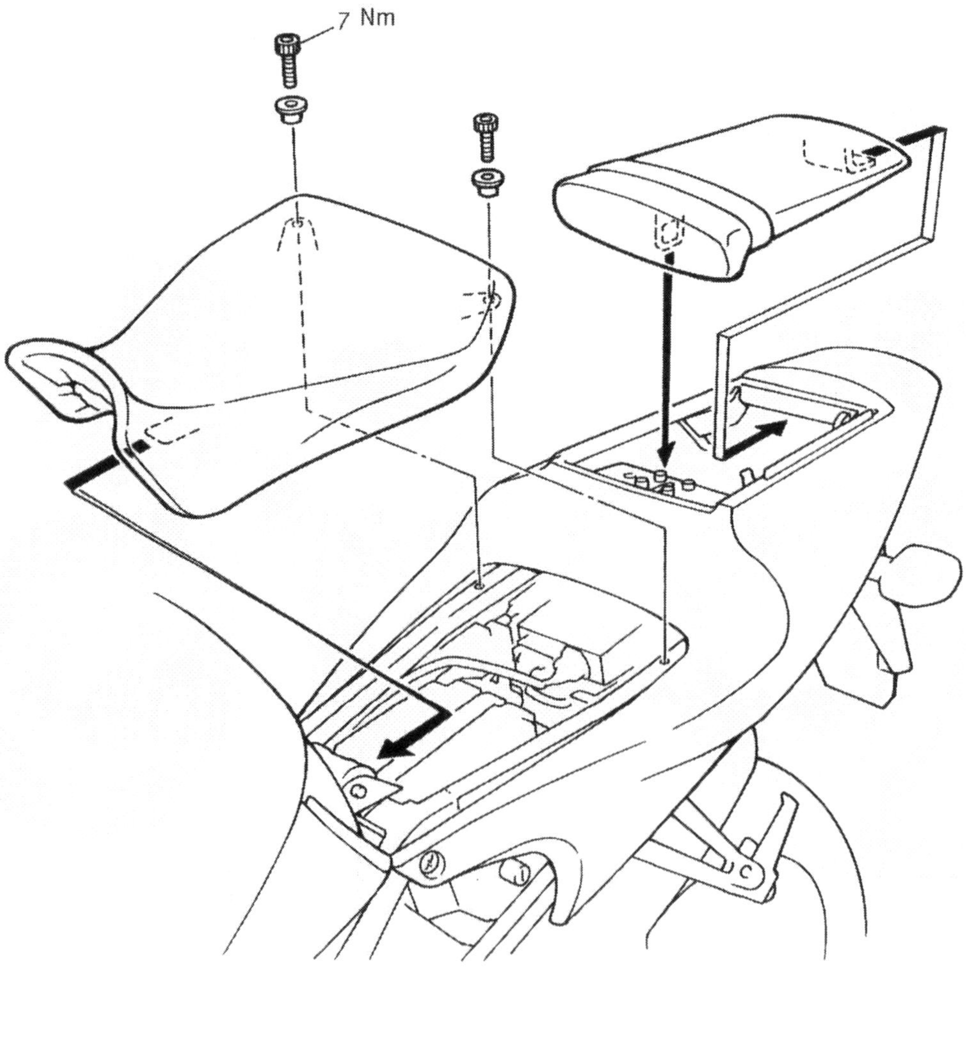

Bild 14
Sitze montieren
Anzugsmoment

ausdrehen). Scheiben und Hülsen abnehmen.

■ Tank abstützen, um die Schläuche und Stecker der Benzinstand-Anzeige an Tankunterseite zu trennen.

⚠ Tank nicht höher als unbedingt notwendig nach oben nehmen, um Tank und Gummilager nicht zu beschädigen.

⚠ Werkstattlappen zum Auffangen von Leckbenzin bereithalten.

■ **Bild 18:** Entlüftungs- und Überlaufschlauch vom Tank abnehmen.

■ **Bild 18:** Benzinhahn am Handknebel schliessen und Benzinschlauch vom Hahn abnehmen.

■ **Bild 18:** Tankanzeige-Stecker trennen und Tank abnehmen.

■ **Bild 19:** Tank in umgekehrter Reihenfolge montieren.

TIPP Schläuche innen leicht befeuchten (Spucke reicht aus), damit sie leichter auf Stutzen »schlupfen«.

■ Benzinhahn aufdrehen und Schläuche/Anschlüsse auf Dichtheit prüfen.

Bild 15
Abdeckungen links und rechts

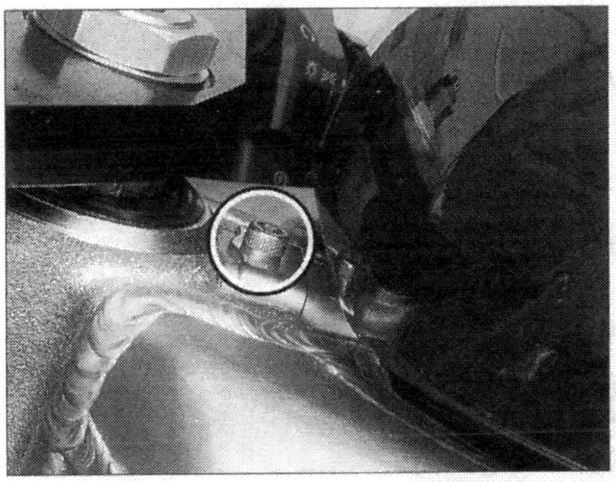

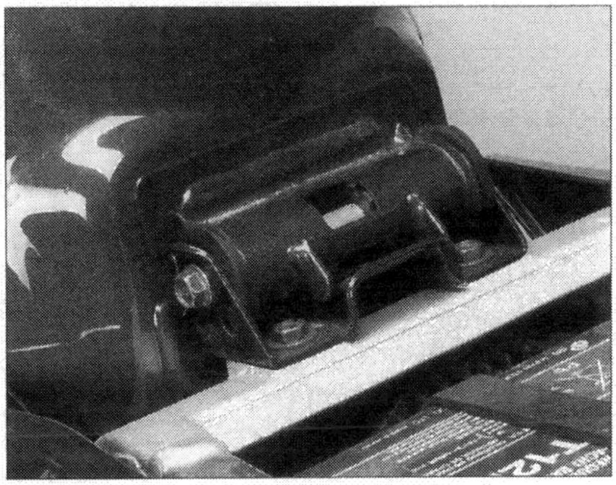

◄ Bild 16
Tankbefestigung vorn

Bild 17
Tankbefestigung hinten

Bild 18
Tankschläuche, Benzinstandgeber mit Kabel und Benzinhahn

Bild 19
Benzintank montieren
Anzugsmomente
1 Schraube
2 Schraube
3 Benzinstandgeber-Stecker
4 Benzinschlauch
5 Überlaufschlauch
6 Belüftungsschlauch
7 Tank
8 Abdeckung

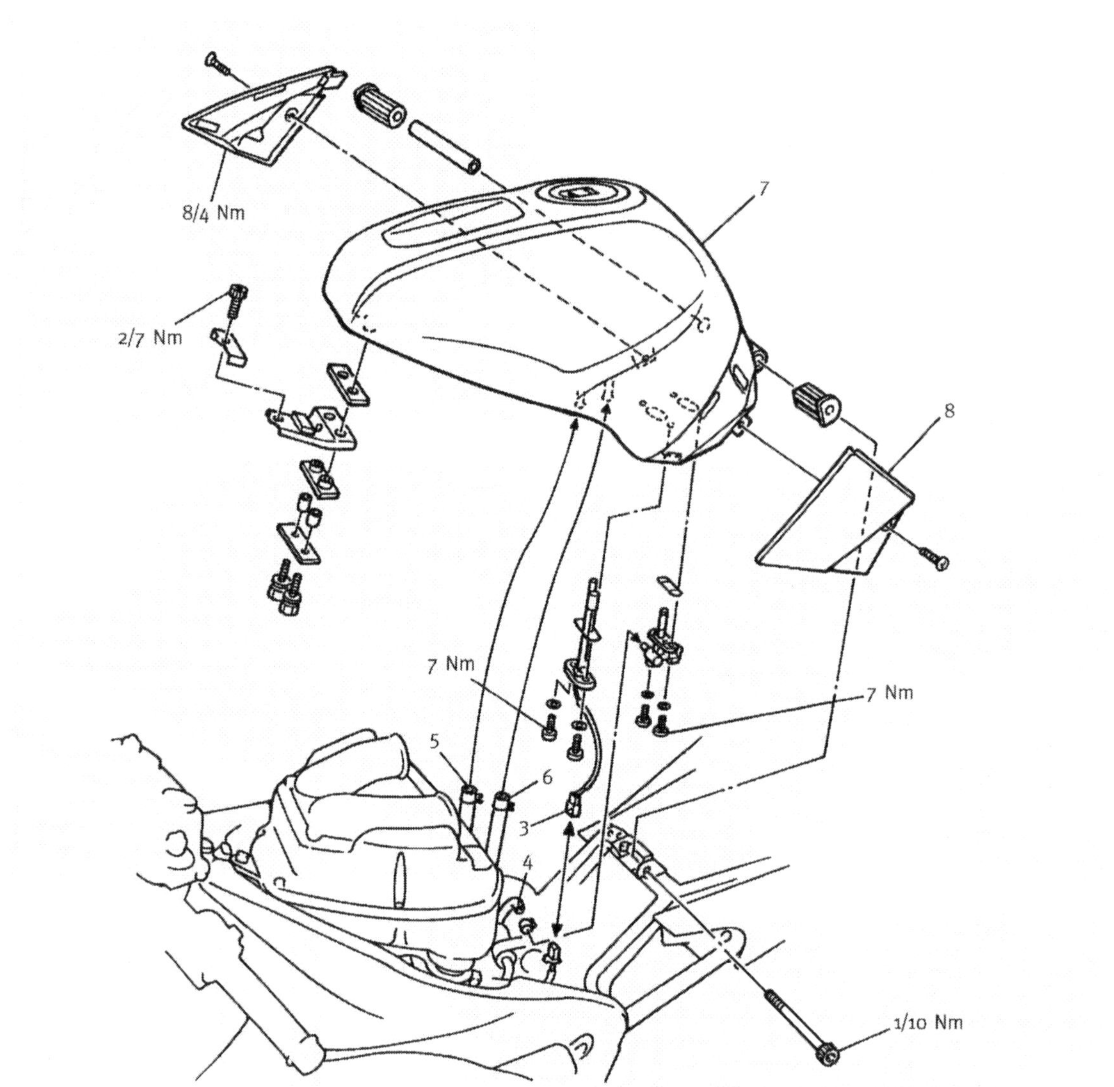

Bild 20
Zum Ausbau
Mittelstift eindrücken

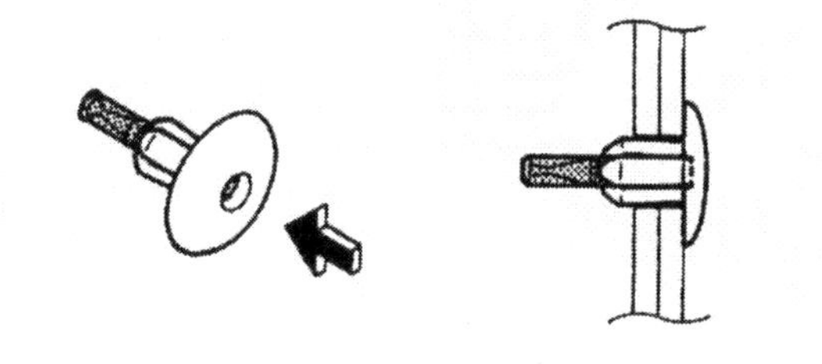

Aus- und Einbau der Zierclips

- **Bild 20:** Mittelstift eindrücken, damit dieser ausrastet und Zierclip abnehmen.
- **Bild 21:** Mittelstift zur Montage zurückdrücken.
- **Bild 22:** Zierclip einsetzen und durch Drücken des Mittelstifts verriegeln.

Bild 21
Zum Einbau
Mittelstift herausdrücken

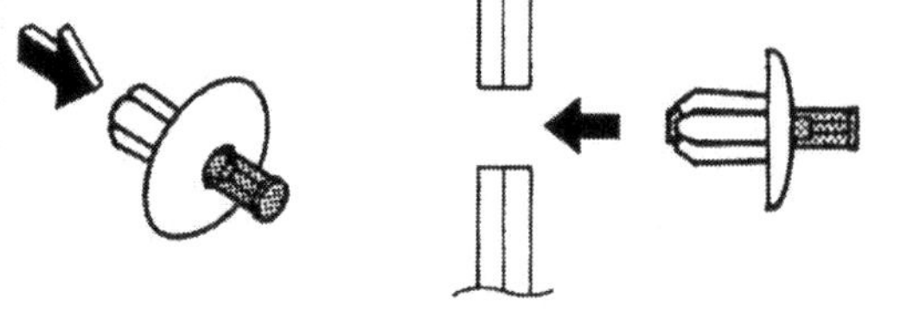

Bild 22 ➤
Zierclip einstzen
und Mittelstift bündig
eindrücken

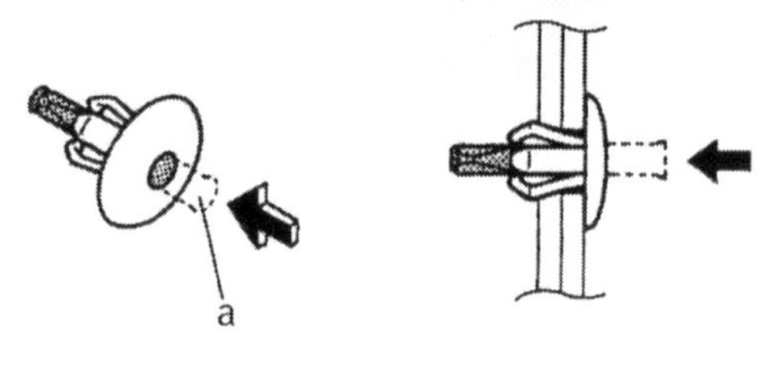

Verkleidungskiel und Seitenverkleidung

TIPP Zum Lackschutz alte Pappe o.Ä. unter Verkleidungskiel legen.

- **Bild 23**: Befestigungsschrauben links und rechts entfernen und Verkleidungskiel zur Seite herausnehmen.
- **Bild 24**: Luftführung nach Lösen des Clips von Frontverkleidung lösen.
- **Bild 25** und **Bild 26**: Befestigungsschraube der Innenverkleidung ausdrehen. Innenverkleidung nach Ausdrehen der hinteren Befestigungsschraube abnehmen und Blinkerstecker trennen.
- **Bild 27**: Schnellverschlüsse aufdrehen und Seitenverkleidung abnehmen.
- **Bild 28**: Frontverkleidung nach Abbau der Rückblickspiegel und Ausdrehen der Schrauben (vier) abnehmen. Gegebenenfalls Scheinwerfer- und Blinkerstecker trennen.
- Verkleidung in umgekehrter Ausbau-Reihenfolge montieren.

Bild 23
Befestigungsschrauben des Verkleidungskiels

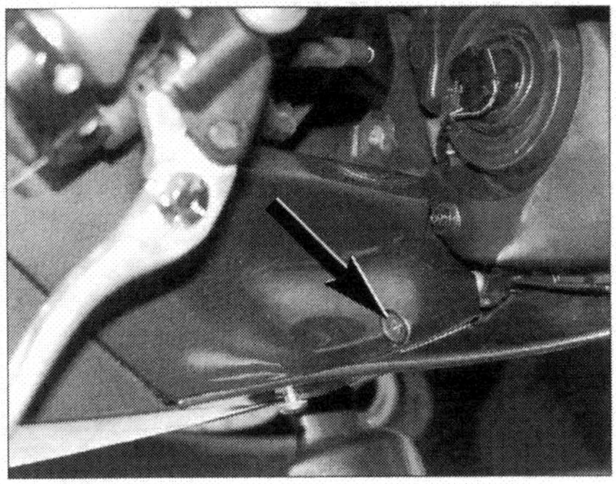

◄ Bild 24
Zierclip (Pfeil) ausbauen
1 Öffnung zum Aus- und Eindrehen der Befestigungsschraube der Blinker

Bild 25
Befestigungsschraube der Innenverkleidung

◄ Bild 26
Blinkerstecker

Bild 27
Befestigungsschrauben der Seitenverkleidung

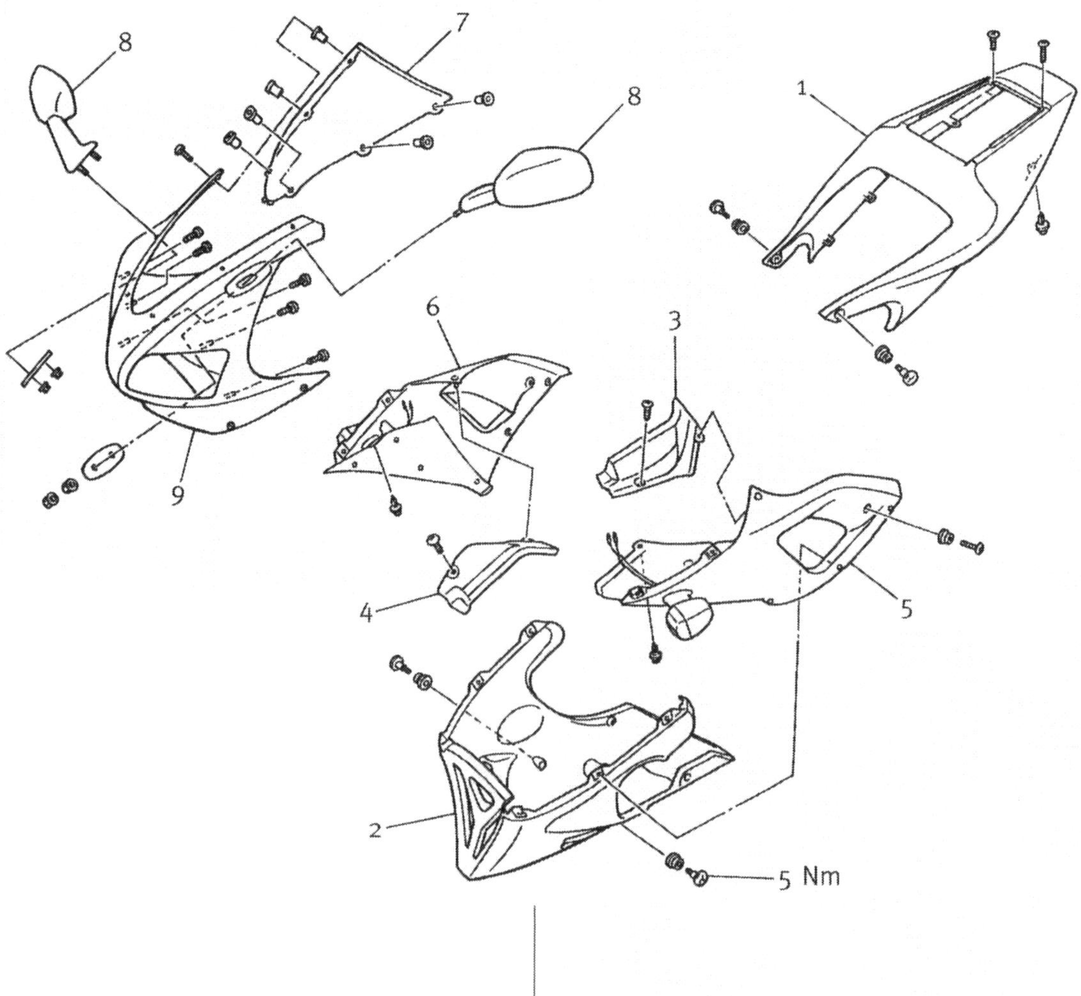

Bild 28
Verkleidung
Anzugsmoment

1 Heckverkleidung
2 Verkleidungskiel
3 Innenverkleidung links
4 Innenverkleidung rechts
5 Seitenverkleidung links
6 Seitenverkleidung rechts
7 Scheibe
8 Rückblickspiegel
9 Frontverkleidung

TIPP Fingerzeig
Exakt messen

3.3 Kraftstoff-Leitungen und -Filter

Kraftstoffschläuche haben die unangenehme Eigenschaft, im Laufe der Zeit zu verhärten (der Weichmacher im Kunststoff verdunstet) und dann einzureissen.

Sämtliche Schläuche (auch Überlauf- und Entlüftungsschlauch) lassen sich jedoch bei gelegentlicher Tankdemontage auf Beschädigung oder Undichtheit kontrollieren.

TIPP Im Zweifelsfall einen angefressenen Schlauch lieber auswechseln, denn das Gummiröhrchen platzt garantiert während der nächsten Nachtfahrt auf der Autobahn.

Kraftstoff-Filter

Unsaubere Gasannahme kann durch zugesetzten Kraftstoff-Filter verursacht werden. Verunreinigungen im Sprit sammeln setzen ihn zu.

⚠ **Bild 29:** Im Regelfall Filter etwa alle 30 000 km ersetzen; bei ungünstigen Kraftstoffverhältnissen alle 15 000 km.

⚠ Einschlägige Sicherheitsmassnahmen im Umgang mit Kraftstoff beachten. (Offenes Feuer/Funkenbildung vermeiden, geschlossene Räume gut belüften.)

- Bei starker Verschmutzung Tank mit Lösungsmittel ausschwenken.
- **Bild 30:** Neuen Benzinfilter mit Pfeil zur Benzinpumpe weisend montieren.
- Schläuche anschliessen, Kraftstoffhahn öffnen und auf Dichtheit kontrollieren.

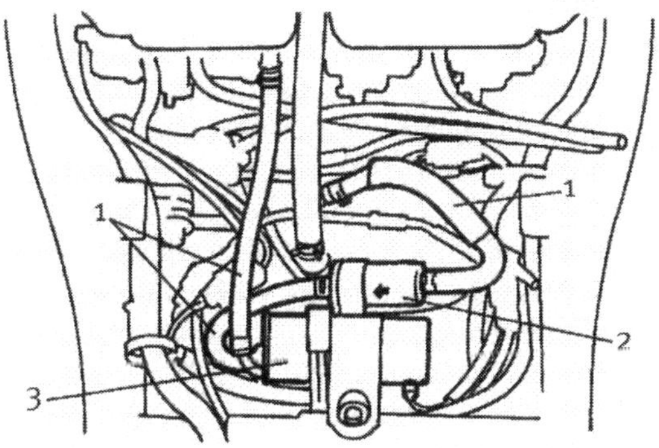

3.4 Luftfilter

Die Luftfilterreinigung steht laut Wartungsplan alle 6000 Kilometer an. Bei Beschädigung wird das Filterelement erneuert.

- Sitz und Tank abnehmen (*Kapitel 3.2*).
- **Bild 31:** Deckelschrauben ausdrehen und Deckel abnehmen. Filterelement herausnehmen.
- Groben Schmutz abklopfen; den feinen mit Druckluft an der Aussenseite des Filterelements abblasen.

Filterelement auf Beschädigung kontrollieren, ggf. auswechseln.

- Filterelement in umgekehrter Reihenfolge montieren.

⚠ Auf sauberen Sitz im Gehäuse achten.

- Deckel mit Dichtung montieren.

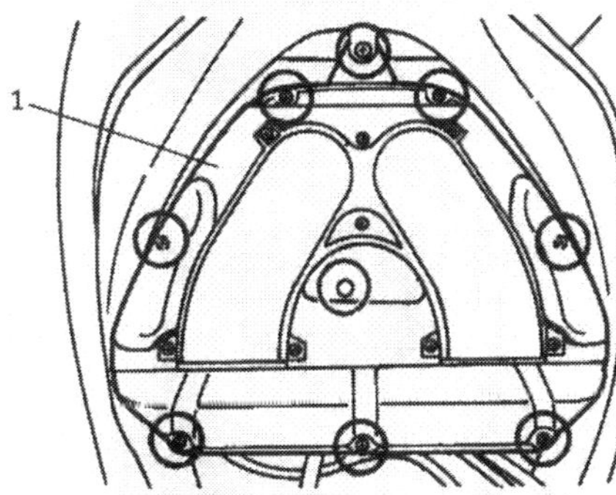

Bild 29
Benzinpumpe und -Filter

◄ **Bild 30**
Benzinfilter montieren
1 Benzinschlauch
2 Benzinfilter
3 Benzinpumpe

Bild 31
Luftfilter-Deckelschrauben

Bild 32
Weisse Ablagerungen und beschädigter Porzellan-Isolator deuten auf Überhitzung

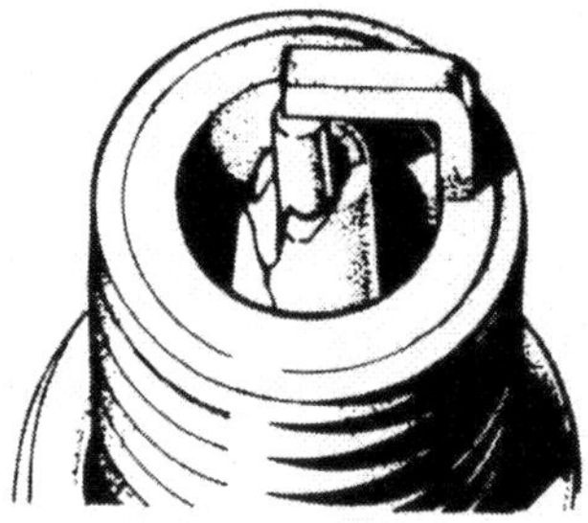

Bild 33
Beim Biegen der Mittelelektrode abgebrochener Porzellan-Isolator

Bild 34
Abgebrannte Elektroden, entweder infolge falschen Wärmewerts oder wegen chronischer Frühzündung (Klingeln)

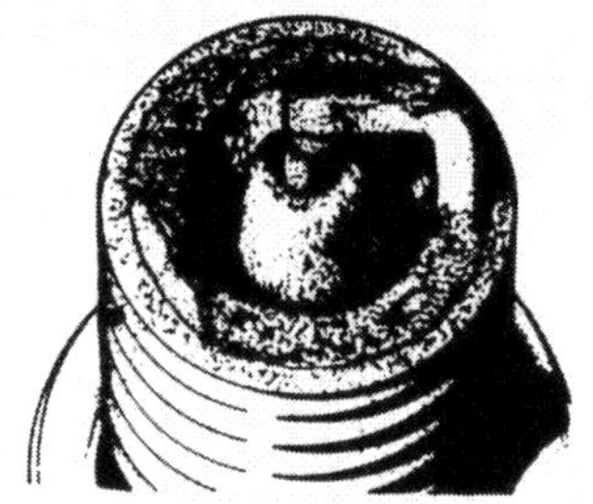

Bild 35
Dicke Russablagerungen durch überfettetes Gemisch oder falschen Wärmewert

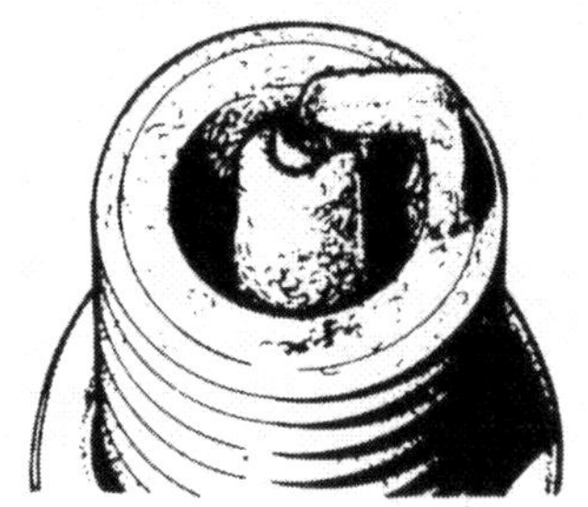

Bild 36
Geringe weisse Ablagerungen und abgebrannte Elektroden deuten auf zu mageres Gemisch

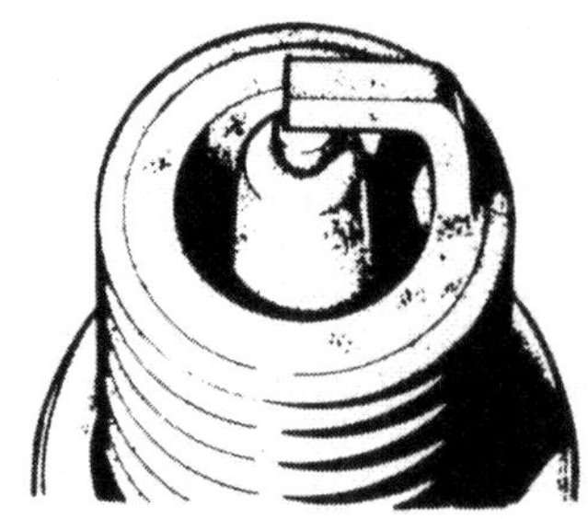

Bild 37
Normales Zündkerzenbild mit geringen grau- bis rehbraunen Ablagerungen

3.5 Zündkerzen

Die vier Funkenspender unterziehen sich alle 6000 km einer Inspektion und werden alle 12 000 km erneuert.
Um das Kerzenbild aussagefähig beurteilen zu können:

- ■ Motor 10 km im mittleren Drehzahlbereich warm fahren.
- ■ Motor schon beim Ausrollen des Motorrads abschalten.
- ⚠ Längeres Laufen des Motors im Standgas vor Abstellen des Motors macht eine richtige Kerzenbild-Beurteilung unmöglich (→ Zündkerze russt ein)!
- ⚠ Zündkerzentaschen vor Ausdrehen der Zündkerzen mit Druckluft ausblasen, damit kein Schmutz in Brennraum gelangen kann.
- ■ Tank abnehmen und Zündkerzen ausdrehen.
- ⚠ **Bild 32** bis **Bild 37:** Kerzenbild soll einen rehbraunen Farbton zeigen.
- → Bei weissem bis aschgrauem Bild ist Kraftstoffluftgemisch zu mager, der Motor läuft zu heiss.
- → Bei dunkelbraunem bis schwarzem Kerzenbild ist das Gemisch zu fett (was auch vom zugesetzten Luftfilter herrühren kann).
- → Schwarz verrusste, feucht glänzende Kerzen deuten auf verschlissene Ventilführungen oder abgenutzte Kolbenringe, durch die Öl in den Verbrennungsraum gelangen kann.
- ■ **Bild 38:** Bei entsprechenden Russablagerungen springt auch kein Funke mehr am Spalt über, und es entsteht eine Kurzschlussbrücke zwischen den Elektroden oder auf Keramikisolation. Durch trockene Russablagerungen auf der Kerze können ausserdem die Elektroden rot glühend werden, wodurch unkontrollierte Frühzündungen entstehen. Diese machen sich durch »Klopfen« (bei niedrigen Drehzahlen und hoher Motorbelastung gut zu hören) oder »Klingeln« (bei hoher Drehzahl und leider kaum zu hören) bemerkbar und führen dazu, dass schliesslich ein Loch in den Kolben gebrannt wird.
- ⚠ **Bild 39:** Bei der empfohlenen Standard-Zündkerze bleiben die Elektroden so heiss, dass Russablagerungen stets verbrennen, jedoch so kühl, dass Motor und Kerze selbst nicht beschädigt werden.

Diese Temperatur liegt im Bereich von 400 – 800°C. Sie kann nach Zustand und Farbe der Keramikisolation am Umfang der Mittelelektrode beurteilt werden. Wenn die Keramikisolation sauber ist und rehbraunen Farbton zeigt, ist Kerze mit richtigem Wärmewert im Einsatz.

- Mit Messingdrahtbürste Kerze reinigen und Isolator auf Risse oder Absplitterungen untersuchen. Dichtring muss einwandfreie Planflächen aufweisen, bei Beschädigungen Dichtring erneuern.
- **Bild 40:** Elektrodenabstand mit Fühlerlehre messen.
  Sollwert 0,7 – 0,8 mm

⚠ Elektrode nicht nachbiegen, Bruchgefahr im Betrieb!

Standardzündkerzen

NGK	CR9E
Nippon Denso	U27ESR-N

⚠ Zündkerze gefühlvoll von Hand einschrauben, und unbedingt darauf achten, dass schon der erste Gewindegang richtig greift. Eine schräg angesetzte Kerze ruiniert mit ihrem harten Stahlgewinde das weiche Gewinde im Aluminium-Zylinderkopf schon nach einer halben Umdrehung.

- Erst bei richtigem Sitz Kerze mit Kerzenschlüssel anziehen (13 Nm). Alte Kerze (alter Dichtring) nach Aufsitzen 1/8 Umdrehung anziehen. Neue Kerze (neuer Dichtring) nach Aufsitzen 1/4 Umdrehung anziehen. Kerzenstecker wieder aufsetzen.

Bild 38
Loch im Kolben:
Neben falschem Zündkerzenwärmewert ist häufig Undichtheit im Ansaugtrakt (zwischen Vergaser und Zylinderkopf), durch die das Gemisch abmagert, Ursache für diesen tiefen Einblick

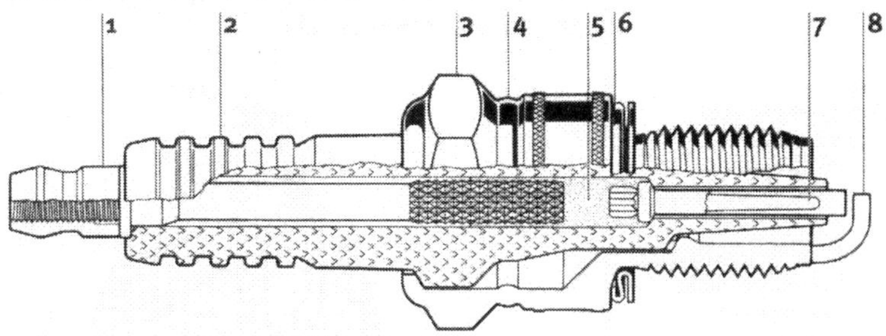

Bild 39
Zündkerze
1 Anschlussmutter (entfernen)
2 Isolierkörper (Al_2O_3-Keramik)
3 Gehäuse
4 Warmschrumpfzone
5 Leitendes Glas
6 Dichtring
7 Mittelelektrode
8 Masseelektrode

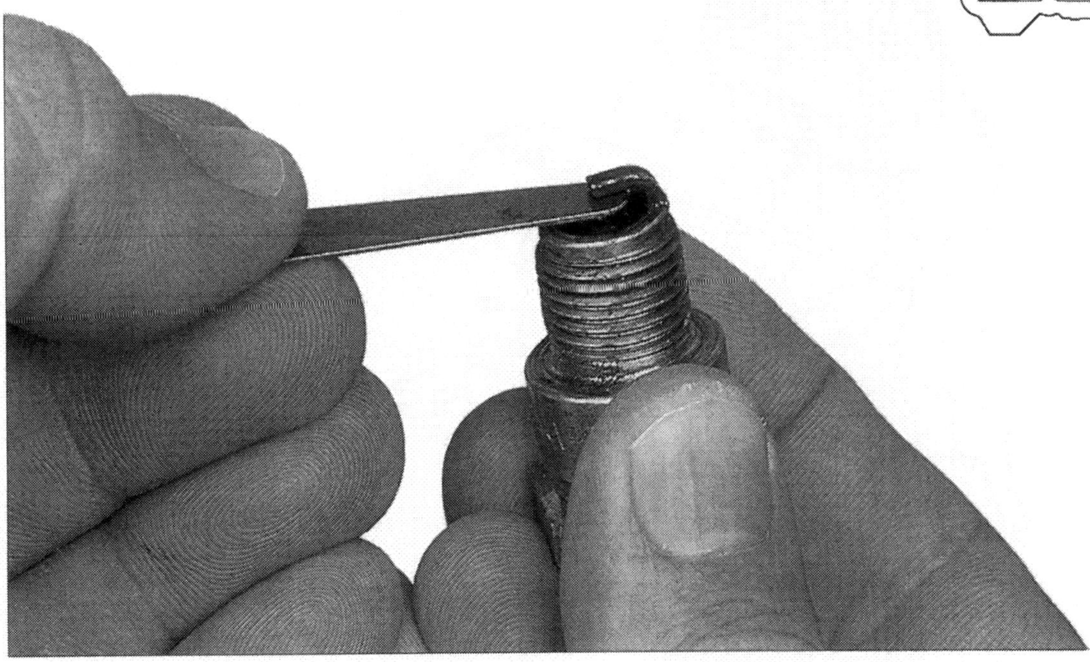

Bild 40
Elektrodenabstand mit Fühlerlehre messen

3.6 Ventilspiel und Kühlflüssigkeit

Ein gewisses Spiel zwischen Nocke, Tassenstössel und Ventil ist nötig, damit die Ventile den Brennraum bei allen Betriebstemperaturen dicht abschliessen. Das Ventilspiel wird mittels unterschiedlich dicker Einstellplättchen zwischen Tassenstössel und Ventilschaft eingestellt. Neben dem Ablassen der Kühlflüssigkeit ist auch der Abbau der Vergaser notwendig.

Thema Tuning
Ganz allgemein wirkt sich ein grosses Ventilspiel des Einlassventils (auch über die obere Grenze des Toleranzbereichs) günstig auf die »zusätzlich« angesaugte Gemischmenge (Luft/Benzin) aus. Dies liegt daran, dass die so genannte Anfahrrampe auf der Nocke, die für weiches Aufsetzen des Nockens auf dem Stössel sorgt, ausgelassen wird und das Ventil um so vehementer aufgerissen wird (so genannter Desmo-Effekt). So wirkt's jedenfalls theoretisch. In der Praxis geht damit erhöhter Verschleiss einher. Für Besessene keine Frage was zu tun ist, der Rest von uns kommt so mit der R1-Power zurecht und hält die Toleranz-Vorgaben so gut wie möglich ein.

- Ventilspiel alle 42 000 km kontrollieren und gegebenenfalls einstellen.
- Das Kühlmittel wird im Rahmen der Ventilspielkontrolle abgelassen (nicht gewechselt, es kann wiederverwendet werden), da zum Ausbau des Zylinderkopfdeckels auch das Themostatgehäuse und der Kühler abgebaut werden.
- Kühlflüssigkeit alle 24 000 km oder zwei Jahre wechseln.
- Verkleidungskiel, Seitenverkleidung und Tank abbauen (*Kapitel 3.2*).
- **Bild 41** und **Bild 42:** Luftfiltergehäuse, Zündspulenblech mit Zündkerzensteckern und Vergaser ausbauen (*Kapitel 4*).

⚠ Falls nur Kühlflüssigkeit gewechselt werden soll (*ohne Ventilspielkontrolle*) Kühler und Thermostatgehäuse natürlich nicht abbauen!

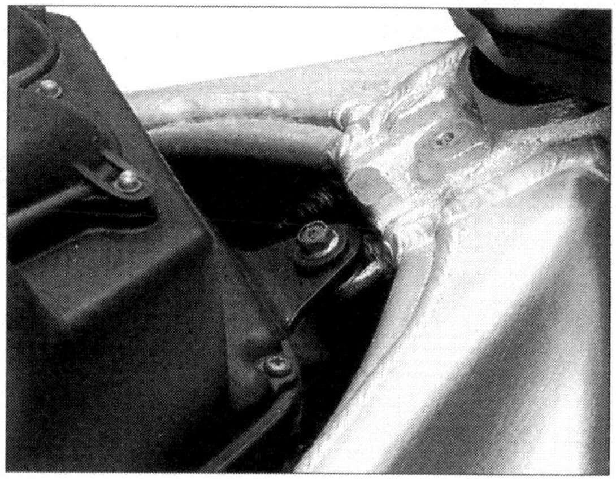

Bild 41 ➤
Befestigungsschraube des Luftfiltergehäuses

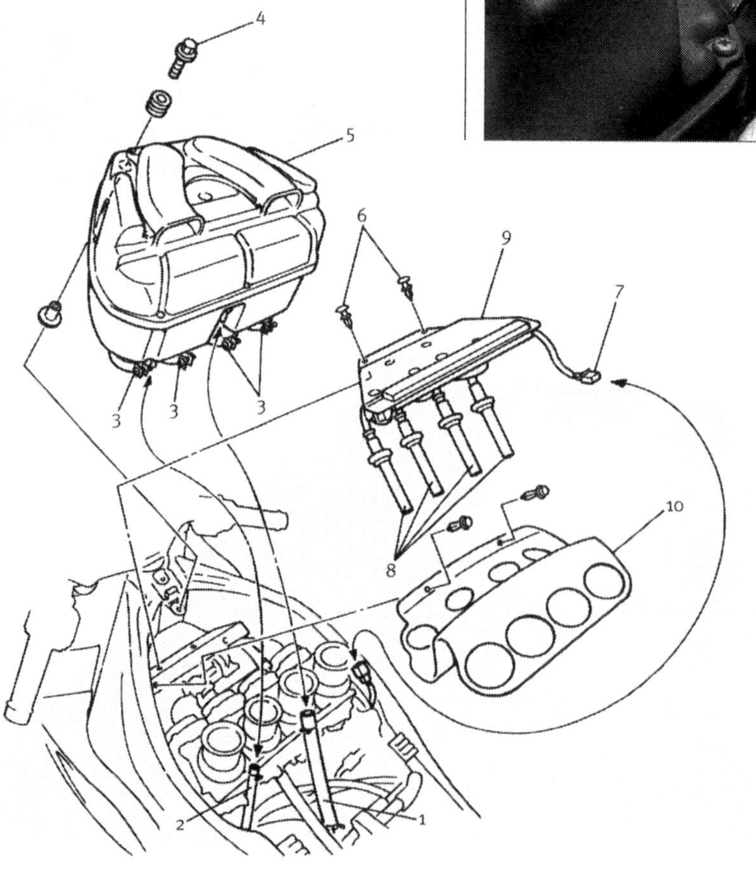

Bild 42
Luftfiltergehäuse und Zündspulenblech
1 Kurbelgehäuse-Entlüftungsschlauch
2 Filtergehäuse-Entlüftungsschlauch
3 Schlauchschelle
4 Befestigungsschraube
5 Luftfiltergehäuse
6 Schnellverschluss
7 Zündspulenstecker
8 Zündkerzenstecker
9 Zündspulenblech/Zündspule
10 Gummimatte

Bild 43
Ausgleichsbehälter
1 Kupplungsseilzug-Halterung
2 Befestigungs-schraube
3 Deckel

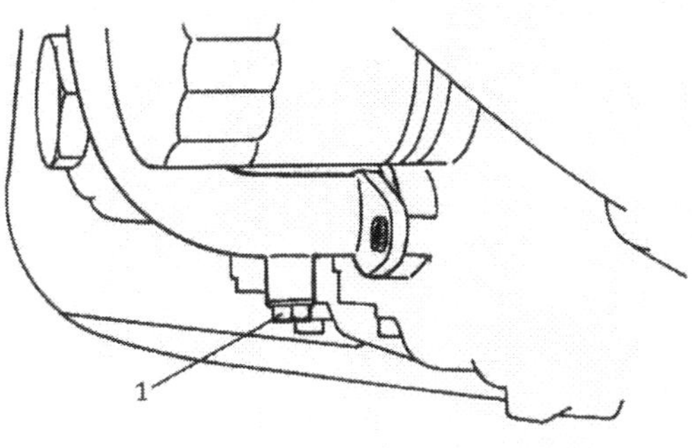

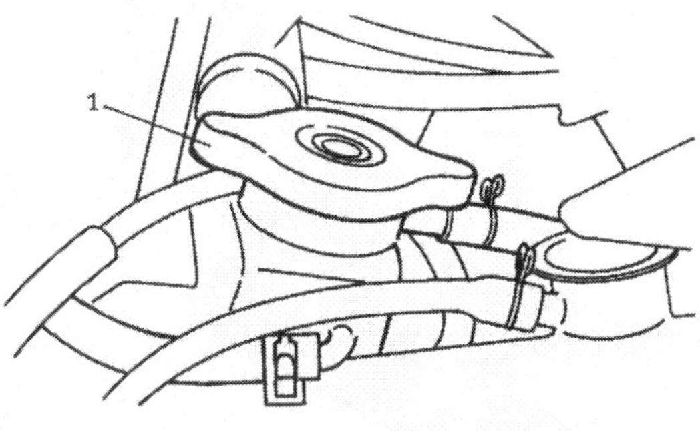

◄ Bild 44
Kühlmittel-Ablassschraube ①
an Leitungsrohr

Bild 45
Kühlerdeckel ① vorsichtig
in zwei Schritten öffnen

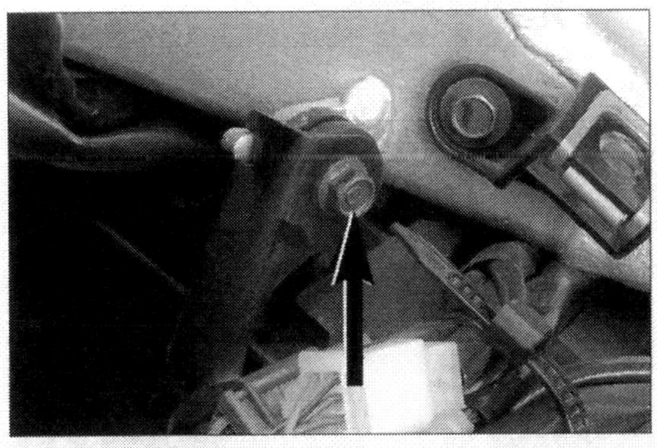

Bild 46
Kühler-Befestigungsschraube links

⚠ Ventilspiel bei kaltem Motor (unter 35°C/handwarm) kontrollieren und einstellen!

⚠ Kühlerdeckel nur bei kaltem Motor (unter 35°C/handwarm) öffnen (Verbrühgefahr bei warmem Motor)!

- **Bild 43:** Zum kompletten Wechsel der Kühlflüssigkeit, auch Ausgleichsbehälter abbauen und entleeren.
- **Bild 44:** Auffanggefäss unterstellen und Ablassschraube ausdrehen.
- **Bild 45:** Kühlerdeckel vorsichtig in zwei Schritten öffnen (Deckel gegen Uhrzeigersinn bis zum Anschlag drehen, einige Sekunden warten, dann nach unten drücken und weiterdrehen) und so Abfluss der Kühlflüssigkeit regulieren.
- **Bild 46** und **Bild 47:** Kühlmittelschläuche vom Kühler abnehmen, Befestigungsschrauben ausdrehen und Kühler vom Rahmenzapfen/rechts abnehmen.

Bild 47
Kühler- Befestigungsschraube unten

- **Bild 48:** Therostatgehäuse abbauen (Befestigungsschrauben der Zulaufrohre ausdrehen und Rohre abziehen). Auf Verbleib der O-Ringe achten!
- **Bild 49:** Zylinderkopfdeckel abnehmen (Schrauben schrittweise über Kreuz von aussen nach innen ausdrehen).
- **Bild 50:** Pickupdeckel abnehmen (Schrauben schrittweise über Kreuz ausdrehen).
- **Bild 51:** Kurbelwelle mit Zündrotorschraube im Uhrzeigersinn drehen, bis T-Markierung auf Rotor mit Gehäusetrennlinie fluchtet (entspricht OT von Zylinder #1 und #4).

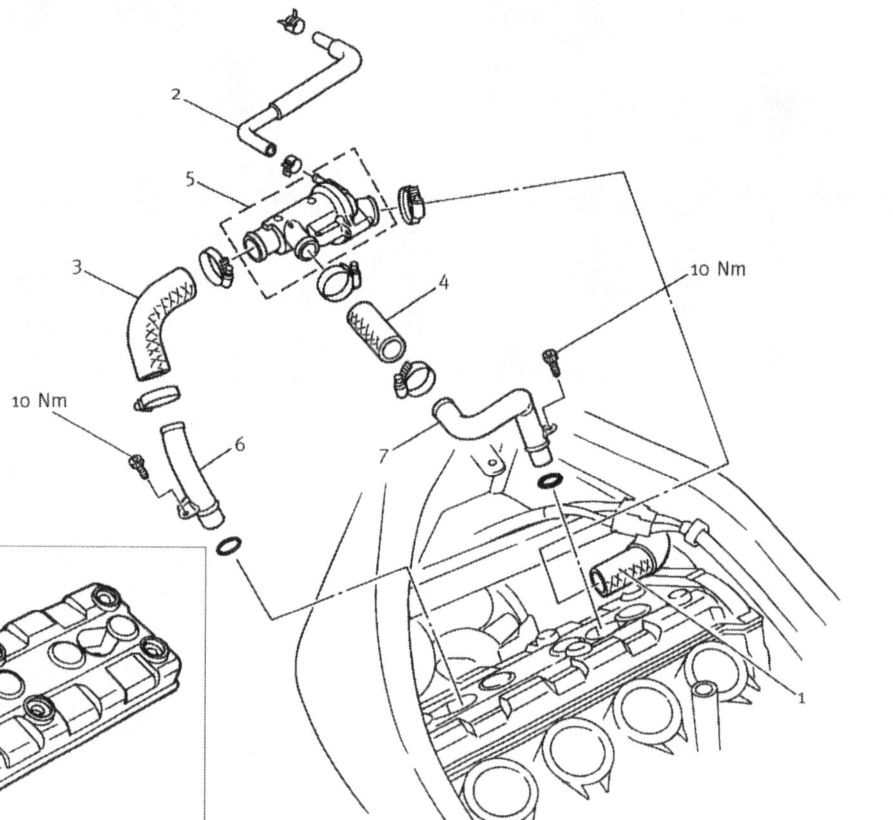

Bild 48
Thermostatgehäuse und Kühlmittelrohre
Anzugsmomente
1 Zum Kühler
2 Entlüftungsschlauch zum Kühler
3 Zulaufschlauch links
4 Zulaufschlauch rechts
5 Thermostatgehäuse
6 Zulaufrohr links
7 Zulaufrohr rechts

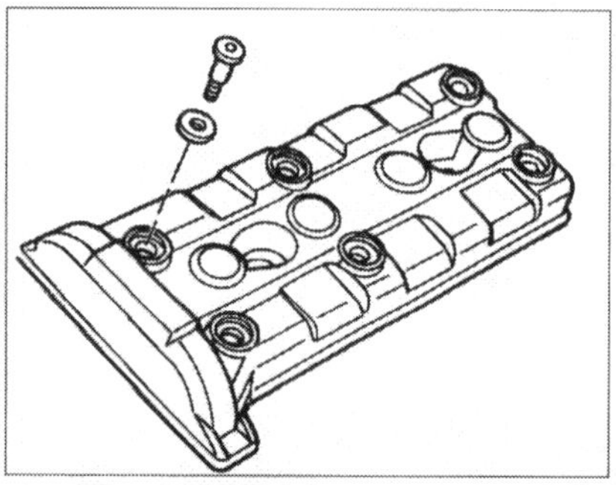

Bild 49
Zylinderkopfdeckel-schrauben (sechs Stück)

Bild 50
Pickupdeckel- Befestigungsschrauben

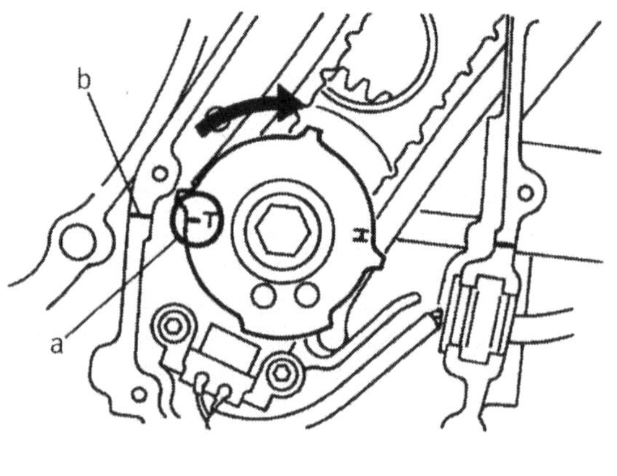

Bild 51 ➤
Kurbelwelle mit Zündrotorschraube im Uhrzeigersinn drehen
a T-Markierung
b Gehäusetrennlinie

⚠ Es gilt die Standard-Nummerierung der Zylinder mit #1 bis #4 von links nach rechts in Fahrtrichtung gesehen.

⚠ Kolben steht nur jede zweite Umdrehung im Kompressions-OT!

⚠ **Bild 52:** Kolben steht im Verbrennungs- oder Kompressions-OT, wenn an *allen* Tassenstösseln des betreffenden Zylinders Spiel spürbar ist (Ein- und Auslassnocken weisen nach vorn und hinten).

Bild 53: Mit Fühlerlehre Spiel zwischen Nocke und Tassenstössel »erfühlen« (Fühlerlehrenblatt muss satt passen).

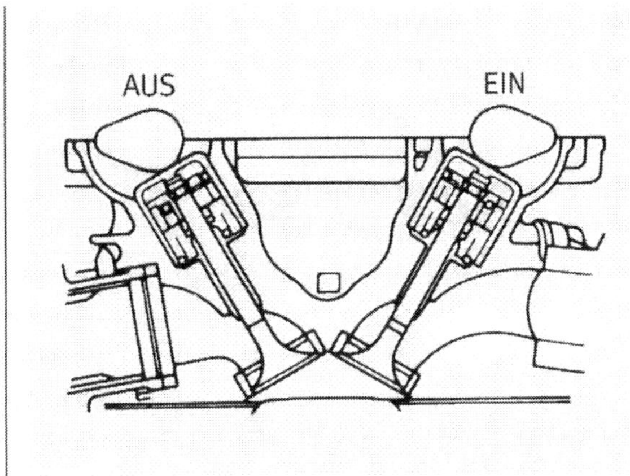

Bild 52
Nockenwellenstellung bei Arbeits- oder Zünd-OT

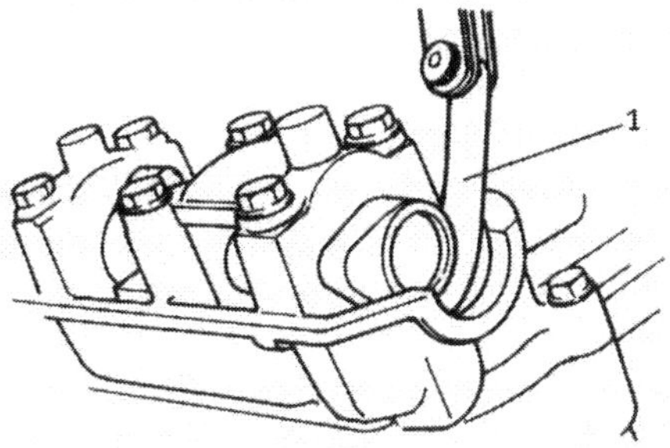

◄ **Bild 53**
Ventilspiel erfühlen
1 Fühlerlehre

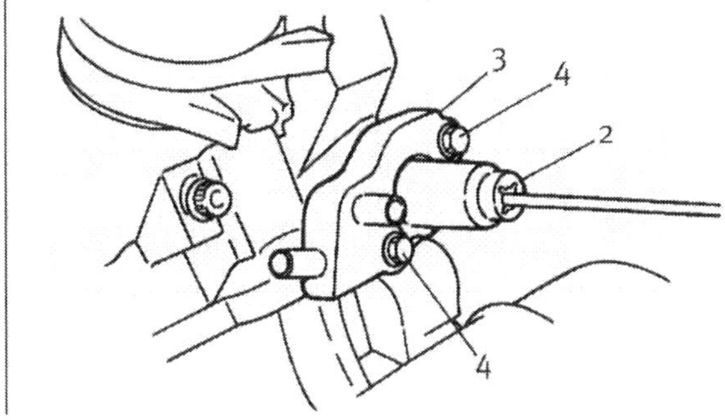

Bild 54
Steuerkettenspnner aus- und einbauen
1 Spanner-Gehäuse
2 Halteblech der Schwimmerkammer-Entlüftungs-schläuche
3 Befestigungs-schraube

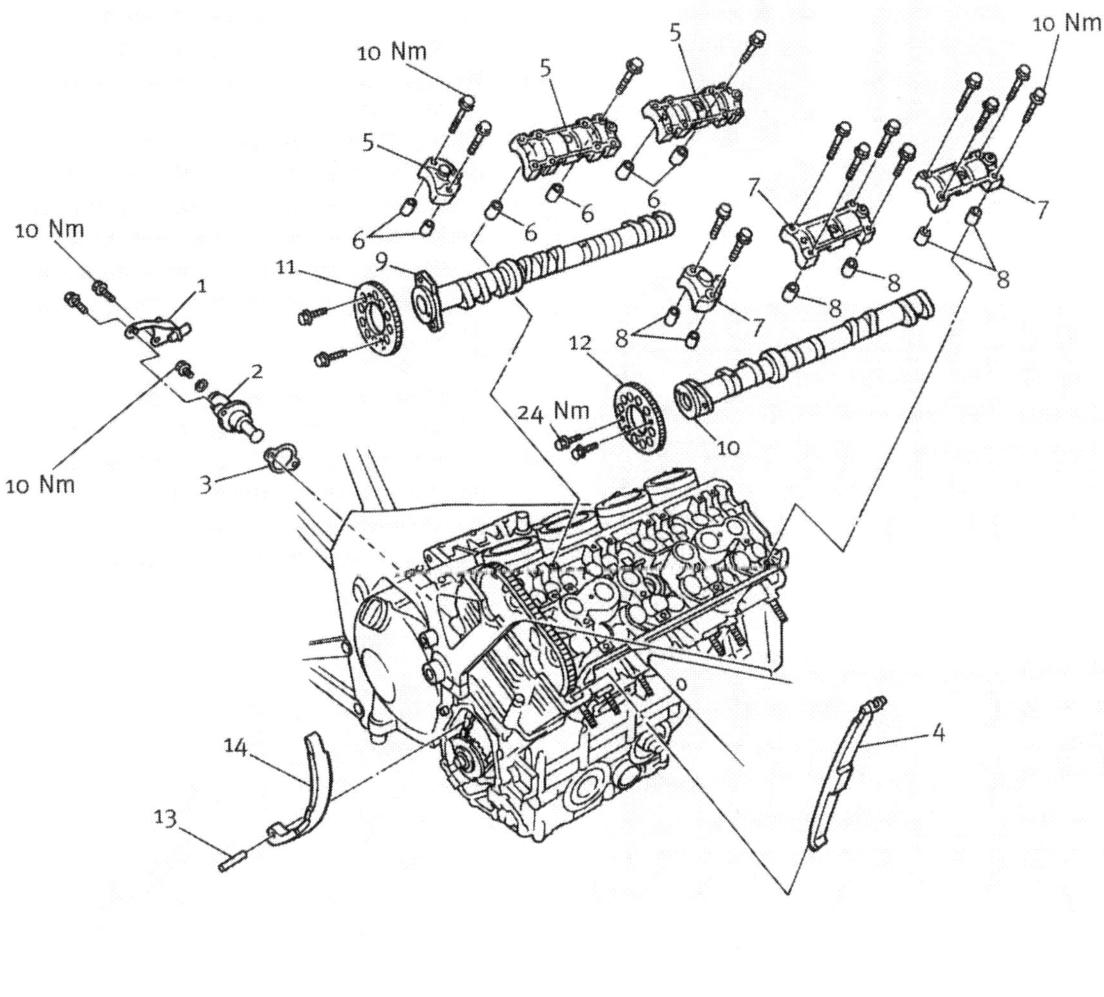

Bild 55
Nockenwellen aus- und einbauen
Anzugsmomente
1 Halteblech der Schwimmerkammer-Entlüftungs-schläuche
2 Steuerketten-spanner
3 Dichtung (neu!)
4 Steuerketten-Führungsschiene
5 Lagerdeckel/EIN
6 Passhülse
7 Lagerdeckel/AUS
8 Passhülse
9 Nockenwelle/EIN
10 Nockenwelle/AUS

Bild 56
Tassenstössel mit Magnetheber entnehmen

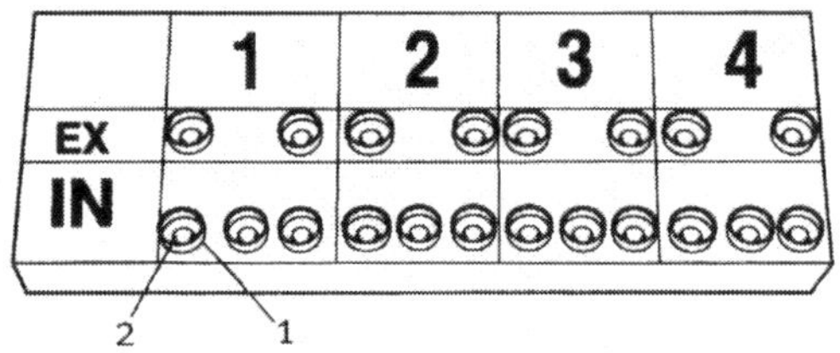

Bild 57
Geordneter Ausbau erleichtert nicht nur den Einbau enorm, sondern ist auch grundsätzlich – im Hinblick auf das Einlaufverhalten der Teile zueinander – sinnvoll
1 Tassenstössel
2 Einstellplättchen

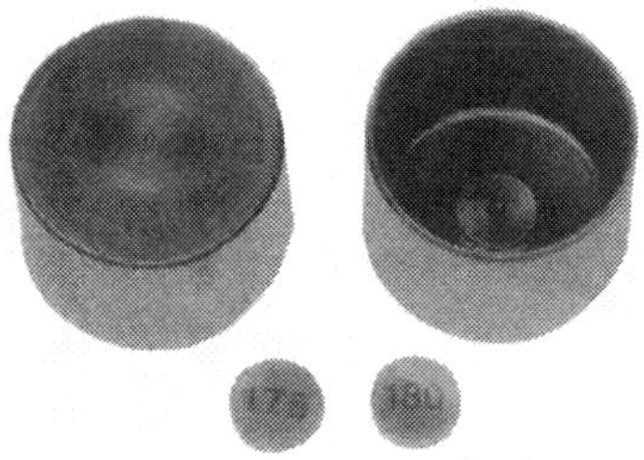

Bild 58
Tassenstössel mit Einstellplättchen

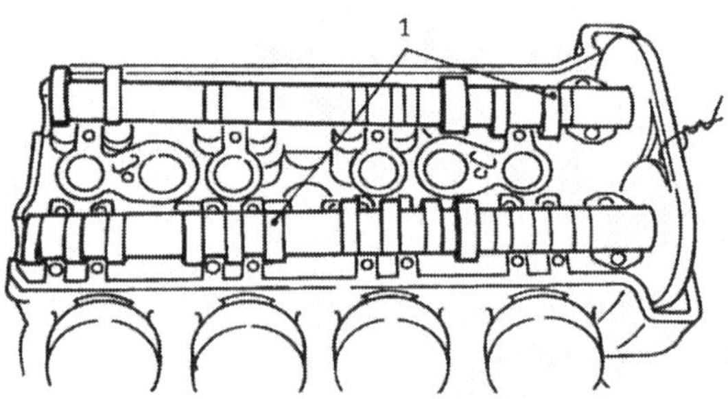

Bild 59
Körnermarkierungen ① weisen nach oben

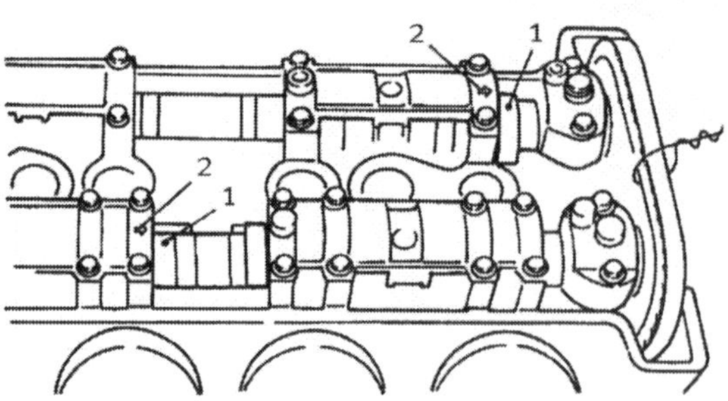

Bild 60
Körnermarkierungen ① und Lagerdeckelpfeile ② fluchten

Ventilspiel-Sollwerte

Einlass 0,11–0,20 mm
Auslass 0,21–0,30 mm

- Falls Ventilspiel nicht korrekt, d.h. es ist kein fester Schiebesitz spürbar, Messwerte aller Ventile notieren und übrige Ventile prüfen. Dazu Kurbelwelle zur Messung von Zylinder #4 bzw. #1 um 360° weiterdrehen. Zur Messung von Zylinder #2 und #3 Kurbelwelle um 180° (bzw. ein vielfaches davon) weiterdrehen, bis Nockenstellung des betreffenden Zylinders **Bild 52** entspricht.
- Zum Korrigieren des Ventilspiels Nockenwellen ausbauen.

Nockenwellen ausbauen

- **Bild 51:** Kurbelwelle am Zündrotor im Uhrzeigersinn auf OT von Zylinder #1 oder #4 drehen (Nocken weisen nach vorn und hinten).
- **Bild 54:** Steuerkettenspanner-Bolzen mit Schraubendreher eindrehen (Spannung nehmen) und Gehäuse mit eingestecktem Schraubendreher vom Motorblock abnehmen (zwei Befestigungsschrauben). Gehäuse vom Motorblock abnehmen.
- **Bild 55:** Kettenführungsschiene ④ auf Auslassseite entnehmen.
- **Bild 55:** Befestigungsschrauben der Lagerdeckel schrittweise über Kreuz von innen nach aussen ausdrehen, damit sich Lagerdeckel nicht verziehen oder gar brechen.
- Lagerdeckel abnehmen. (Passhülsen sollen im Lagerdeckel verbleiben – nicht entfernen.)
- Steuerkette von den Kettenrädern der Nockenwellen abnehmen, und Steuerkette mit Draht o.Ä. gegen Abtauchen sichern.
- Kettenräder nur bei Beschädigung von den Nockenwellen abnehmen!
- Nockenwelle(n) abnehmen.
- **Bild 56:** Tassenstössel mit Magnetheber herausnehmen.

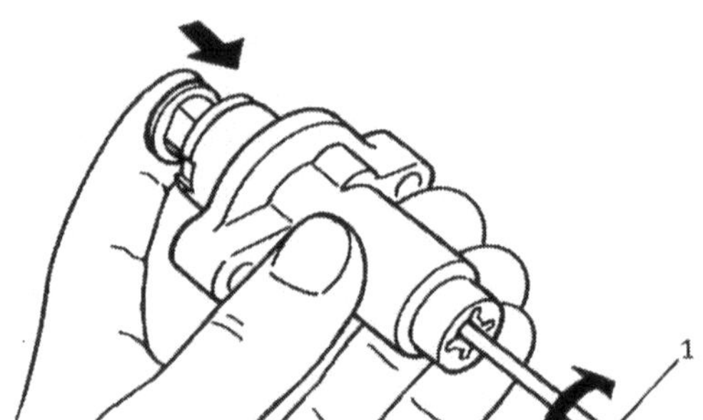

Bild 61 ➤
Steuerkettenspanner-Bolzen mit passendem Schraubendreher ① eindrehen

- Auf Verbleib des Einstellplättchens achten (bleibt meist innen im Stössel »kleben«)!
- ⚠ **Bild 57:** Teile so ablegen, dass sie in ursprünglicher Einbaulage wieder eingebaut werden können.
- **Bild 58:** Dicke der Einstellplättchen ist an deren Unterseite in Hundertstelmillimeter angegeben.
- Dicke der Einstellplättchen mit Mikrometer kontrollieren.
- Die in Hundertstelmillimeter angegebenen Plättchendicken der ab Werk eingebauten Plättchen mit 0,025-mm-Abstufung ggf. auf- bzw. abrunden, da auf dem Ersatzteilweg Einstellplättchen nur in 0,05-mm-Abstufung erhältlich sind (25 verschiedene Dicken).
- Dickstes Plättchen misst 1,20 mm, dünnstes 2,40 mm.
- *Auf- und Abrunden*
  Hundertstelstellen 0 oder 2 0
  Hundertstelstelle 5 5
  Hundertstelstelle 8 10
  Beispiel: Ursprüngliche Plättchen-Nr. 168 (1,68 mm) → gerundet 170.
- Plättchen-Dicke nach folgendem Beispiel ermitteln:
  Gemessenes Ventilspiel b: 0,25 mm
  Korrektes Ventilspiel (Einlass) c: 0,11 ~ 0,20 mm (zu Rechenzwecken wird 0,15 angenommen)
  Dicke des »alten« Plättchens d: 1,85 mm
  Dicke a des erforderlichen Plättchens:
  a = (b – d) + c
  a – (0,25 – 0,15) + 1,85
  a = 1,95
- Gleitflächen von neuem Plättchen mit MoS_2-Fett oder ähnlichem Fettprodukt dünn balsamieren und in Ventilfederhalter auf Ventilschaft einsetzen (Grössenmarkierung weist nach oben).
- Tassenstössel mit Druckluft ausblasen, damit Auflagefläche des Plättchens absolut sauber ist.
- Gleitflächen des Tassenstössels mit MoS_2-Öl dünn balsamieren und in Bohrung in Zylinderkopf einsetzen.
- Tassenstössel einsetzen und auf freie Drehbarkeit kontrollieren (Stössel muss von Hand leicht drehbar sein).

Nockenwellen einbauen –
Bild 55

- ⚠ Die Passflächen der Nockenwellen-Lagerdeckel absolut fett- und ölfrei halten. Andernfalls werden die Lagerdeckel nicht mit dem richtigem Anzugsmoment befestigt (trotz »richtigem« Anzugsmoment).
- ⚠ Beim Drehen der Kurbelwelle Steuerkette straff halten, damit sich diese nicht im Kurbelgehäuse verklemmt oder beschädigt wird.
- **Bild 51:** Kurbelwelle am Zündrotor im Uhrzeigersinn auf OT von Zylinder #1 oder #4 drehen.
- Lagerstellen der Wellen und Lagerbohrungen vollständig dünn einfetten (MoS_2-Fett oder ähnliches Fettprodukt).
- **Bild 59:** Nockenwellen so einlegen, dass Körnermarkierung nach oben weist.
- **Bild 60:** Lagerdeckel so aufsetzen, dass Körnermarkierungen der Nockenwellen mit Nase der Lagerdeckel fluchten. Andernfalls Nockenwellen nochmals ausrichten.
- ⚠ Dabei Steuerkette straff halten und *Auslass-Nockenwelle zuerst montieren.*

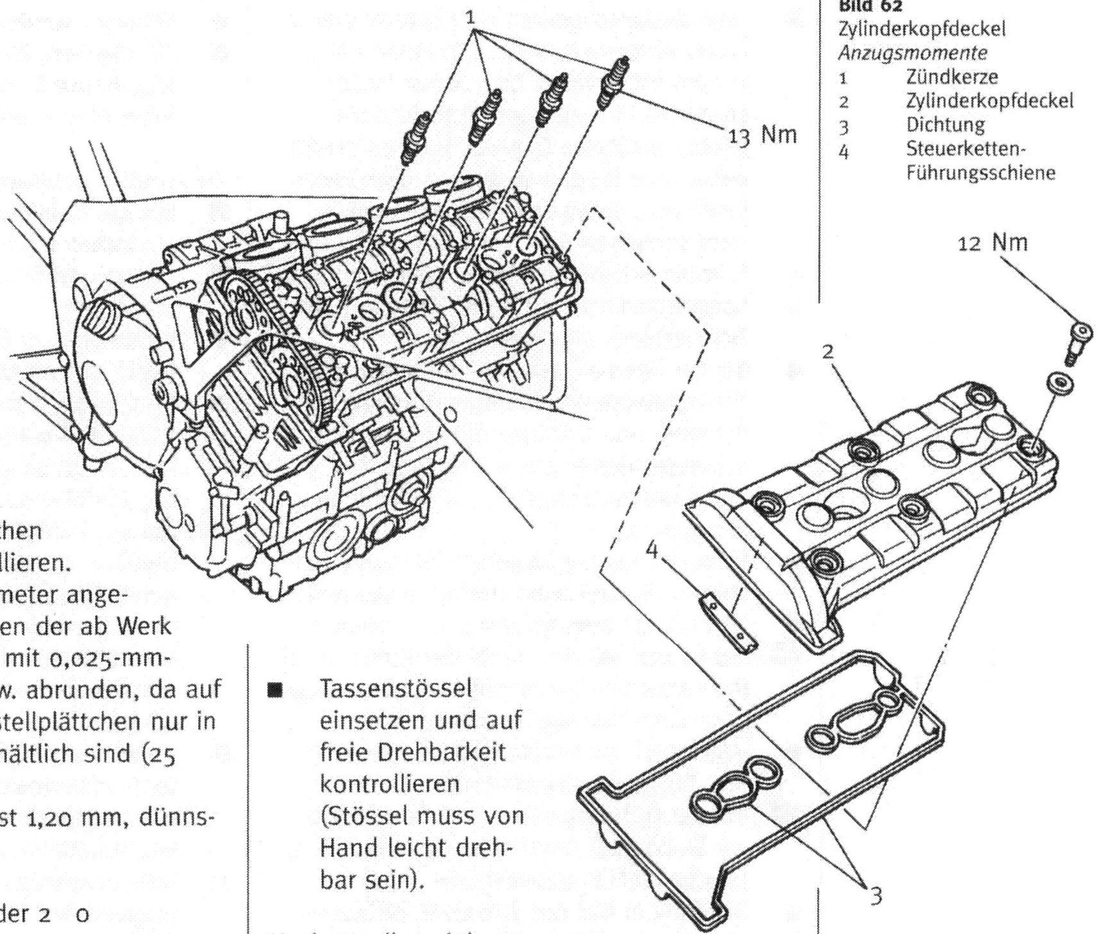

Bild 62
Zylinderkopfdeckel
Anzugsmomente
1 Zündkerze
2 Zylinderkopfdeckel
3 Dichtung
4 Steuerketten-Führungsschiene

Vorsicht! ⚠
Aufgepasst! 👁

- Lagerdeckelschrauben schrittweise zuerst locker eindrehen, dann von innen nach aussen schrittweise über Kreuz locker anziehen, bis Lagerdeckel Dichtfläche gerade berühren. Dann Schrauben schrittweise über Kreuz von aussen nach innen eindrehen, damit sich die Lagerdeckel nicht verziehen oder gar brechen (10 Nm).
- Führungsschiene auf Auslassseite einbauen.
- Spannergehäuse mit neuer Dichtung am Zylinderblock anbringen.
- **Bild 61:** Steuerkettenspanner-Bolzen mit Schraubendreher eindrehen (Spannung nehmen) und Gehäuse mit eingestecktem Schraubendreher am Motorblock mit Halteblech befestigen (zwei Befestigungsschrauben).
- Schraubendreher abziehen (Steuerkettenspanner-Bolzen muss hörbar ausfahren).
- Kurbelwelle zweimal um 360° drehen.

👁 **Bild 51** und **Bild 60:** Flucht der Kurbel- und Nockenwellen-Markierungen prüfen. Gegebenenfalls Montage wiederholen.

- Ventilspiel nochmals prüfen. Gegebenenfalls Einstellung wiederholen.

👁 **Bild 62:** Dichtung des Zylinderkopfdeckels vor Einbau auf Beschädigung überprüfen, gegebenenfalls auswechseln.

- Dichtung in Nut des Zylinderkopfdeckels einsetzen (mit Silikondichtmasse in Deckelnut fixieren).
- Im Bereich der Nockenwellen-Aussparungen an den Stirnseiten flüssige Silikondichtmasse dünn auftragen. Deckel aufsetzen.

⚠ **Bild 62:** Bei den sechs Deckelschrauben so gut wie neue Dichtscheiben (leicht geölt) verwenden.

- Deckelschrauben schrittweise von innen nach aussen anziehen (10 Nm).
- Vergaser wieder montieren (*Kapitel 4*).
- Zündkerzen, Zündkerzenblech und Luftfiltergehäuse in umgekehrter Ausbau-Reihenfolge wieder anbringen.

Kühlsystem befüllen und entlüften

- **Bild 44:** Kühlmittel-Ablassschraube wieder eindrehen (10 Nm).
- Kühler und Schlauchverbindungen wieder montieren.
- Kühlmittel am Einfüllstutzen bis zur Unterkante des Einfüllstutzens einfüllen.
- Kühlkreislauf entlüften: Motor starten und Kühlmittel auffüllen, bis Pegel im Kühler nicht mehr sinkt und bis zur Unterkante des Einfüllstutzens reicht.

👁 **Bild 63:** Kühlmittelstand im Ausgleichsbehälter ausser bei Neubefüllung routinemässig alle 6000 km prüfen. Dabei muss Maschine genau senkrecht stehen. Kühlmittelstand muss bei kalter Maschine mindestens bis Minimum-Markierung reichen.

- Gegebenenfalls mit Mischung aus weichem (entionisiertes/destilliertes) Wasser und handelsüblichem Frostschutzmittel für Leichtmetallmotore und -kühler auffüllen.

⚠ Falls unterwegs »Notbefüllung« mit Leitungswasser (Trinkwasser) vorgenommen werden muss, so bald wie möglich komplettes System mit geeignetem Kühlwasser durchspülen und neu befüllen. (Leitungswasser verursacht Ablagerungen und Aufblühen der Leichtmetall-Kühlkanäle.)

👁 Komplettes System bei betriebswarmer Maschine im Leerlauf auf Dichtheit sichtprüfen.

- Tank, Verkleidung und Sitzbank wieder anbringen (*Kapitel 3.2*).

Bild 63
Kühlmittelstand im Ausgleichsbehälter kontrollieren
1 FULL
2 LOW

3.7 Kompression

Der Kompressionsdruck lässt Rückschlüsse auf das Innenleben des Zylinders zu. Ob eine Motorrevision droht, kann häufig anhand einer Kompressionsdruckprüfung festgestellt werden.

⚠ Kompression bei korrektem Ventilspiel und normaler Betriebstemperatur messen.

- Zündkerzentaschen mit Druckluft sauberblasen und Zündkerzen herausschrauben.
- Kompressionsmessgerät anschliessen.
- Gasgriff voll öffnen und Motor mit Starter durchdrehen, bis Anzeige des Kompressionsmessers nicht mehr weiter steigt (normalerweise nach ca. 10 Sekunden).

Kompressionsdruck

Minimum	*13,5 kg/cm²*
Normal	*14,5 kg/cm²*
Maximum	*15,0 kg/cm²*

Der Druckunterschied zwischen den Zylindern darf maximal 1 kg/cm² betragen.

→ Zu geringer Druck deutet auf undichte Ventile, zu enges Ventilspiel, undichte Zylinderkopfdichtung, verschlissenen Kolben, Kolbenringe oder Zylinder.

→ Zu hohe Kompression wird meist von Ölkohleablagerungen im Brennraum verursacht.

TIPP Um bei zu niedriger Kompression die Fehlerquelle einzukreisen:

- Öl durch Kerzenloch des betreffenden Zylinders möglichst gleichmässig auf Zylinderwand spritzen.
- Kompri-Test wiederholen.

→ Erhöhter Wert lässt auf verschlissene Kolben, -ringe oder Zylinderlaufbahn schliessen.

→ Gleichbleibender Wert lässt auf verschlissenen Zylinderkopf (Ventil, -sitz und -führungen) schliessen. Werkstatterfahrung lasst es wahrscheinlicher erscheinen, dass letzterer Fall zuerst eintritt. Und zwar in der Regel (wenn man dafür überhaupt eine Regel aufstellen kann) nach einer Laufleistung von weit über 50 000 km, wobei sie dann natürlich nicht schlagartig ihren Dienst einstellen, sondern lediglich die Verschleissgrenzen für Ventilsitzbreite und Ventilführungsspiel erreichen, aber auch mit deutlichen Rauchzeichen auf ihren Zustand aufmerksam machen (...und natürlich auch mit weniger »Druck«!).

3.8 Vergaser

- Maschine so aufstellen, dass sicheres Arbeiten gewährleistet ist.
- Getriebe auf <u>*Neutral*</u> schalten.

3.8.1 Seilzüge und Drehgriff

Dem Gasdrehgriff und den Seilzügen kommt die wichtige Rolle des Mittlers zwischen Fahrer und Motor zu. Unregelmässigkeiten bei der Feindosierung der Motordrehzahl haben wesentlichen Einfluss auf die Fahrsicherheit und müssen unbedingt sofort behoben werden.

Gasdrehgriff muss sich bei allen Lenkerstellungen leicht öffnen lassen und selbsttätig in seine Ausgangsposition zurückkehren (trotz extra Schliesserzug).

- Ist dies auch bei gut geschmierten Gaszügen nicht der Fall, Züge auf Beschädigung (Knicke, Abrieb o.Ä.) untersuchen und im Zweifelsfall *immer* auswechseln.
- **Bild 64** und **Bild 65:** Dazu Gegenmuttern der Spieleinsteller am Drehgriff und am Vergaser lockern und Einsteller auf grösstmögliches Spiel eindrehen.

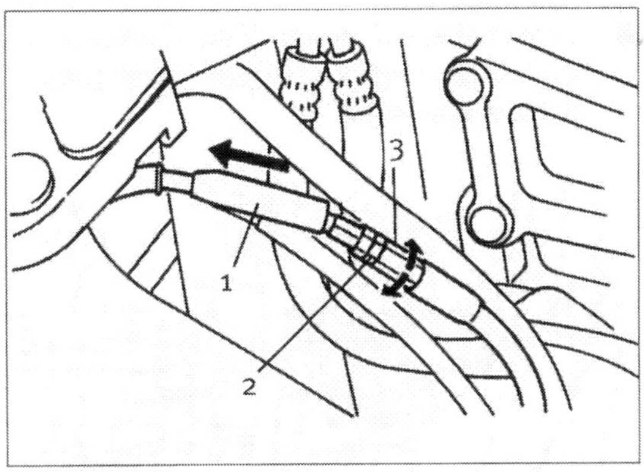

Bild 64
Seilzugspiel-Einsteller oben
1 Gummiabdeckung
2 Gegenmutter
3 Einsteller

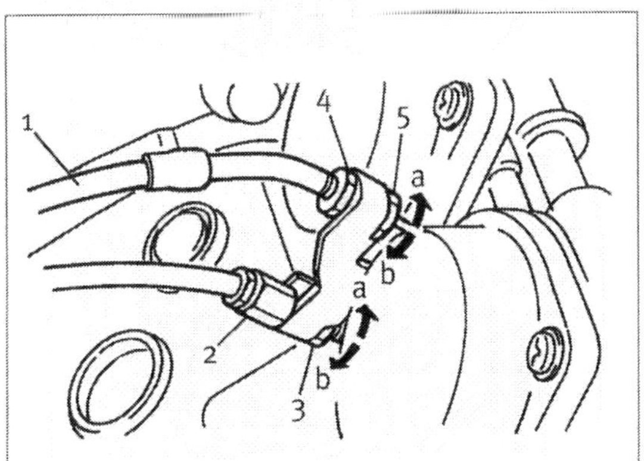

Bild 65
Seilzugspiel-Einsteller unten
1 Öffnerzug
2 Gegenmutter/ Schliesserzug
3 Einsteller/ Schliesserzug
4 Gegenmutter/ Öffnerzug
5 Einsteller/ Öffnerzug

- Am Gasdrehgriffgehäuse zwei Kreuzschlitzschrauben ausdrehen, Gehäusehälften trennen und vom Lenker abnehmen. Nippel aus Aufnahmen ausfädeln.
- Nippel am Vergaser bei ausgebauten Vergasern aus Aufnahmen fädeln (*Kapitel 4*).
- Neue Seilzüge in möglichst grossen Radien verlegen, um Knicke zu vermeiden und Nippel in Aufnahmen einfädeln (*siehe Kapitel Kabel und Züge* ab Seite 125).
- Drehgriffgehäuse leicht gefettet wieder schliessen. Dabei muss Zapfen der vorderen Gehäusehälfte in Lenkerbohrung eingreifen.
- **Bild 65:** Schliesserzug auf Nullspiel einstellen.
- Seilzugspiel am oberen Einsteller nach Lösen der Gegenmutter so einstellen, dass sich am Drehgriffumfang ein Leerweg von 3–5 mm ergibt.
- Grössere Einstellungen an unterer Seilzugaufnahme vornehmen. Gegenmutter lösen und Einsteller ein- oder ausdrehen, bis Spiel im Sollwertbereich liegt.
- Als letzte Kontrolle Lenker bei im Leerlauf tuckerndem Motor von Anschlag zu Anschlag schwenken → Leerlaufdrehzahl darf sich nicht verändern.

Chokeseilzugspiel

- Chokehebel auf einwandfreie Gangbarkeit prüfen. Bei ungleichmässiger Betätigung Seilzug schmieren.

3.8.2 Leerlaufdrehzahl

⚠ Leerlauf-Einstellung erfolgt bei korrektem Ventilspiel.

⚠ Leerlauf-Einstellung nach Vergaser-Abgleich nochmals kontrollieren (genau genommen ist die Leerlaufdrehzahl-Einstellung der erste und letzte Arbeitsschritt des Vergaser-Abgleichs).

⚠ Leerlauf-Einstellung erfolgt bei betriebswarmem Motor.

⚠ In geschlossenen Räumen für ausreichende Belüftung sorgen! Abgase enthalten giftiges geruchloses (!) Kohlenmonoxid, das Bewusstlosigkeit verursachen und zum Tod führen kann.

- **Bild 66:** Leerlaufgemischgemisch-Einstellschraube mit Winkelschraubendreher bis zum leichten Aufsitzen der des Einstellers eindrehen. Einsteller nicht anziehen – Beschädigungsgefahr!
- Leerlaufgemisch-Einstellschraube um 2 ½ Umdrehungen herausdrehen.
- **Bild 67:** Leerlaufdrehzahl durch Ein- oder Ausdrehen der Anschlagschraube einstellen.

Sollwert *1100 ± 50/min*

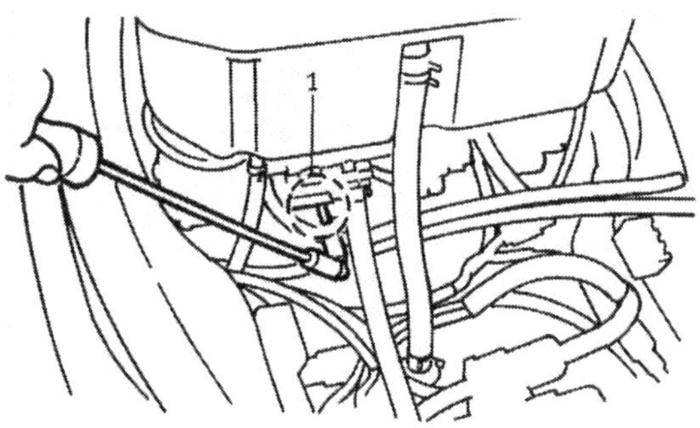

Bild 66
Leerlaufgemisch-Einstellschraube ① mit Winkelschraubendreher einstellen (*siehe* **Bild 6**)

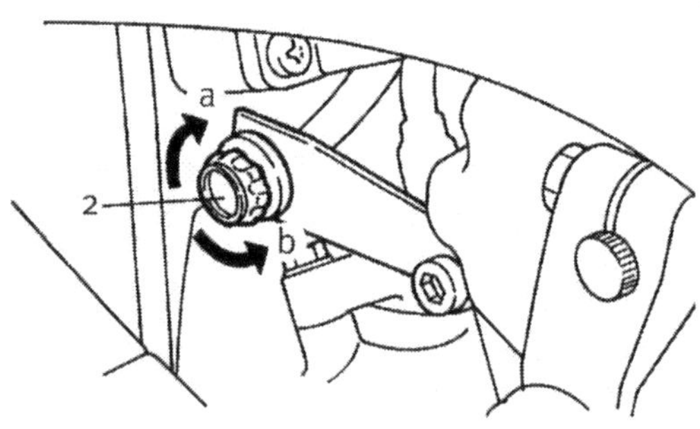

Bild 67 ➤
Leerlaufdrehzahl-Einsteller (Drosselklappen-Anschlagschraube)
a Drehzahl erhöhen
b Drehzahl senken

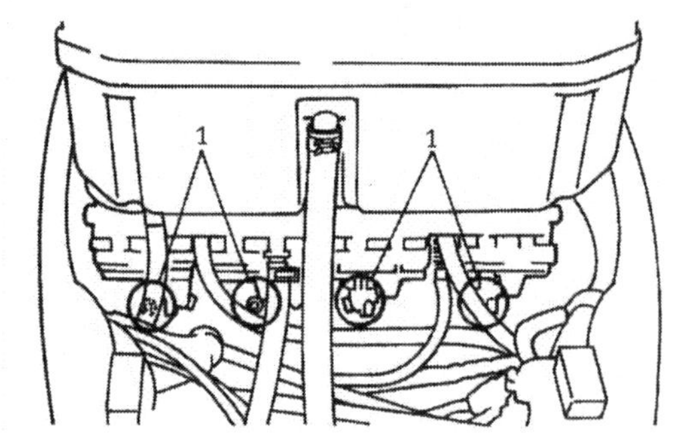

Bild 68
Stopfen am Einlassstutzen ①

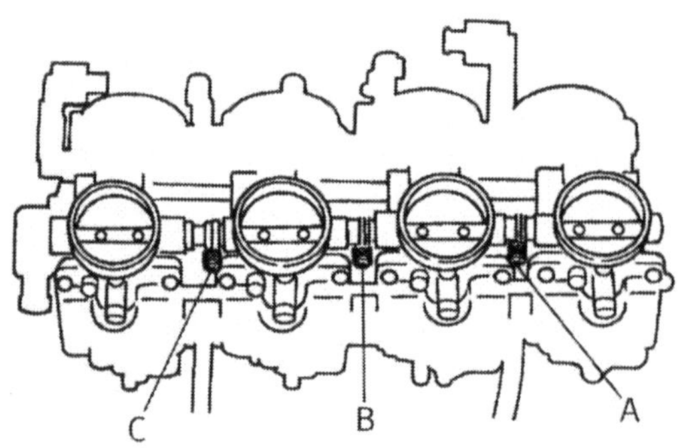

Bild 69 ➤
Abgleichschrauben A bis C

3.8.3 Vergaserabgleich

Für die optimale Leistungsfähigkeit der Maschine ist es unerlässlich, dass die Zylinder absolut synchron arbeiten. Schon geringste Unterschiede bewirken, dass besser gefütterte Zylinder benachteiligte »mitschleppen« müssen.

⚠ Abgleich-Einstellung erfolgt bei betriebswarmem Motor und korrektem Ventilspiel.

- Tank abbauen. (Normalerweise reicht der in den Schwimmerkammern verbleibende Kraftstoff aus, um Abgleich durchzuführen – andernfalls muss die Spritversorgung mit verlängertem Schlauch improvisiert werden.)
- **Bild 68:** Stopfen am Einlassstutzen ausdrehen und Unterdruck-Messuhren (gegebenenfalls mit passendem Adapter) anschliessen.
- Motor starten und mit Leerlaufdrehzahl tuckern lassen.

👁 Gleichlauf bei Leerlaufdrehzahl an Unterdruck-Messuhren kontrollieren.

- **Bild 69:** Durch Drehen der Abgleichschraube A nach rechts oder links (ausprobieren) Gleichlauf zwischen Zylinder #1 und #2 einstellen.
- Zwischendurch immer mal wieder am Gasdrehgriff zupfen und zurückschnalzen lassen. Dabei Unterdruckwerte im Auge behalten.
- Anschliessend Abgleich zwischen Vergaser #3 und #4 vornehmen (Schraube C), dann Vergaser #2 mit #3 abgleichen (Schraube B).
- Leerlaufdrehzahl nochmals kontrollieren.
- Tank wieder montieren.

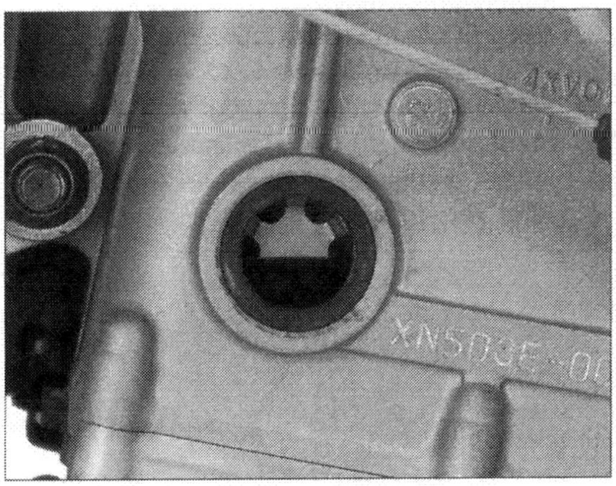

3.9 Motoröl, Ölfilter & Öldruck

Das Öl ist sozusagen der Lebenssaft für jedes Triebwerk. Klar, dass da der Pegelstand regelmässig (täglich bis wöchentlich) kontrolliert wird:

- Fahrzeug unbelastet senkrecht auf ebenen Untergrund stellen.
- Ölstand bei kaltem Motor:

👁 Ölstand muss mindestens über untere Markierung am Ölstand-Schauglas reichen.

- Ölstand bei betriebswarmem Motor:
- Motor abstellen und einige Minuten warten.

👁 **Bild 70:** Der Ölstand muss zwischen oberer und unterer Marke am Ölstand-Schauglas stehen.

- **Bild 71:** Gegebenenfalls Öl (SAE 10W30, SAE 10W40, 20W40 oder 20W50; API-Klassifikation SE oder höher) an Einfüllöffnung bis zur oberen Marke auffüllen.
- Motor starten und einige Minuten laufen lassen ... und nochmal kontrollieren.
- Ein Ölverbrauch von bis zu 0,10 l/1000 km ist bei dieser Kolbengrösse der Regelfall. (Wir sprechen von einem neuwertigem eingefahrenem Motor. Falls Ihr Exemplar mehr verbraucht, hat es vermutlich schon ein paar zigtausend Kilometer heruntergespult. Ob sich bei erhöhtem Ölverbrauch eine Motorüberholung lohnt, entscheiden Sie.)

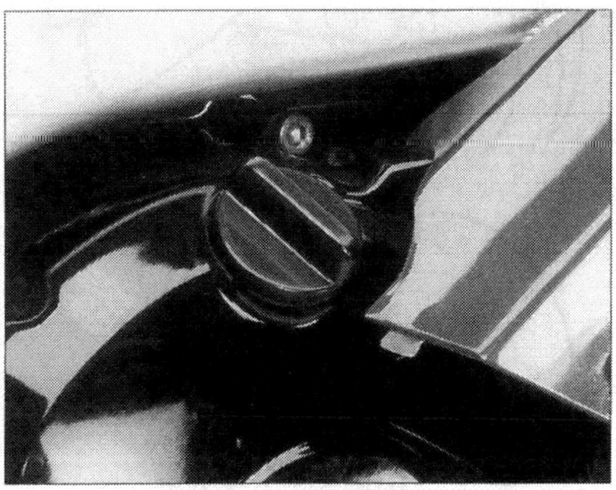

◄ **Bild 70**
Ölstand-Schauglas

Bild 71
Motoröl-Einfüllstopfen

Ölwechsel

■ Alle 6000 km bedarf das Öl einer Erneuerung, mindestens aber einmal im Jahr.

TIPP Bei ausschliesslichem Kurzstrecken- oder häufigem Rennbetrieb, alle 3000 km oder sechs Monate Motoröl erneuern.

⚠ Motoröl bei betriebswarmer Maschine ablassen, damit sich die Metallabriebsteilchen noch in der Schwebe befinden und sich noch nicht abgesetzt haben.

■ Verkleidungskiel abnehmen.

■ Motorrad waagrecht stellen und geeignetes Auffanggefäss (mindestens drei Liter Fassungsvermögen) unterschieben.

■ **Bild 72:** Ölablassschraube ausdrehen.

⚠ Finger nicht am heissen Öl verbrühen! Öl läuft erst im Schuss, nach einiger Zeit nur noch tröpfchenweise. Geduldig warten, bis der letzte Tropfen den Weg ins Auffanggefäss gefunden hat.

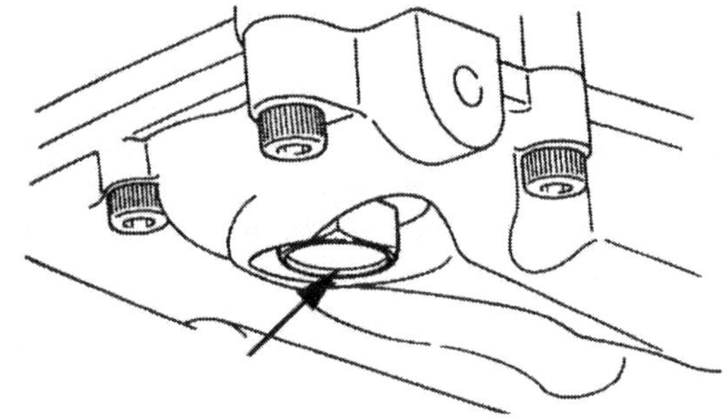

Bild 72
Ölablassschraube
Anzugsmoment 43 Nm

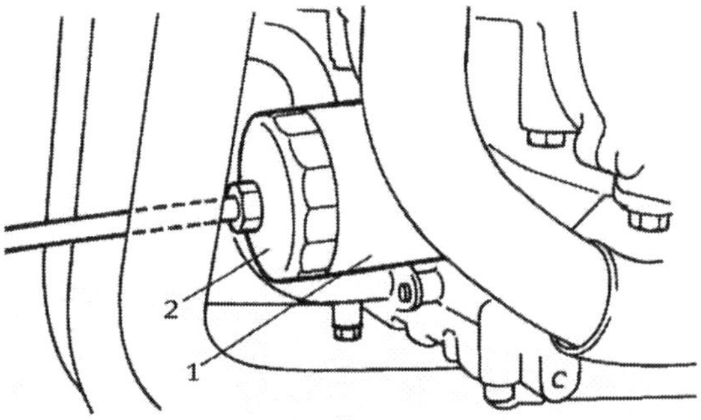

Bild 73
Ölfilter mit Ölfilterschlüssel (YAMAHA-Nr. 90890-01426) ausdrehen
1 Ölfilterpatrone
2 Ölfilterschlüssel

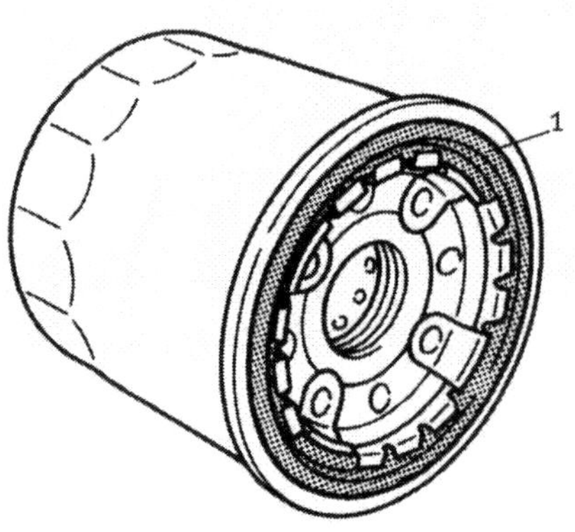

Bild 74
Neuen Ölfilter mit leicht geöltem O-Ring ① eindrehen

Ölfilterwechsel

Der Ölfilter hat die Aufgabe, kleinste Partikelchen aus dem Motoröl herauszufiltern. Sobald der Motor läuft, befindet sich das Öl in dauerndem Kreislauf: Die Ölpumpe saugt aus dem Sumpf das Öl an und drückt es durch den Ölfilter zu den Schmierstellen des Motors. Dort tropft es dann in den Ölsumpf ab, um wieder angesaugt zu werden.

⚠ Ölfilter deshalb bei jedem zweitem Ölwechsel erneuern (alle 12 000 km).

■ Auffangwanne unter Ölfilter stellen.

■ **Bild 73:** Ölfilter mit Ölfilterschlüssel ausdrehen und Filterelement entnehmen.

TIPP Der alte Filter kann natürlich auch mit entsprechender Rohrzange ausgebaut werden (beim Einbau neuen Filter von Hand festziehen).

■ **Bild 74:** Neuen Ölfilter mit leicht geölter Dichtung einsetzen und anziehen (17 Nm/handfest).

⚠ Ablassschrauben sind mit einem Alu- oder Kupferdichtring versehen, der bei jedem Ölwechsel erneuert wird.

■ Motoröl-Ablassschraube (43 Nm) eindrehen.

⚠ Motorölbefüllung in zwei Schritten durchführen:

■ Zuerst nur 2,7 Liter Motoröl einfüllen, dann Motor starten, 5–6 mal kurz (!) hochdrehen und abstellen.

■ Anschliessend Rest der vorgeschriebenen Menge bis zur MAX-Markierung nachfüllen:

Ölwechsel ohne Filterwechsel	*2,7 l*
Ölwechsel mit Filterwechsel	*2,9 l*
Gesamtölmenge	*3,6 l*

◉ Nach etwa fünf Minuten Ölstand am Schauglas kontrollieren. Öl soll an oberer Pegelmarke stehen.

⚠ Motoröl nie über MAX auffüllen!

⚠ Altöl nicht »weggiessen« (!), sondern an einer Sammelstelle (in jeder grösseren Stadt zu finden) oder Tankstelle abliefern!

⚠ Jeder Ölverkäufer ist zur Zurücknahme von Altöl verpflichtet!

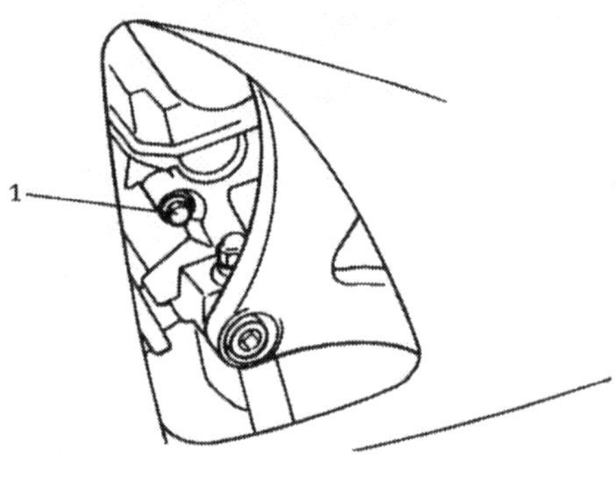

Bild 75 ➤
Öldruck-Kontrollschraube ①
Anzugsmoment 20 Nm

Öldruck prüfen

- Wie die meisten YAMAHAs besitzt auch die R1 keinen Öldruckgeber, sondern einen Ölstandgeber. Deshalb sollte der Öldruck nach jedem Ölwechsel kontrolliert werden.
- **Bild 75:** Öldruck-Kontrollschraube herausdrehen.
- Motor starten und im Leerlauf tuckern lassen.
- Sobald Öl an der Gewindebohrung austritt, Motor abstellen und Kontrollschraube wieder eindrehen.

⚠ Falls nach einer Minute noch kein Öl ausgetreten ist, Motor abstellen und Fehler beseitigen (Ölpumpe, Überdruckventil und Ölkanäle kontrollieren).

- Die »Fortgeschrittenen-Methode« des Öldruckmessens sieht folgendermassen aus:
- Öldruck bei betriebswarmem Motor messen.
- Ölkanal-Verschlussschraube ausdrehen (Einbaulage: unterhalb des Pickup-Deckels am Motorgehäuse).
- Öldruckmesser mit passendem Adapter anschliessen.
- Motor starten und Drehzahl auf 4000/min erhöhen.

Öldruck muss bei Betriebstemparatur und 1100/min (Leerlaufdrehzahl) etwa 0,45 kg/cm² betragen. Falls Öldruck wesentlich unter Richtwert liegt, müssen Ölpumpe und Überdruckventil kontrolliert werden.

- Verschlussschraube des Ölkanals wieder eindrehen (20 Nm).

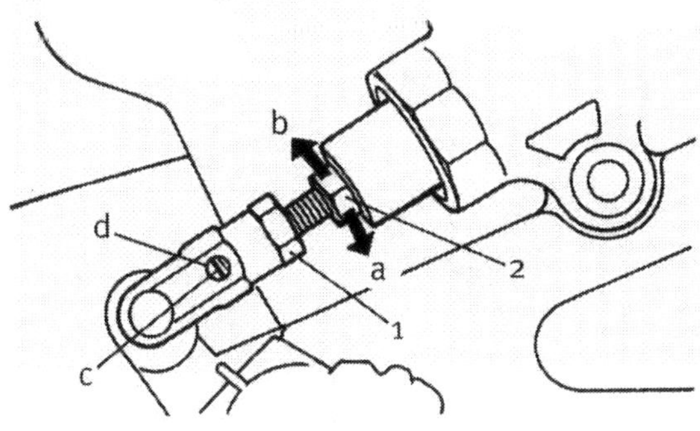

3.10 Bremslicht, Bremspedal, Bremshebel und Schaltpedal

In Notsituationen ist es äusserst wichtig, dass die Bremswirkung sofort ohne Verzögerung eintritt. Deshalb geniesst die vor allem bei Notbremsungen wichtige Fussbremse unsere besondere Aufmerksamkeit.

Bild 76: Bremspedal-Oberkante soll 35 – 40 mm unter Fussrastenoberkante liegen.

- **Bild 77:** Pedalhöhe nach Lockern der Gegenmutter und Drehen der Einstellspindel einstellen.
- Gegenmutter wieder anziehen.

Bild 77: Darauf achten, dass Ende der Einstellspindel in Kontrollbohrung sichtbar ist (Spindel nicht zu weit ausdrehen).

Motorrad so aufbocken, dass Hinterrad freisteht und freie Drehbarkeit des Hinterrads kontrollieren.

- **Bild 78:** Bremslichtschalter so einstellen, dass Licht aufleuchtet bevor Bremswirkung einsetzt.
- Zur Einstellung Schaltergehäuse festhalten und Rändelmutter ein- oder ausdrehen.

Bremslicht soll unmittelbar vor Einsetzen der Bremswirkung aufleuchten.

- Bremslichtschalter der Vorderradbremse lässt sich nicht einstellen (also nur Funktion prüfen). Zum Auswechseln Befestigungsschraube ausdrehen und Schalter abnehmen. Neuen Schalter montieren und Befestigungsschraube mit 1,3 Nm eindrehen.

Bild 76
Bremspedallage kontrollieren
a 35 – 40 mm

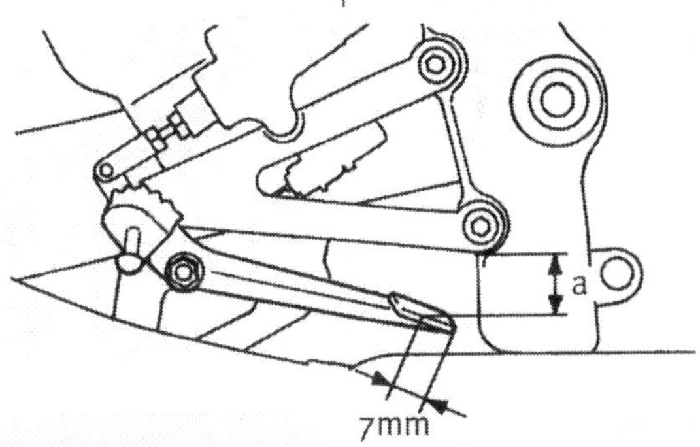

◄ Bild 77
Bremspedallage einstellen
1 Gegenmutter
2 Einstellspindel
a Pedal höher
b Pedal niedriger
c Einstellspindel
d Kontrollbohrung

Bild 78
Bremslichtschalter/ Fussbremse

Handbremshebel

■ **Bild 79:** Handbremshebel mit Einsteller der Fingerlänge anpassen (Einstellung auf Einstellrad muss mit Markierungspfeil fluchten – keine Zwischenstellungen benutzen!).

Schaltpedal

■ **Bild 80:** Schaltpedalhöhe durch Drehen der Einstellspindel auf richtige Lage einstellen (Gegenmuttern zuerst lösen und nach Einstellung wieder fest anziehen).

Einbaulänge der Schaltstange soll 305 mm betragen.

Bild 79
Handbremshebel-Einsteller auf Markierungspfeil am Einstellrad ausrichten

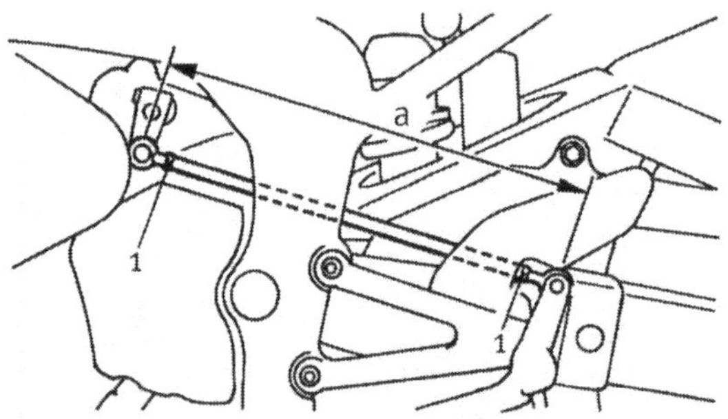

Bild 80
Schaltpedallage einstellen
1 Gegenmutter
a 305 mm

Bild 81
Bremsflüssigkeitsbehälter/hinten

3.11 Bremsflüssigkeit

Mag man einem Motorrad kurzzeitig einen defekten Auspuff oder auch mal ein durchgebranntes Blinkerbirnchen zubilligen – beim Thema Bremsen gibt es keine Kompromisse. Hier muss bei jedem Fahrmeter die hundertprozentige Leistungsfähigkeit sichergestellt sein.

Auf die Wirkung der Bremsanlage der YAMAHA-Twins kann sich der Motorradfahrer verlassen. Damit das immer so ist, sollten Wartungsarbeiten an der Bremshydraulik nur bei fundierten Vorkenntnissen vorgenommen werden. Beim geringsten Zweifel am eigenen Können ist die Fachwerkstatt die bessere Wahl.

Bild 81 und **Bild 82:** Am Bremsflüssigkeitsbehälter Pegelstand kontrollieren. Behälter müssen dabei waagerecht stehen.

⚠ Falls sich Pegel »LOWER«-Marke nähert oder Luftbläschen sichtbar werden (vorderer Behälter FZS), zuerst Belagstärke der Bremsklötze kontrollieren! Bremsbelagverschleiss wird mit nachfliessender Bremsflüssigkeit ausgeglichen!

Sämtliche Bremsleitungen auf Beschädigung und richtige Lage prüfen.

■ Alle Schraubverbindungen der Bremsleitungen abwischen.

Bremse mit Kraft betätigen und kurz unter Druck halten. Anschliessend Bremsleitungen auf undichte (feuchte) Stellen absuchen.

Bild 82 ➤
Bremsflüssigkeitsbehälter/vorn

Hydraulikflüssigkeit ergänzen

⚠ Da sich Hydraulikflüssigkeit hygroskopisch verhält, d.h. Wasser anzieht (→ Siedepunkt sinkt), muss Behälter immer gut verschlossen sein.

⚠ Keinesfalls dürfen Schmutz, Verunreinigungen oder Wasser in Behälter gelangen.

⚠ Beim Öffnen des Deckels muss Behälter waagerecht stehen, damit keine Bremsflüssigkeit überschwappt, die sich aggressiv verhält und Lack angreift.

⚠ Vertrielte Bremsflüssigkeit sofort abwischen!

■ **Bild 83** und **Bild 84:** Deckel samt Membran abnehmen.

■ Pegelstand bis zur »UPPER«-Markierung (vorn: Gussrippe an Innenseite) auffüllen.

⚠ Nur Bremsflüssigkeit der Qualität DOT 4 verwenden!

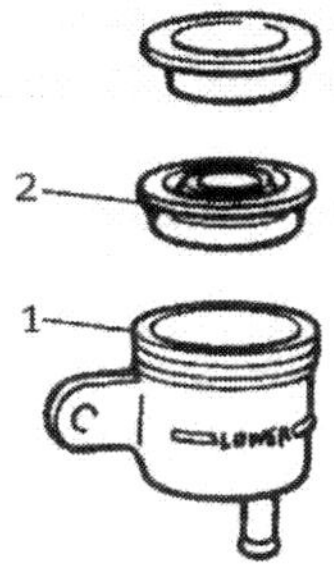

◄ **Bild 83**
Bremsflüssigkeitsbehälter/ hinten ① mit Membran ②

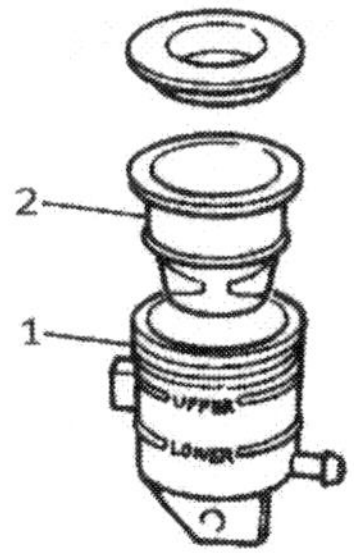

Bild 84
Bremsflüssigkeitsbehälter/ vorn ① mit Membran ②

Bremsflüssigkeit erneuern

⚠ Bremsflüssigkeit alle 2 Jahre wechseln.

■ **Bild 85:** Deckel des Bremsflüssigkeitsbehälters samt Membran entfernen und passenden, durchsichtigen Schlauch, der in Auffanggefäss endet, über Entlüftungsventil am Bremssattel stülpen.

TIPP Damit nicht die komplette alte Bremsflüssigkeit durch Hydraulikleitungen gepumpt werden muss, mit Einwegspritze aus Apotheke alte Flüssigkeit absaugen und frische Flüssigkeit auffüllen.

⚠ Nachlaufbohrung am Boden des Ausgleichsbehälters muss immer mit Flüssigkeit bedeckt sein, damit keine Luft in's System gelangt!

■ **Bild 86:** Hebel bzw. Pedal anziehen und Entlüftungsventil um ½ bis ¼ Umdrehung öffnen und sofort wieder schliessen. Hebel bzw. Pedal wieder freigeben.

■ Pumpbewegungen am Bremshebel fördern Flüssigkeit zum Auffanggefäss.

TIPP Schön langsam pumpen und Hebel zwischendurch immer einige Sekunden in Ruhestellung belassen, um zu gewährleisten, dass sich System luftfrei füllt.

⚠ Währenddessen in Behälter am Lenker zügig Bremsflüssigkeit nachgiessen, damit keine Luftbläschen ins System gelangen können (Nachlaufbohrung muss immer mit Bremsflüssigkeit bedeckt sein).

⚠ Sinkt Pegel unter Nachlaufbohrung kann Luft ins System gepumpt werden.

■ So wird mit neuer Bremsflüssigkeit die alte weggespült.

■ Tritt am Entlüftungsschlauch keine Luft bzw. klare, neue Bremsflüssigkeit aus, Bremshebel noch einmal langsam anziehen und gleichzeitig Entlüftungsventil schliessen. Beim Befüllen einer leeren oder »trockenen« Hydraulikanlage gemäss Befüllschema im Bremsen-Kapitel vorgehen.

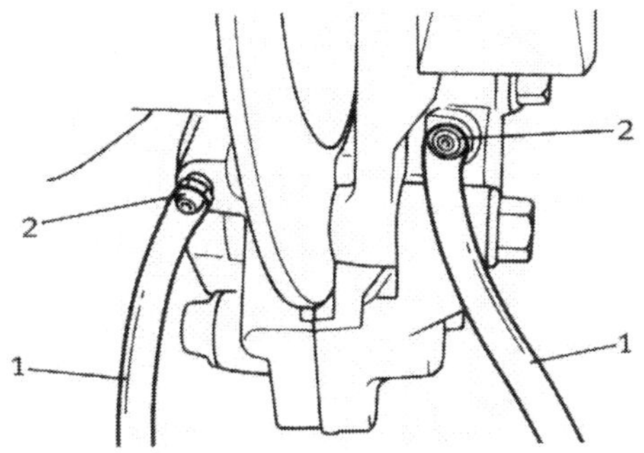

Bild 85
Bremse entlüften (hier am hinteren Bremssattel mit zwei Entlüftungsventilen – beide Sattelhälften entlüften!)
1 Schlauch
2 Entlüfterventil

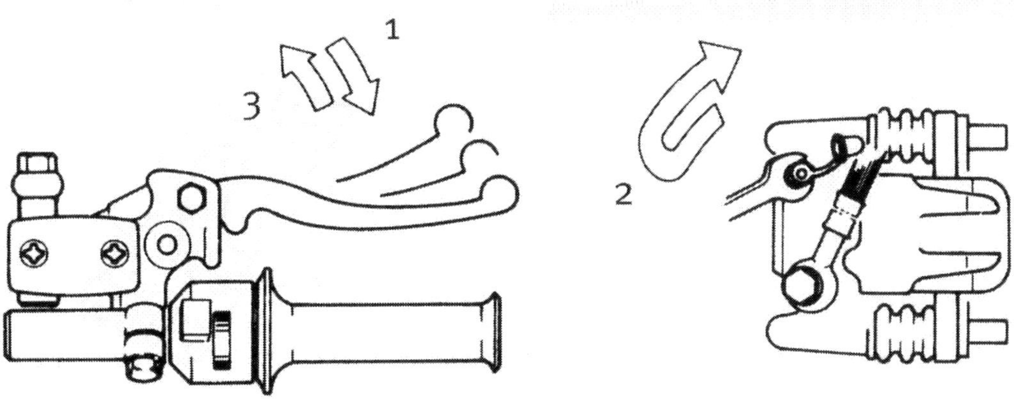

Bild 86
Bremssystem entlüften
1 Hebel/Pedal anziehen
2 Ventil öffnen (½–¼ Umdrehung)
3 Hebel/Pedal herauslassen

3.12 Bremsbeläge

Auch die beste Bremse funktioniert nur mit ordentlichen Belägen. Deshalb ist die regelmässige Kontrolle der Belagstärken so wichtig.

⚠ Bremsbeläge nur im Satz wechseln, auch wenn nur ein Belag die Verschleissgrenze erreicht hat.

■ Bremspedal betätigen, damit Beläge anliegen.

Bild 87 und **Bild 88:** In Bremssattel einpeilen und Belagstärke mit Verschleissanzeiger abgleichen.
Verschleissanzeiger bzw. Verschleissanzeigenut (vorn) dürfen Bremsscheibe nicht berühren!

⚠ Im Zweifelsfall Beläge lieber zu früh wechseln als zu spät mit zerschrappter Bremsscheibe!

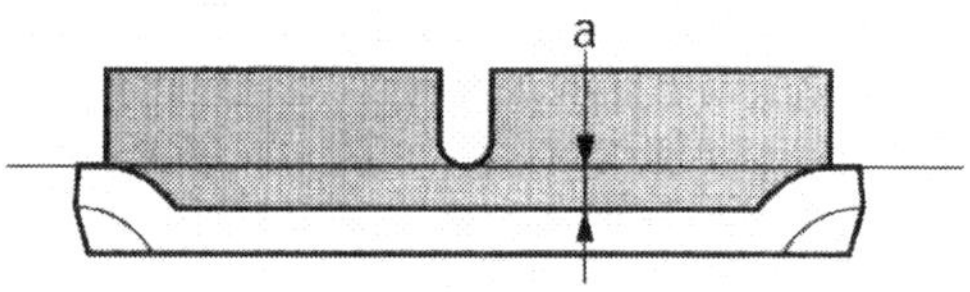

Bild 87
Belagdicke kontrollieren/vorn
a 0,5 mm

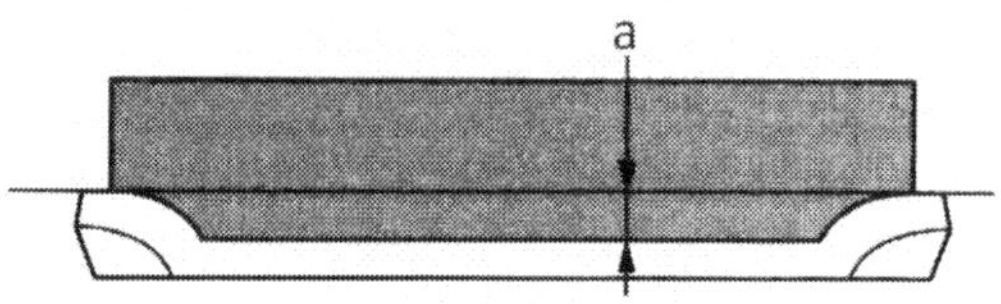

Bild 88
Belagdicke kontrollieren/hinten
a 0,5 mm

Bild 89
Bremssattel vorn
1 Bremsschlauch-Halterung
2 Befestigungsschrauben
3 Entlüfterventil

Belagwechsel vorn

■ **Bild 89:** Bremsschlauch-Halterung und Bremssattel von Gabel abnehmen.

■ **Bild 90:** Sicherungssplinte des Belagstifts herausziehen und Belagstift gegebenenfalls mit Durchschlag heraustreiben.

■ Belagfeder und Beläge nach oben entnehmen.

TIPP Zur leichteren Montage der neuen Beläge Bremskolben von Hand in Sattel eindrücken, um Platz zu machen für neue dicke Beläge.

■ **Bild 91:** Neue Beläge von oben in Sattel einsetzen und Belagfeder aufsetzen (Pfeil weist nach vorn).

■ Belagstift einschieben und mit Sicherungssplinten sichern.

■ Bremssattel auf Bremsscheibe aufsetzen und an Gabel befestigen (40 Nm).

⚠ Durch Pumpen am Bremshebel Druck im System aufbauen. Erst wenn Druckpunkt deutlich fühlbar ist, ist Bremse betriebsbereit!

⚠ Bremsflüssigkeitspegel kontrollieren.

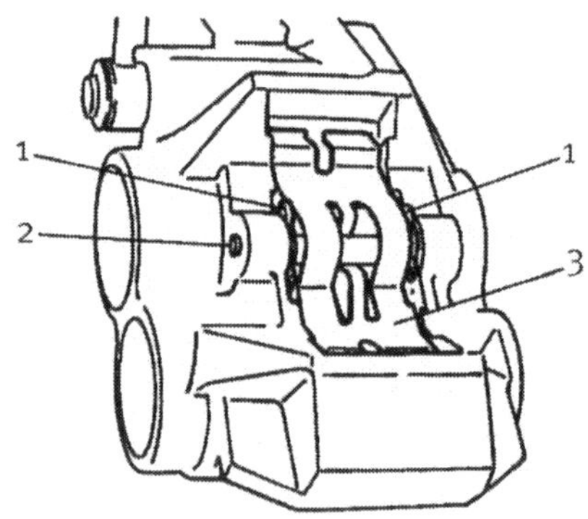

Bild 90 ➤
Beläge vorn wechseln
1 Sicherungssplinte
2 Belagstift
3 Belagfeder

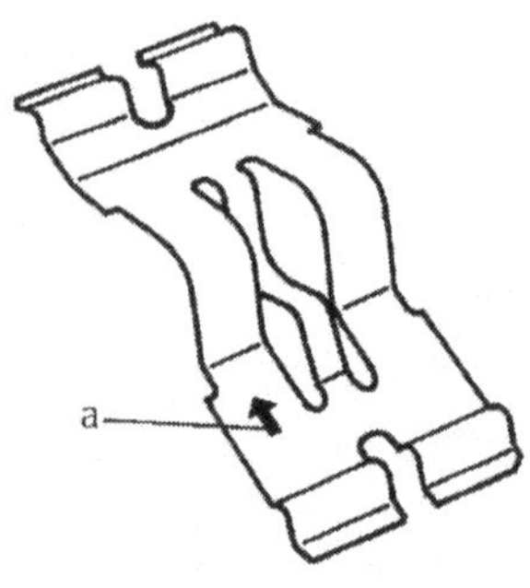

Bild 91 ➤
Pfeil a auf Belagfeder weist nach vorn

TIPP Fingerzeig
Exakt messen

Belagwechsel hinten

- **Bild 92:** Bremssattel vom Halter abnehmen (zwei Befestigungsschrauben) und, so vorhanden, Kunststoff-Abdeckung des Bremssattelschachts abnehmen (mit passendem Schraubendreher aushebeln).
- **Bild 93:** Sicherungssplinte der Belagstifte herausziehen und Belagstifte gegebenenfalls mit Durchschlag heraustreiben. Beläge aus Schacht entnehmen.
- Mit stumpfem Werkzeug (Hartholz o.Ä.) Bremskolben vorsichtig in Sattelzylinder zurückdrücken, um Platz zu machen für neue dicke Beläge.

⚠ Auf keinen Fall mit scharfkantigem Schraubendreher im Bremsbelagschacht herumstochern und Kolbengleitfläche verkratzen!

- Beläge mit neuen Belagblechen und -feder in Sattel einsetzen.
- Belagstifte einsetzen und mit Splinten sichen.
- Bremssattel auf Scheibe aufsetzen und Sattelschrauben eindrehen (40 Nm).

⚠ Durch Pumpen am Bremshebel Druck im System aufbauen. Erst wenn Druckpunkt deutlich fühlbar ist, ist Bremse betriebsbereit!

⚠ Bremsflüssigkeitspegel kontrollieren.

3.13 Antriebskette

Die Antriebskette ist eigentlich das Teil am Motorrad, dem man seinen Pflegezustand auf den ersten Blick ansieht. Doch wird die als lästig empfundene Kettenpflege häufig sträflich vernachlässigt, obwohl sie doch erheblichen Einfluss auf die Fahrleistungen eines Motorrads hat.

⚠ Antriebskette niemals bei laufendem Motor prüfen oder einstellen.

- Zum Prüfen des Kettendurchhangs Getriebe in *Neutral* schalten und Motorrad so aufbocken, dass das Hinterrad frei drehbar ist.

Durchhang an mehreren Stellen prüfen, um Stelle mit straffster Kettenposition zu finden (Kette längt sich meist ungleichmässig). Kettendurchhang in straffster Stellung einstellen!

- **Bild 94:** Kette in der Mitte zwischen Ritzel und Kettenblatt von Hand auf- und abbewegen und Durchhang messen.
  Sollwert 40 – 50 mm
- **Bild 95:** Zum Korrigieren des Durchhangs rechts Achsmutter lockern.
- Gegenmuttern der Einstellmuttern auf beiden Seiten lockern und Einstellmuttern jeweils um gleiche Anzahl von Umdrehungen weiterstellen, bis Kette korrekten Durchhang erreicht.

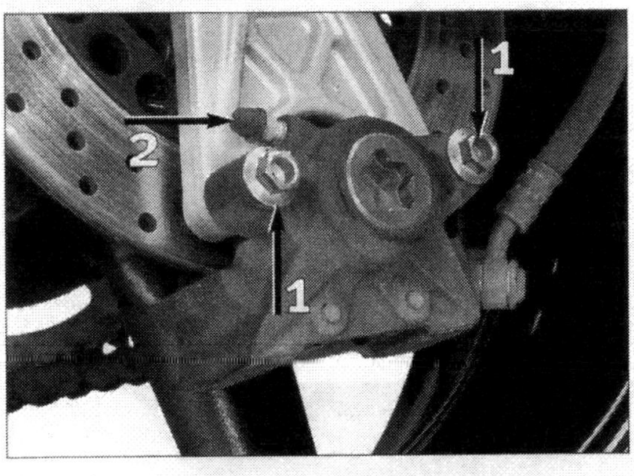

◄ **Bild 92**
Bremssattel hinten
1 Befestigungsschrauben
2 Entlüfterventil

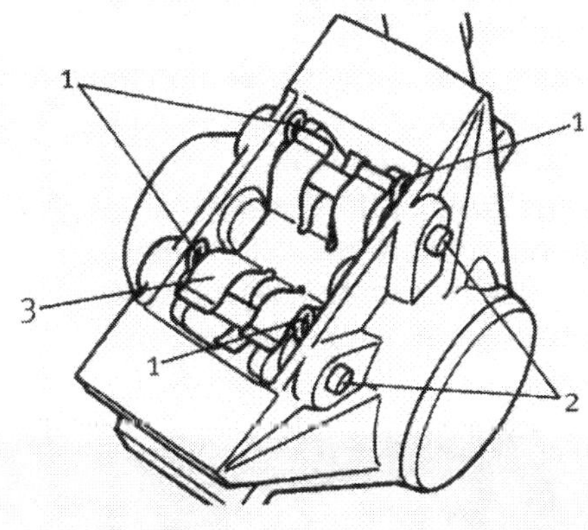

Bild 93
Beläge hinten wechseln
1 Sicherungssplinte
2 Belagstifte
3 Belagfeder

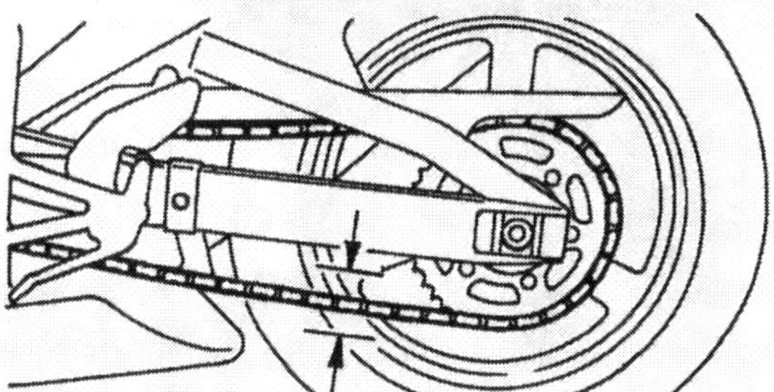

◄ **Bild 94**
Kettendurchhang
a 40 – 50 mm

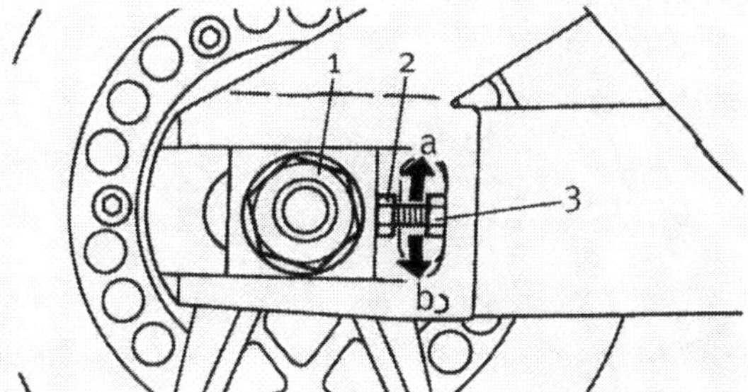

Bild 95
Kettendurchhang einstellen
1 Achsmutter (150 Nm)
2 Gegenmutter (16 Nm)
3 Einsteller
a weniger Durchhang
b mehr Durchhang

- Falls Kette gelockert werden muss, nach Ausdrehen der Einstellmuttern Hinterrad nach vorn drücken.

👁 Ausrichtmarkierungen müssen auf beiden Seiten der Schwinge übereinstimmen.

⚠ Kettenabstand darf keinesfalls weniger als 40 mm betragen: Gefahr durch stossartige Drücke für Getriebe-Abtriebslager!

- Hinterachsmutter (150 Nm) und Gegenmuttern (16 Nm) der Einsteller wieder anziehen.
- Als letzte Kontrolle Motorrad vom Ständer nehmen und aufsitzen. Auch jetzt darf Kette keinesfalls voll gespannt sein.
- Falls Einstellmuttern nicht mehr weitergedreht werden können, ist Kette übermässig gelängt und muss erneuert werden. O-Ring-Ketten besitzen kein lösbares Kettenschloss. Zum Wechsel muss wegen der »geschlossenen« Schwingenversteifung die Kette getrennt werden.

TIPP Alte Kette mit Winkelschleifer auftrennen und Kette mit EK-Enuma-Schraubschlössern (erhältlich im Fachhandel) vernieten. Wer seinen Schrauberkünsten oder dieser Schloss-Bauart nicht traut, kann damit wenigstens zum YAMAHA-Händler fahren und sich die Kette vernieten lassen.

👁 **Bild 96:** Gleichzeitig Zähne von Ritzel und Kettenrad auf Abnutzung untersuchen.

- Falls verschlissen, beide Kettenräder zusammen mit Kette im Satz wechseln (*vorderes Motorritzel Kapitel 9/hinteres Kettenrad Kapitel 19*).

⚠ Niemals neue Kette mit alten Kettenrädern oder umgekehrt kombinieren, da sich Teile gegenseitig extrem schnell verschleissen.

👁 **Bild 97:** Zustand der Kette bei korrektem Kettendurchhang wie folgt »erfühlen«: Kette darf sich in der Mitte des Kettenblatts maximal 4 mm weit abziehen lassen.

3.14 Kupplung

Um zu verhindern, dass die Kupplung bei Belastung ungewollt durchrutscht, wird am Handhebel ein Sicherheitsspiel (Leerweg) von 2–3 mm eingestellt.

- **Bild 98:** Korrekturen mit dem Einstellrändel am Kupplungsseilzug vornehmen.
- **Bild 99:** Grössere Einstellungen am unteren Einsteller nach Lockern der Gegenmutter vornehmen.

Bild 96 ➤
Ritzel und Kettenradverschleiss

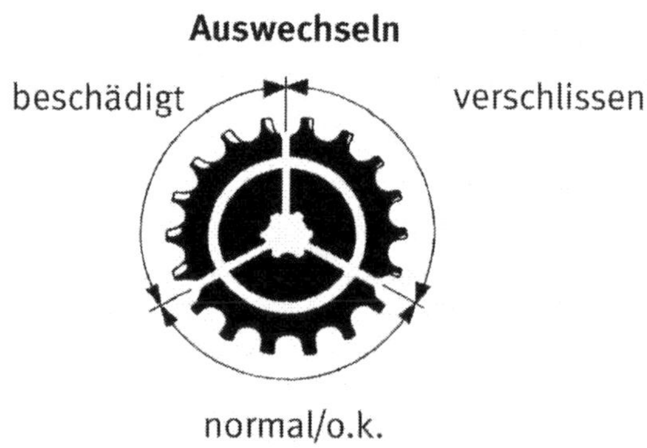

Bild 97 ➤
Kette darf sich max. 4 mm weit abziehen lassen

Bild 98
Oberer Kupplungsseilzug-Einsteller
1 Kupplungsschalter

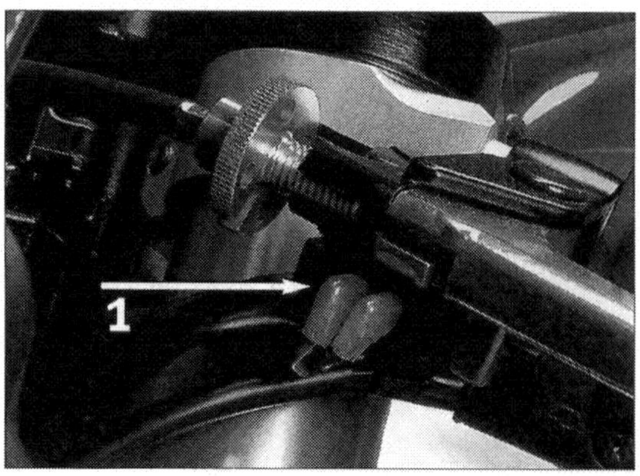

Bild 99 ➤
Unterer Kupplungsseilzug-Einsteller

3.15 Teleskopgabel

YAMAHAS Top-Sportler (die R7 lassen wir mal aussen vor) verfügt natürlich über eine voll einstellbare Vorderradfederung.
Die Ölfüllung der Telegabel ist als Dauerfüllung disponiert, es sind keine Wechselintervalle angegeben. Deshalb Gabelöl nur alle 30 000 km bzw. alle drei Jahre wechseln (Gabel muss ausgebaut werden; *Kapitel 18.2 Frontpartie*).

- **Bild 100:** Wirkung der Telegabel durch mehrmaliges Einfedern prüfen, wobei sich zeigt, ob Tauchrohre etwa durch verspannten Einbau an freier Beweglichkeit gehindert sind.
  Federung bei angezogener Bremse eindrücken und ausfedern lassen.
- Einfedern geht schneller als Ausfedern.
- Fahrzeug darf nicht nachschwingen.
- Wellendichtringe und Staubkappen der Telegabel dürfen keine Undichtheiten (Ölnebel) zeigen. Sonst defekte Teile erneuern, wie in Kapitel Frontpartie beschrieben.

Gabeleinstellung

⚠ Beide Gabelbeine stets identisch einstellen.
⚠ Einsteller nie über Maximal- oder Minimal-Einstellung hinausdrehen.

Federvorspannung

- Geringe Vorspannung ergibt »weiches« Ansprechverhalten.
- Erhöhte Vorspannung ergibt »hartes« Ansprechverhalten.
- **Bild 101:** Einstellung der Federvorspannung am Zweikant mit Gabelschlüssel vornehmen.

Grundstellung	6 sichtbare Striche
maximal (hart)	1 sichtbarer Strich
minimal (weich)	8 sichtbare Striche

- **Bild 101:** Entsprechend der Federvorspannung kann Zugstufendämpfung eingestellt werden.
  Einsteller bis zum leichten Aufsitzen ganz eindrehen und wieder herausdrehen.
  Dabei die »Klicks« des Einstellers mitzählen.

Zugstufendämpfung

Grundstellung	5 Klicks
maximal (hart)	1 Klick
minimal (weich)	13 Klicks

- **Bild 102:** Entsprechend der Zugstufendämpfung kann Druckstufendämpfung eingestellt werden.
  Einsteller bis zum leichten Aufsitzen ganz eindrehen und wieder herausdrehen.
  Dabei die »Klicks« des Einstellers mitzählen.

Druckstufendämpfung

Grundstellung	5 Klicks
maximal (hart)	1 Klick
minimal (weich)	11 Klicks

Bild 100
Gabel bei angezogener Bremse zusammenstauchen

Bild 101
Teleskopgabel einstellen
1 Zugstufendämpfung
2 Federvorspannung

Bild 102
Druckstufendämpfung der Gabel einstellen

3.16 Federbein

Wie die Teleskopgabel ist auch das Federbein standesgemäss voll einstellbar.

- Wirkung des Federbeins durch mehrmaliges Einfedern prüfen. Dabei zeigt sich, ob die Schwinge an freier Beweglichkeit gehindert ist.
- Dämpferstange der Federbeins darf keine Undichtheit zeigen. Sonst defektes Federbein erneuern, wie in *Kapitel 19 Seite 119* beschrieben.
- ■ Fahrzeugheck eindrücken und ausfedern lassen.
- Fahrzeugheck darf nicht nachschwingen.
- Einfedern geht bei korrekter Dämpferwirkung schneller als Ausfedern!
- Alle Befestigungen auf Festsitz prüfen. Darauf achten, dass sie weder beschädigt noch verzogen sind.

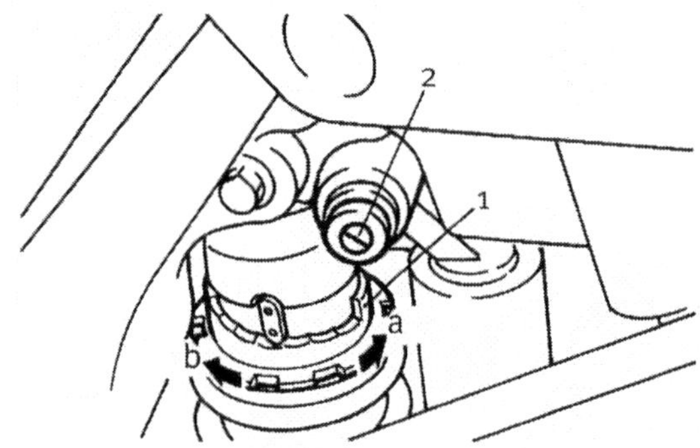

Bild 103
Federbein einstellen
1 Federvorspannungseinsteller
2 Druckstufen-Einsteller
a Vorspannung erhöhen
b Vorspannung verringern

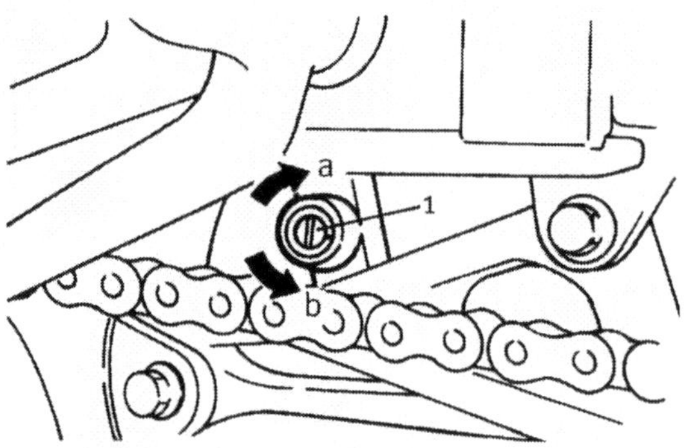

Bild 104
Zugstufendämpfung einstellen
1 Einsteller
a Dämpfung härter
b Dämpfung weicher

Federbein-Einstellung

⚠ Nicht versuchen, Einsteller über höchste oder niedrigste Einstellung hinauszudrehen.

■ **Bild 103:** Federvorspannung am Einsteller mit Hakenschlüssel nach Zuladung und Streckenbeschaffenheit einstellen (hohe Federvorspannung für hohe Zuladung – geringe Vorspannung für Solofahrten).

Federvorspannung

Grundstellung	Stellung 4
maximal (hart)	Stellung 9
minimal (weich)	Stellung 1

■ **Bild 103:** Entsprechend der Teleskopgabel kann auch am Federbein die Druckstufendämpfung eingestellt werden.
Einsteller bis zum leichten Aufsitzen ganz eindrehen und wieder herausdrehen. Dabei die »Klicks« des Einstellers mitzählen.

Druckstufendämpfung

Grundstellung	8 Klicks
maximal (hart)	1 Klick
minimal (weich)	12 Klicks

■ **Bild 104:** Entsprechend der Druckstufendämpfung kann auch die Zugstufendämpfung eingestellt werden.

Zugstufendämpfung

Grundstellung	6 Klicks
maximal (hart)	1 Klick
minimal (weich)	12 Klicks

3.17
Lenkkopflager

Wenn das Motorrad in langgezogenen Kurven plötzlich nicht mehr den gewohnt sauberen Strich ziehen will, und wenn es beim kurzen Antippen der Vorderradbremse verdächtig im Lenker knackt, dann hat das Lenkkopflager zu viel Spiel.

TIPP Zu lose eingestelltes Lager verursacht Flattern bei höheren Geschwindigkeiten.

TIPP Zu stramm angezogenes Lager verursacht Fahrzeugpendeln bei niederen Geschwindigkeiten.

- Zum Prüfen des Lagers Maschine so aufbocken, dass Vorderrad freikommt.

Bild 105: Bei freiem Vorderrad Tauchrohre vor- und zurückdrücken und mit Finger Spiel am Lenkkopflager erfühlen. (Bei entsprechend hohen Laufleistungen kann auch Spiel der Gabelbuchsen für »Knacken« sorgen.)

Falls sich Lenker ungleich bewegt, schleift oder Vertikalspiel aufweist, Lager nachstellen.

Darauf achten, dass Seilzüge oder Kabelstränge Lenkereinschlag nicht behindern.

⚠ Rastet Lenker in Mittelstellung ein → Lenkkopflager defekt, Lager ersetzen (*Kapitel Frontpartie*).

Lenkkopflager einstellen

- Tank abbauen (*Kapitel 3.2*).
- **Bild 106:** Bremsflüssigkeitsbehälter von Gabelbrücke abnehmen (mit Klebeband o.Ä. am Cockpit fixieren).
- **Bild 107:** Zierstopfen auf Oberseite der Gabelbrücke aushebeln. Klemmschrauben der Gabelholme und Lenkerstummel lockern. Lenkerstummel-Befestigungsschrauben ausdrehen.
- Lenkerstummel nach unten schieben (von Gabelbrücke lösen).

Darauf achten, dass Kabel und Züge nicht geknickt werden!

- **Bild 108:** Lenkkopfmutter ausdrehen. Scheibe und obere Gabelbrücke (gegebenenfalls mit leichten Gummihammerschlägen lockern) abnehmen.
- **Bild 109:** Sicherungsblech ①, obere Ringmutter ② und Gummischeibe ③ abnehmen.
- **Bild 110:** Einstellmutter ① mit Hakenschlüssel und Drehmomentschlüssel (im rechten Winkel ansetzen, andernfalls wird Drehmoment verfälscht!) vorläufig mit 28 Nm anziehen.
- Einstellmutter wieder lockern und mit 9 Nm wieder anziehen – keinesfalls fester anziehen.

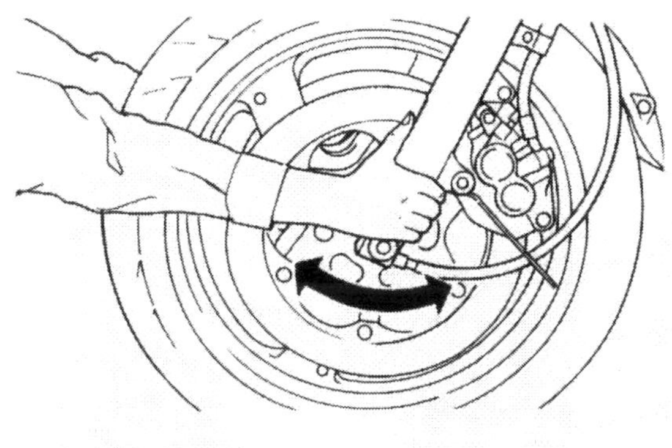

◄ Bild 105
Gabel vor- und zurückdrücken und dabei Lenkkopflagerspiel erfühlen

Bild 106
Befestigungsschraube des Bremsflüssigkeitsbehälters

◄ Bild 107
Gabelbrücke von Gabel und Lenkerstummel lösen
1 Gabelklemmschraube
2 Lenker-klemmschraube
3 Lenker-Befestigungs-schraube

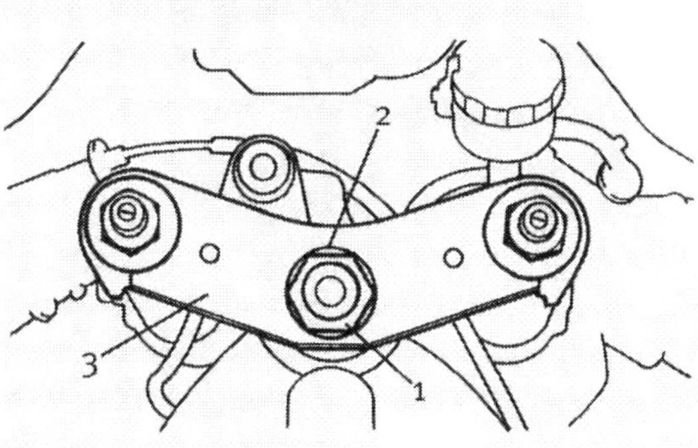

Bild 108
Lenkkopflager einstellen
1 Lenkkopfmutter
2 Scheibe
3 Obere Gabelbrücke

- Lenkkopflager nochmals auf Spiel prüfen. Falls immer noch Spiel spürbar ist, Lenkkopf komplett demontieren und unteres Lenkkopflager auf Beschädigung untersuchen, gegebenenfalls erneuern.
- **Bild 109:** Gummischeibe auflegen, obere Ringmutter ② handfest anziehen, bis Nuten beider Ringmuttern fluchten. Gegebenenfalls Einstellmutter gegenhalten.
- Sicherungsblech ① so auflegen, dass Blechlaschen in die Nuten beider Muttern eingreifen.

👁 Sicherungsblechlaschen auf einwandfreien Sitz in ihren Nuten kontrollieren.

- Obere Gabelbrücke wieder aufsetzen und Lenkkopfmutter anziehen (115 Nm).
- **Bild 111:** Klemmschrauben der Gabelbrücke und Lenkerstummel anziehen.

👁 Lenklagerspiel noch einmal kontrollieren, gegebenenfalls erneut nachstellen.

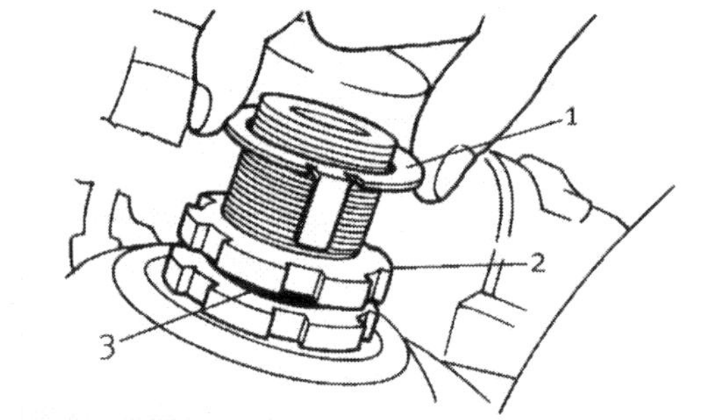

Bild 109
Lenkkopflager einstellen
Lenkkopflager einstellen
1 Sicherungsblech
2 Gegenmutter
3 Gummischeibe

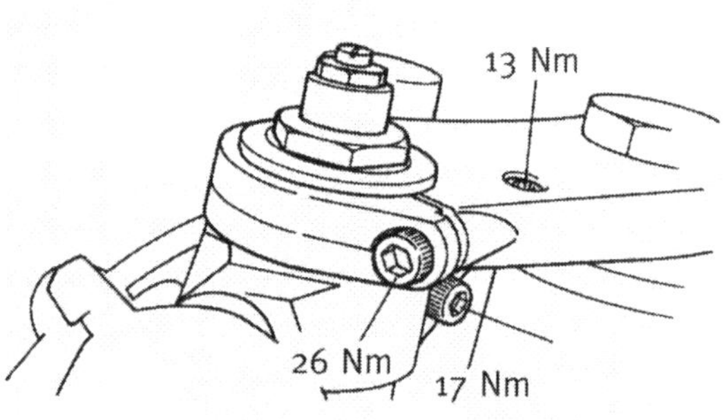

Bild 111
Anzugsmomente an oberer Gabelbrücke

Bild 113
Einbaulage der Batterie

3.18 Batterie

Funktionierende E-Starter sind selbst für Sportmotorräder ein nicht mehr wegzudenkender Komfort. Deshalb muss aber die Batterie immer optimal in Schuss sein, um auch bei kalter Witterung ausreichend Energie liefern zu können.

⚠ **Bild 112:** Die Batterie ist wartungsfrei, deshalb nicht versuchen die Verschlussstopfen zu entfernen. Demzufolge kann der Batteriesäurestand auch nicht geprüft werden und es muss auch kein destilliertes Wasser nachgefüllt werden.

- Dadurch, dass das beim Ladevorgang entstehende Gas (nur Sauerstoffgas, kein Wasserstoffgas – im Gegensatz zum herkömmlichen Batterietyp, wo beide Gase entstehen) mit dem geladenen aktiven

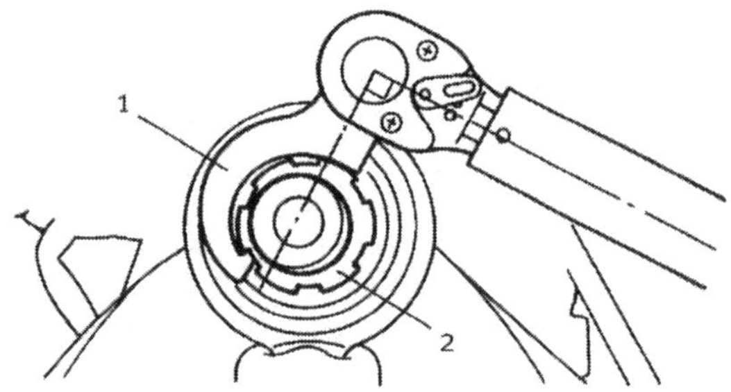

Bild 110 ➤
Einstellmutter vorläufig mit 28 Nm anziehen
1 Hakenschlüssel
2 Einstellmutter

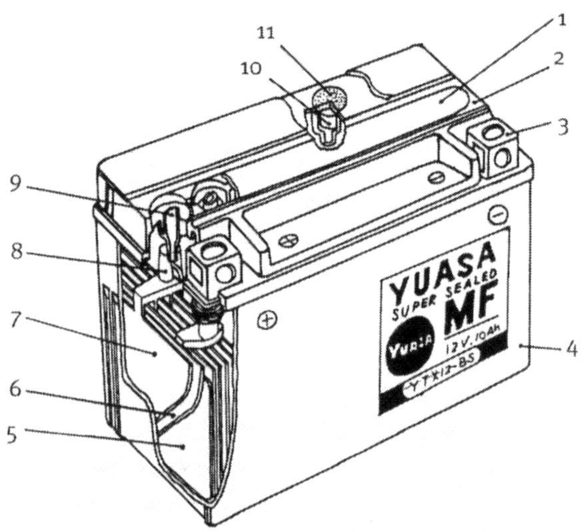

Bild 112 ➤
Wartungsfreie MF-Batterie
1 Abdichtung
2 Deckel
3 Anschluss
4 Gehäuse
5 Positive Platte
6 Separator
7 Negative Platte
8 Pol
9 Einfüll-verschraubung
10 Sicherheitsventil
11 Filter

Material auf der Minusplatte reagiert, wird es in Wasser zurückverwandelt, sodass letztlich kein Flüssigkeitsverlust entsteht. Damit verbunden ist die bessere Ausnutzung des Raums, denn es wird kein »Sicherheitspolster« an Ausdehnungsvolumen benötigt.
Zur Sicherheit ist ein Ventil eingebaut, das bei Überdruck öffnet und bei Erreichen des Normaldrucks wieder schliesst. Zusätzlich ist unter dem Deckel auf dem Sicherheitsventil ein Keramikfilter angebracht. Dieser dient als Schutz gegen Entzündung oder Explosion durch Feuer von aussen. Ein weiterer Vorteil des geschlossenen Batteriesystems ist die sofortige Verwendbarkeit – ohne Laden nach Erstbefüllung.

- ■ Batterie laden, wenn Spannung unter 12,8 Volt liegt (mit Spannungsmesser prüfen).
- ■ Batterie zum Laden ausbauen.
- ⚠ Zündung ausschalten.
- ■ Sitz abnehmen (*Kapitel 3.2*).
- ⚠ **Bild 113:** Zuerst Masseleitung abklemmen und isolieren.
- ■ Plusleitung abnehmen und Batterie herausnehmen.

Batterie laden

- ⚠ Maximaler Ladestrom darf 10 % der Ladekapazität nicht überschreiten. Beispiel 14 Ah-Batterie: Ladestrom max. 1,4 Ampère; Ladezeit: 5 – 10 Stunden.
- ⚠ Beim Laden der Batterie entsteht explosive Gasmischung (auch bei wartungsfreier Batterie!), die durch Funken entzündet werden kann. Also Funken oder offenes Feuer fernhalten und Raum gut belüften.
- ■ Anschlusspole der Batterie mit Polfett (säurefrei) balsamieren.
- ⚠ Beim Einbau zuerst Plusleitung anschliessen, dann Massekabel.
- ■ Batterieabdeckung montieren.

3.19 Scheinwerfer

Obwohl keine periodisch wiederkehrende Wartungsarbeit, gehört die Kontrolle der Beleuchtungs- und Signalanlage zu den unbedingt sicherheitsrelevanten Tätigkeiten am Motorrad. Ein Beleuchtungs- und Blinkercheck ist schnell gemacht – Aufwand und Nutzen stehen für den Fahrer in äusserst günstiger Relation, und bringt ein unverzichtbares Sicherheitspolster. Wesentlicher Sicherheitsfaktor bei Nachtfahrten ist ein korrekt eingestellter Scheinwerfer.

- ■ Motorrad mit korrektem Reifenluftdruck und Federbeineinstellung auf Solobetrieb auf Rädern stehend und mit Fahrer belastet in Abstand von 5 m (ab Vorderradmitte) vor heller Wand auf ebenen Boden aufstellen.
- ■ Abstand Boden/Scheinwerfermitte auf Wand übertragen und mit Kreuz markieren.
- ■ **Bild 114:** Fünf Zentimeter unter diesem Kreuz ein zweites Kreuz zeichnen.
- ■ Abblendlicht einschalten.
- 👁 Scheinwerfer mittels Stellmechanismus so einstellen, dass in der Mitte des unteren Kreuzes »Hell-Dunkel-Grenze« beginnt, bis zur Höhe des oberen Kreuzes nach rechts ansteigt und dann wieder abfällt.
- 👁 Lenker genau geradeaus richten und Einstellschraube ein- oder ausdrehen (ausprobieren), bis Scheinwerfer genau geradeaus zeigt.
- ■ Seiteneinstellung und Höheneinstellung des Scheinwerfers durch Ein- oder Ausdrehen der Einstellschrauben vornehmen.

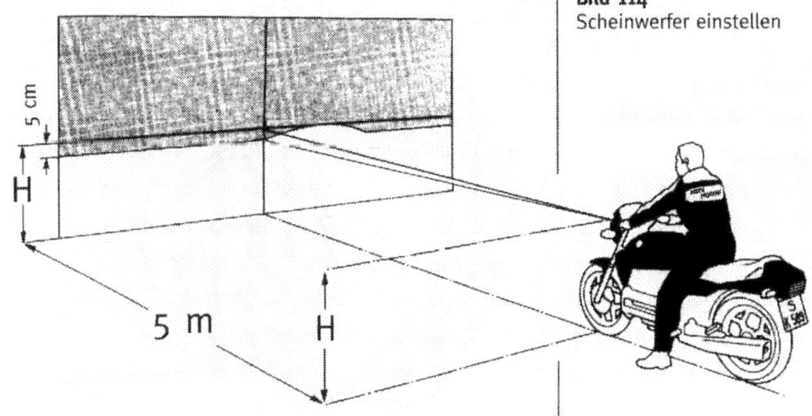

Bild 114
Scheinwerfer einstellen

- **Bild 115:** Seiteneinstellung:
  Linker Scheinwerfer:
  a Lichtkegel nach rechts
  b Lichtkegel nach links
  Rechter Scheinwerfer:
  a Lichtkegel nach links
  b Lichtkegel nach rechts
- **Bild 116:** Höheneinstellung:
  Linker und rechter Scheinwerfer:
  a Lichtkegel nach oben
  b Lichtkegel nach unten

Einsteller ein- oder ausdrehen (ausprobieren), bis Scheinwerfer die in **Bild 114** gezeigte Höhe einhält.

- **Bild 117** und **Bild 118:** Zum Wechseln der Scheinwerferlampe an Gehäuserückseite zuerst Steckkontakt und Abdeckung abnehmen, dann Lampenhalter lösen und Lampe entnehmen.

⚠ Lampenglas beim Einsetzen der neuen Lampe nicht mit blossen Fingern anfassen. Schweiss- und Fettspuren beeinträchtigen Lebensdauer und Leuchtkraft der Lampe. Gegebenenfalls Lampe mit Alkohol- oder Verdünner-getränktem Lappen reinigen.

⚠ Bei Montage der Lampe auf korrekten Sitz der Schutzkappe achten (muss sauber am Gehäuse anliegen).

3.20 Sicherungen

- **Bild 119:** Zum Auswechseln der Sicherungen Sitzbank und linke Heckverkleidung (YZF) abnehmen. Deckel des Sicherungskastens öffnen.
- Sicherung mit Spitzzange aus Klemme ziehen und Reserve-Sicherung mit identischem Ampère-Wert eindrücken.

⚠ Auf keinen Fall Sicherung mit höherem Ampère-Wert einsetzen!

⚠ Ampère-Werte siehe *Technische Daten*.

- Falls Sicherung wiederholt durchbrennt, Fehler in elektrischer Anlage suchen und beheben.
- **Bild 119:** Die Hauptsicherung (30 A) befindet sich neben der Batterie beim Starterrelais.
- Stecker abziehen und Sicherung mit Spitzzange herausziehen.

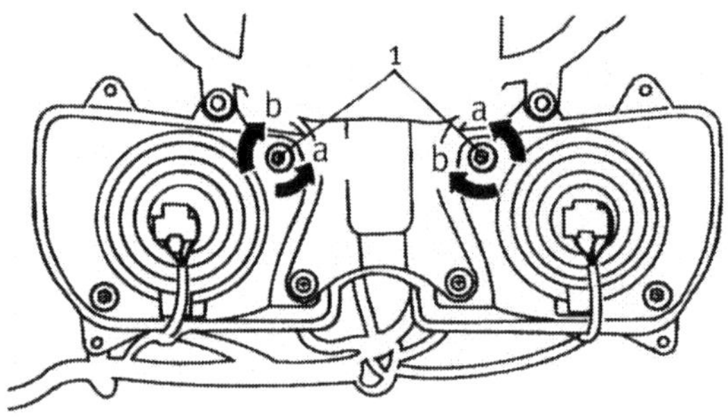

Bild 115
Seiteneinstellung der Scheinwerfer
1 Einsteller

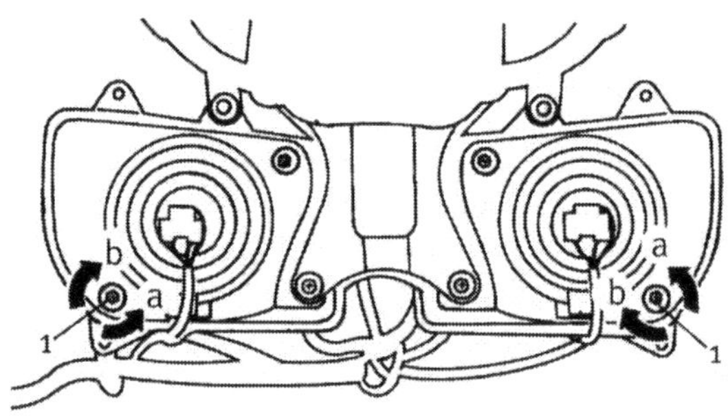

Bild 116 ➤
Höheneinstellung der Scheinwerfer
1 Einsteller

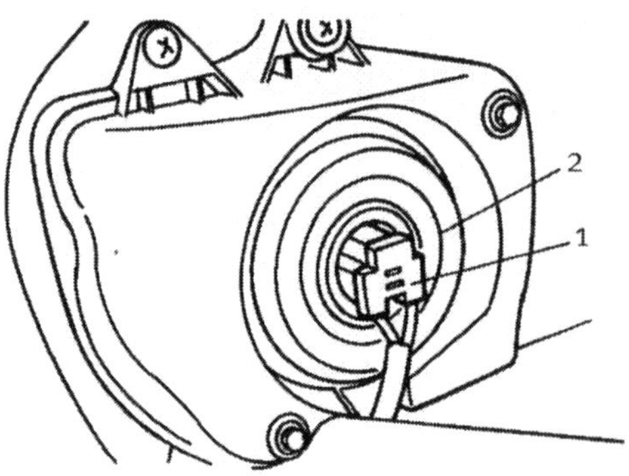

Bild 117
Stecker ① und Abdeckung ② abnehmen

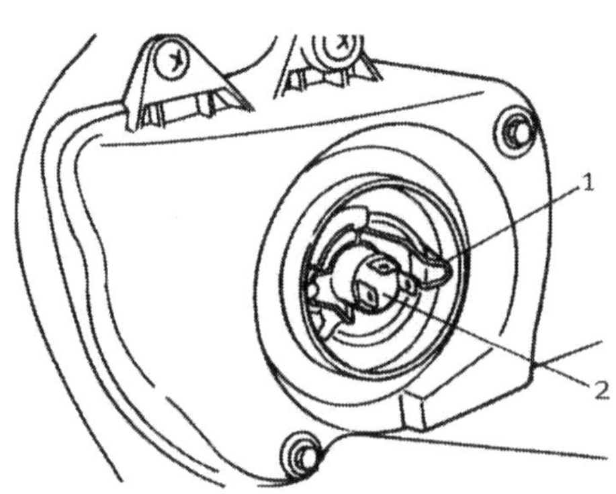

Bild 118 ➤
Federbügel ① ausfedern und Lampe ② entnehmen

3.21 Seitenständer

Federn auf Beschädigung und Ermüdung untersuchen. Seitenständer auf Leichtgängigkeit prüfen. Gelegentlich am Drehzapfen mit Motoröl abschmieren.

- **Bild 120:** Zapfen des Seitenständerschalters gelegentlich mit Sprayöl (z.B. Castrol 4in1) einnebeln, damit dieser nicht unaufgefordert seiner Arbeit nachgeht.

Ständerfeder auf Beschädigung und Spannungsverlust untersuchen (Ständer muss zügig einklappen).

TIPP Eventuell hilft auch Schmieren des Drehbolzens.

Einfache Funktionsprüfung des *Seitenständerschalters* vom Fahrersitz (Ampelstart-Stellung, d.h. Seitenständer eingeklappt) aus durchführen:

- Getriebe auf *Neutral* schalten und Motor starten.
- Kupplung ziehen und einen Gang einlegen.
- Seitenständer ausklappen → Motor muss ausgehen.

3.22 Muttern, Schrauben und Befestigungsteile

Im Lauf der Zeit kann es vorkommen, dass sich Muttern oder Schrauben am Motorrad durch feine Vibrationen lösen.

Deshalb nach jeweils 10 000 Kilometern im Rahmen einer Inspektion alle Fahrgestellmuttern und -schrauben auf vorgeschriebene Anzugsmomente kontrollieren.

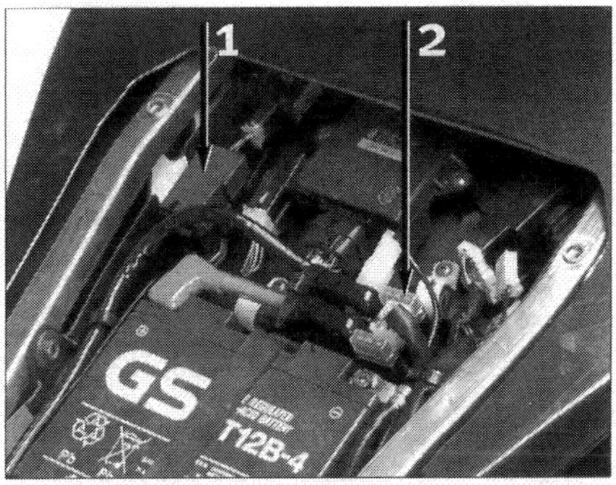

Bild 119
Sicherungskästchen ① und Hauptsicherung ② am Starterrelais

Hauptsicherung	30 A
Scheinwerfer	20 A
Blinker	20 A
Zündung	15 A
Lüftermotor	7,5 A
Tachometer	7,5 A

Bild 120
Seitenständerschalter (Sprayöl) und Drehzapfen (Motoröl) schmieren

3.23
Räder und Reifen

Räder auf Schlag prüfen (*Kapitel Front- und Heckpartie*).

Reifen dürfen keine Risse oder sonstige Beschädigungen aufweisen.

Reifenluftdruck bei kalten Reifen messen.

Reifenluftdruck

bis 90 kg Zuladung	
– vorn	*2,50 kg/cm²*
– hinten	*2,50 kg/cm²*
über 90 kg Zuladung	
– vorn	*2,50 kg/cm²*
– hinten	*2,90 kg/cm²*
Hochgeschwindigkeitsfahrt	
– vorn	*2,50 kg/cm²*
– hinten	*2,50 kg/cm²*

3.24
Stromkreis-Eigendiagnose

- Die Zündbox der R1 verfügt über ein Diagnose-Programm, das einen Defekt im Stromkreis des Drosselklappensensors (TPS) anzeigt. Ausserdem wird noch der Stromkreis der Reserveanzeige und der Stromkreis des EXUP-Systems überwacht.
- Zur Fehlerbehebung Kabelbaum auf Durchgang überprüfen und gegebenenfalls Drosselklappesensor-Einstellung bzw. Lampe der Reserveanzeige/Tankanzeigegeber und EXUP-Servomotor kontrollieren (d.h. erneuern).

Drosselklappensensor (TPS): Bei unterbrochenem oder kurzgeschlossenem Kabel wird nur das Volllast-Zündzeitpunktsignal an die Zündbox übertragen (Motorrad kann gefahren werden).
Der Drehzahlmesser zeigt als Fehlercode bei eingeschalteter Zündung (Motor an oder aus) 2,5 Sekunden lang 3000/min an, und dann 3 Sekunden lang die tatsächliche Drehzahl.

EXUP: Bei unterbrochenem oder kurzgeschlossenem Kabel (»unzulässiges Impulssignal«) bleibt das EXUP-Ventil drei Sekunden lang offen, dann wird der Servomotor ausgeschaltet (Motorrad kann gefahren weden). Der Drehzahlmesser zeigt als Fehlercode bei eingeschalteter Zündung (Motor an oder aus) 2,5 Sekunden lang 7000/min an, und dann 3 Sekunden lang die tatsächliche Drehzahl.
Bei blockiertem EXUP-Servomotor wird die Stromversorgung des Servomotors pulsartig unterbrochen, damit dieser nicht durchbrennt (Motorrad kann gefahren weden). Die Fehlermeldung erfolgt wie bei unterbrochenem oder kurzgeschlossenem Kabel.

Reserveanzeige: Bei unterbrochenem Kabel zeigt der Drehzahlmesser als Fehlercode bei eingeschalteter Zündung (Motor an oder aus) 2,5 Sekunden lang 8000/min an, und dann 3 Sekunden lang die tatsächliche Drehzahl.

- Bei mehreren Fehlercodes werden diese der Grösse nach wiederholt angezeigt.
- Falls kein Defekt im Kabelbaum vorliegt, müssen der Drosselklappensensor, der Benzinstandgeber, der EXUP-Servomotor oder die Zündbox erneuert werden (je nach angezeigtem Defekt!).

3.25 EXUP-Seilzugspiel

- Tank und Verkleidungskiel abbauen (*Kapitel 3.2*)
- **Bild 121:** Abdeckung der EXUP-Seilzugrolle abnehmen.
- **Bild 122:** Das Seilzugspiel »a« an der EXUP-Rolle soll 1,5 mm betragen.
- **Bild 123:** Zum Einstellen des Spiels Gegenmuttern der Seilzugspiel-Einsteller lockern.
- Einen 4-mm-Sitft (oder Bohrer) durch die Nase der Seilzugrolle stecken (zum Arretieren der Seilzugrolle).
- Seilzug-Einsteller gegen den Uhrzeigersinn drehen, bis kein Spiel im Seilzug mehr ist. Dann beide Einsteller ½ Umdrehung im Uhrzeigersinn drehen und Gegenmuttern wieder anlegen.
- **Bild 121:** Abdeckung der EXUP-Seilzugrolle wieder anbringen.
- EXUP-Servomotor kontrollieren:
- **Bild 124:** EXUP-Servomotor-Stecker trennen und mit Überbrückungskabel Servomotor direkt an Batterie anschliessen Servomotor muss arbeiten.

⚠ Servomotor nur kurz an die Batterie nehmen – Beschädigungsgefahr!

Bild 121
Abdeckung der EXUP-Seilzugrolle
Kreise Deckelschrauben

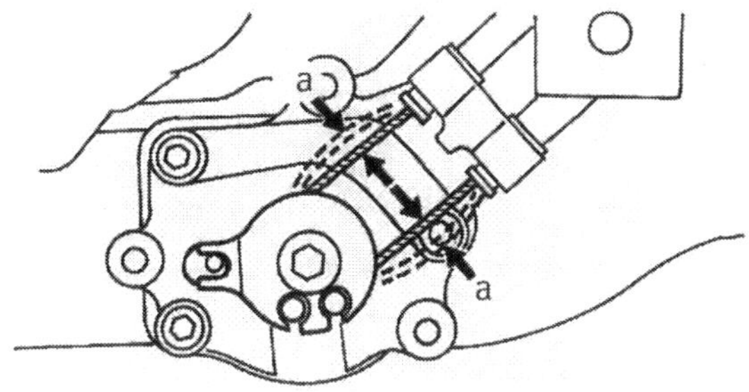

Bild 122
EXUP-Seilzugspiel einstellen
a 1,5 mm

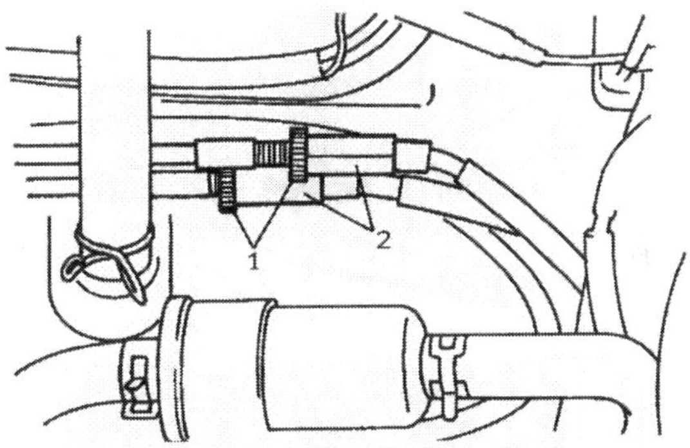

Bild 123
EXUP-Seilzugspiel-Einsteller
1 Gegenmuttern
2 Einsteller

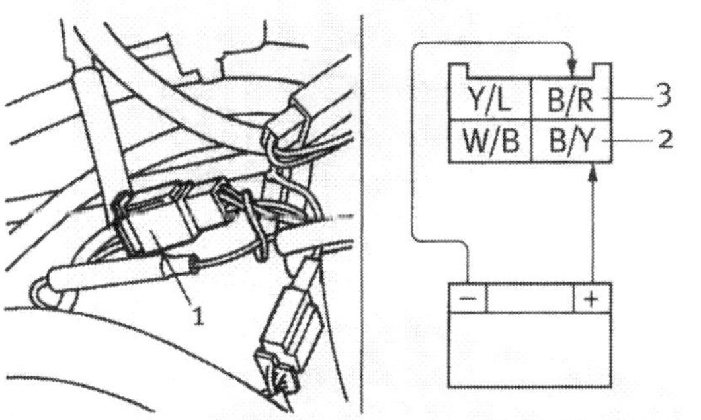

Bild 124
EXUP-Servomotor testen
1 Stecker
2 schwarz/gelb
3 schwarz/rot

3.26 Sekundärluftsystem

Ab dem Modelljahrgang 2000 verfügt die R1 über ein »Abgas-Nachverbrenner-System«, welches gefilterte Frischluft in die Auspuffanlage bläst, um die restlichen unverbrannten Kohlenwasserstoffe im Abgas sauber zu verbrennen. D.h. diese »Sekundärluft« fördert die Verbrennung unverbrannter Auspuffgase und setzt einen beträchtlichen Teil von Kohlenwasserstoffen und Kohlenmonoxid in relativ harmloses Kohlendioxid und Wasser um.

Bild 125 und **Bild 126:** Bei geschlossenem Gasdrehgriff im Schiebebetrieb riegelt ein Unterdruckventil durch den im Ansaugtrakt herrschenden Unterdruck die Frischluftzufuhr ab, damit es nicht zu Auspuffpatschen kommt. Ein defektes Unterdruckventil oder andere unkontrollierte Luft ziehende Bauteile können sich daher wie eine defekte Auspuffdichtung (oder durchgerosteter Auspuff) durch Auspuffpatschen bemerkbar machen.

Bild 127 und **Bild 128:** Schläuche und Leitungen auf Dichtheit, Beschädigung oder Porösität untersuchen.

Darauf achten, dass Schläuche nicht eingeknickt, abgeklemmt oder gerissen sind und fest auf ihren Anschlüssen sitzen.

■ Defektes Steuerventil zum Ausbau von den Schläuchen abnehmen.

Bild 129 und **Bild 130:** Membran auf Beschädigung, Ermüdung und passgenauen Sitz sichtprüfen. Auch bei beschädigtem Sitzgummi oder übermässiger Durchbiegung des Membrananschlagblechs (max. 0,4 mm) erneuern.

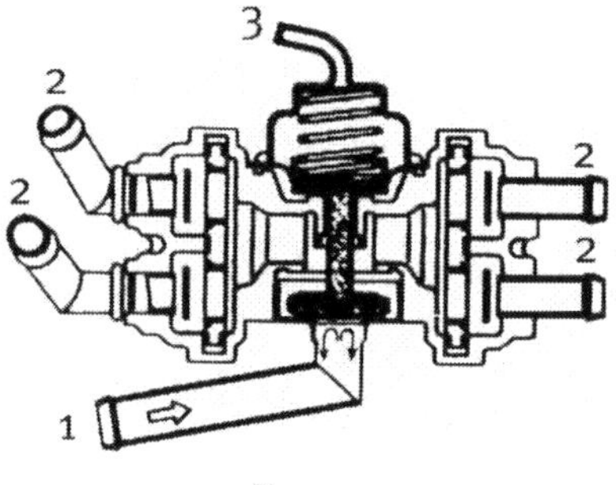

Bild 125
Luftabsperrventil/
keine Luftzufuhr
1 Luftschlauch
2 Zum Zylinderkopf/ Auslass
3 Unterdruck-Steuerschlauch von Zylinder #4

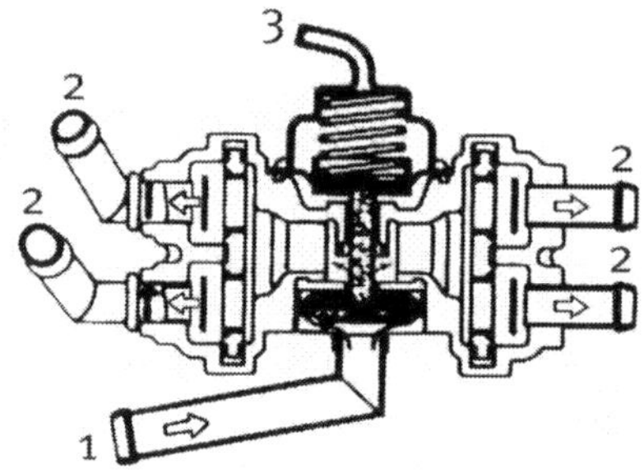

Bild 126
Luftabsperrventil/Luftzufuhr
1 Luftschlauch
2 Zum Zylinderkopf/ Auslass
3 Unterdruck-Steuerschlauch von Zylinder #4

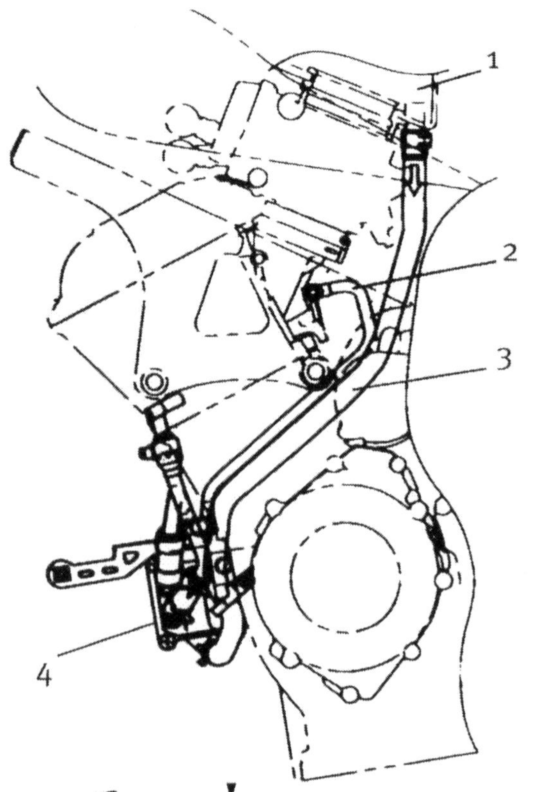

Bild 127 ➤
Sekundärluft-Schläuche
1 Luftfilter-Gehäuse
2 Unterdruck-Steuerschlauch von Zylinder #4
3 Luftschlauch
4 Luftabsperrventil

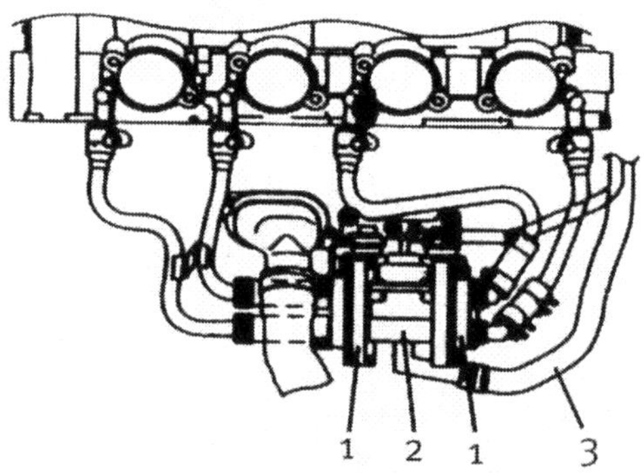

Bild 128
Sekundärluft-Schläuche und Bauteile
1 Membranventil
2 Luftabsperrventil
3 Luftschlauch

Bild 129
Membranventil
1 Membran

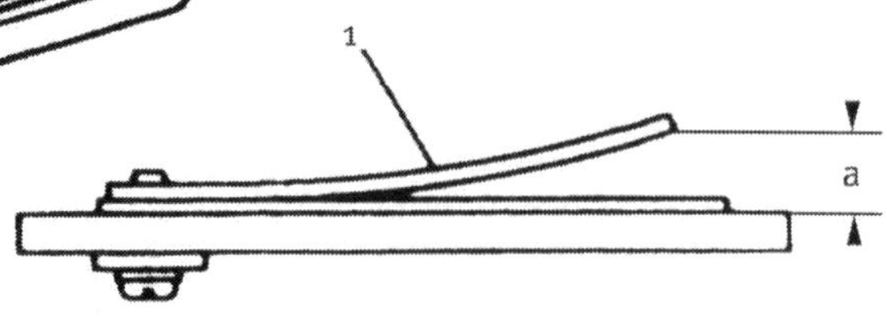

Bild 130 ➤
Membranventil prüfen
1 Membrananschlagblech
a max. 0,4 mm

TIPP Fingerzeig
Exakt messen

3.27 Seilzüge

Seilzugpflege

- **Bild 131:** Seilzüge aushängen und auf freie Beweglichkeit prüfen.
- **Bild 132:** Mit Plastikfolie Trichter improvisieren und mit Klebeband o.Ä. an Aussenhülle befestigen.
- Trichter mit Seilzug aufrecht positionieren und Seilzug mit frischem Motoröl schmieren, bis Öl an Seilzugende austritt (Auffanggefäss bereithalten).
- **Bild 133:** Seilzugnippel frisch gefettet wieder einsetzen und Seilzugspiel einstellen.

Gaszugwechsel

- Seilzug-Einsteller auf grösstmögliches Spiel eindrehen.
- Am Gasdrehgriff zwei Kreuzschlitzschrauben lösen, beide Gehäusehälften abnehmen und Nippel aus Aufnahme nehmen.
- Zum Aushängen der Seilzüge am Vergaser, diese ausbauen.
- Neuen Zug geölt und ohne Knick- und Scheuerstellen einfädeln.
- Drehgriffgehäuse leicht gefettet wieder verschliessen (*siehe Kapitel Frontpartie*).

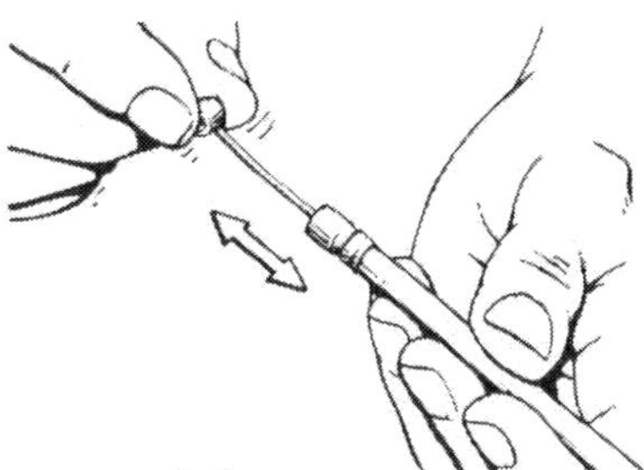

Bild 131
Seilzüge auf freie Beweglichkeit prüfen

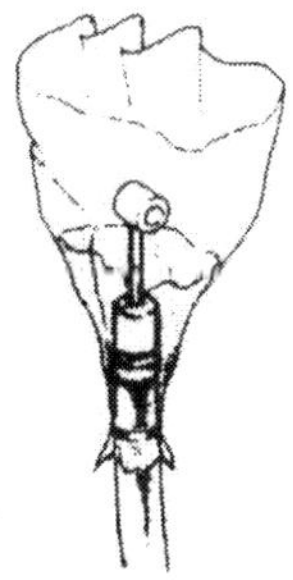

Bild 132
Improvisierter Trichter

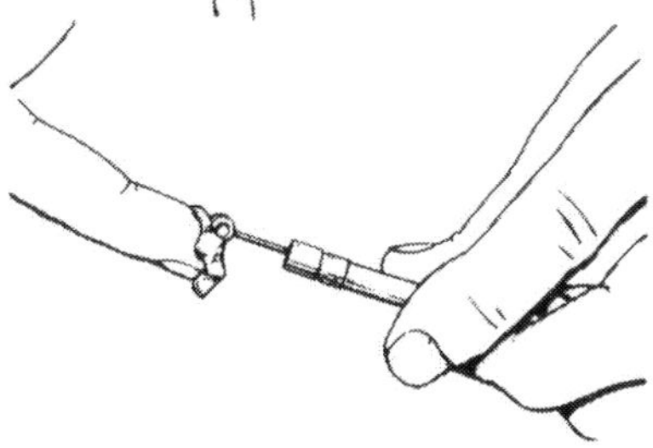

Bild 133
Seilzugnippel fetten (Universal-Schmierfett)

3.28 Fahrzeugwäsche

⚠ Wesentliche Ergänzung der Fahrzeugwäsche ist nach der Lackpolitur (bitte vorher mit dem bekannten »Rehleder« trockenledern) das anschliessende Abschmieren offener Seilzugnippel, des Gasdrehgriffs, und der Hebel- und Gelenk-Drehpunkte (Handhebel und Fussbremse).

⚠ Gegebenenfalls anschliessend auch Antriebskette warten.

⚠ Die üblichen neuralgischen Punkte vor dem Dampfstrahl verschonen:

→ Radnaben
→ Zündschloss
→ Vergaser
→ Bremspumpen (Geberzylinder)
→ Instrumente-Tafel
→ Lenkerschalter
→ Schalldämpferöffnung
→ Tankunterseite
→ Antriebskette
→ Sitzunterseite

Felgen auf Lackschäden untersuchen und mit Ausbesserungslack reparieren. (Leichtmetall korrodiert bei Kontakt mit fast allem von Sauerstoff über Streusalz bis Strassenschmutz.)

⚠ Erste Bremsung nach Waschung probeweise durchführen. Eventuell sind Bremsscheiben je nach verwendetem Reinigungsmittel noch etwas glitschig und müde beim ersten Zupacken.

TIPP Hitzeflecken auf <u>*Edelstahlkrümmern*</u> mit flüssigen Haushalts-Scheuermitteln auspolieren.

- Flecken auf <u>*Aluminiumdämpfern*</u> mit feuchtem Scotch Brite Hand Pad #7447 (rotbraun) entfernen. Dabei in Richtung des Bürstmusters der Alu-Hülle polieren (mit dem Strich).

⚠ Alu-Dämpfer nicht mit Poliermittel, Stahlwolle oder Wachs behandeln (führt zu Verfärbung beim Erwärmen des Dämpfers).

⚠ Auspuff-Dämpfer abdecken, wenn Hinterrad mit Spezialreinigern geputzt wird. Die enthaltenen Chemikalien können die Oberfläche sehr hässlich angreifen.

Baugruppen

Vorsicht! ⚠
Aufgepasst!

Ausbau

Wie in Kapitel 3 gesehen, lassen sich alle routinemässigen Wartungsarbeiten bei eingebautem Motor erledigen. Lediglich Arbeiten an Kurbelwelle, Pleuel und Getriebe machen einen Motorausbau erforderlich. Falls keine Motorhaltevorrichtung vorhanden ist und ein Totalausbau ansteht, empfiehlt es sich, vor Motorausbau die Baugruppen Starter, Generator, Zylinderkopf, Kolben und Zylinder sowie Kupplungsnabe zu demontieren. Das senkt das Gewicht des Rumpfmotors und macht einen Helfer beim Herausheben des Motors zwar nicht überflüssig, aber er ist nicht mehr unabdingbar. Ausserdem ist das Lösen von fest angezogenen Schrauben (Rotorschraube z.B.) bei eingebautem Motor einfacher, als wenn der Motor mangels Helfer oder Motorhalter auf der Werkbank 'rumrutscht.
Bei der Auflistung der Arbeitsgänge wird von einer Totalzerlegung ausgegangen. Deshalb etwa bei Kupplungstrouble getrost Arbeitsgang »Vergaserausbau« auslassen.

Prüfen und Vermessen

Die ganze Arbeit des Zerlegens nützt wenig, wenn die Teile nur nach augenscheinlicher Begutachtung wieder zusammengebaut werden. Leider aber stösst der Privatmann beim Vermessen schnell an seine Grenzen, denn mit dem Messschieber allein ist es nicht getan. Nicht viele haben ihre private Werkstatt mit Messuhr, Messdornen oder Mikrometern in verschiedenen Weiten ausgerüstet, und es muss jeder für sich entscheiden, ob sich die Anschaffung dieser teuren Geräte lohnt.
Mit richtigem Messen allein ist es auch nicht getan, wenn der Verschleiss noch in der Toleranz liegt, aber andere, nicht messbare Verschleisserscheinungen oder Beschädigungen vorliegen. Deshalb vertraut der Unerfahrene diese wichtige Arbeit der Werkstatt an.

Montage

Nun liegt der Twin also mit seinen Einzelteilen in Kisten, Kästen und Schubladen verpackt in der Werkstatt und wartet auf die Wiederauferstehung.
Liegt das passende Werkzeug bereit? Sind die benötigten Ersatz- und Verschleissteile vollzählig besorgt? Sind alle Teile korrekt vermessen und auf Verschleiss geprüft worden?
Solange das Motorrad noch zerlegt herumliegt, sollte man sich nochmal in's Gewissen reden, denn jetzt lassen sich die Teile am einfachsten auswechseln. Also alles noch kritischer als sonst begutachten!
Wenn zum Beispiel ein Getriebezahnrad leichte Pitting-Bildung an den Zahnflanken aufweist, würde es bestimmt nochmal 10 000 Kilometer schadlos seine Arbeit verrichten. Aber dann zerbröselt es garantiert während der Urlaubsfahrt in Sizilien. Ein neues Zahnrad kostet nicht die Welt, teuer wird erst der Einbau.
Wenn wirklich alles bereit liegt, kann die Schrauberei beginnen, damit Stunden später ein neuwertiges Motorrad aus der Werkstatt rollt.

Vergaser

4.1 Ausbau

⚠ Kontrolle des Kraftstoffpegels in der Schwimmerkammer erfolgt bei montierten Vergasern (*Kapitel 4.2*).

- Tank und Verkleidung abbauen (*Kapitel 3.2*).
- **Bild 134:** Benzin- und Belüftungsschläuche von Vergaserbatterie und Luftfiltergehäuse abnehmen.
- **Bild 42** und **Bild 135:** Luftfiltergehäuse und Gummimatte ausbauen.
- **Bild 134:** Geeignetes Auffanggefäss unter der Schwimmerkammer stellen und Kraftstoff aus Schwimmerkammer nach Aufdrehen der Ablassschrauben ablassen.
- Leerlaufeinsteller aus Halterung nehmen.
- Gasseilzug-Einsteller (am Lenker und unten) auf grösstmögliches Spiel einstellen und Gasseilzüge an Vergasern aus Aufnahme »herausfummeln«.
- **Bild 136:** Chokeseilzug aus Widerlager lösen und Seilzugnippel ausklinken.
- **Bild 137:** Schlauchbänder zwischen Zylinderkopf und Vergasern lockern. Vergaser abnehmen.
- Kabelbinder lösen und Stecker des Drosselklappensensors trennen. Kabel freilegen.

⚠ Zylinderkopf-Einlasskanäle mit Klebeband gegen Schmutz und kleine Schräubchen sichern.

TIPP Vergaser können zerlegt werden, ohne sie zu trennen.

Bild 134
Luftfiltergehäuse abnehmen (*siehe auch* **Bild 41**) und Schwimmerkammern leeren
1 Ablassschraube (1 von 4)

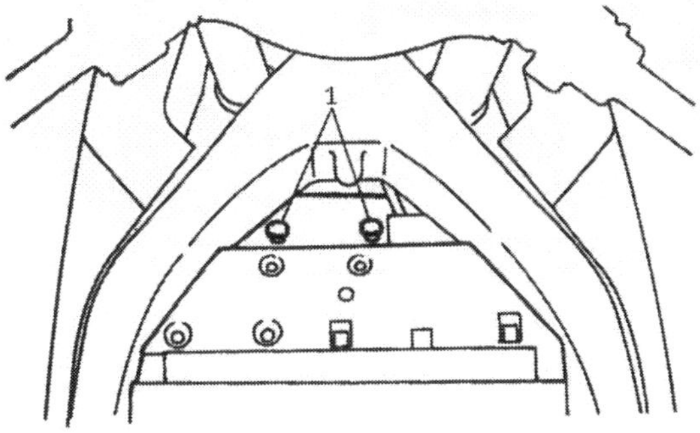

◄ **Bild 135**
Gummimatte abnehmen
1 Zierclipse

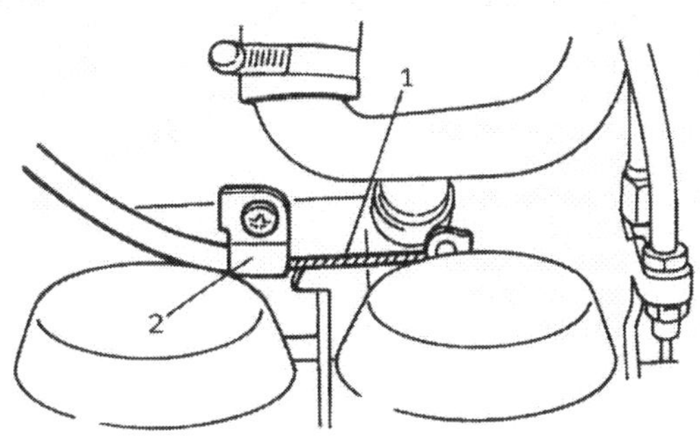

Bild 136
Chokeseilzug abnehmen/montieren
1 Seilzug
2 Widerlager

Vorsicht! ⚠
Aufgepasst!

Bild 137
Vergaser aus- und einbauen
1 Chokeseilzug
2 Benzinschlauch
3 Drosselklappensensor-Srecker
4 Schwimmerkammer-Belüftungsschlauch
5 Leerlaufgemisch-Einsteller
6 Schlauchschelle
7 Gasseilzug
8 Vergaserbatterie
9 Einlassstutzen-Gummi

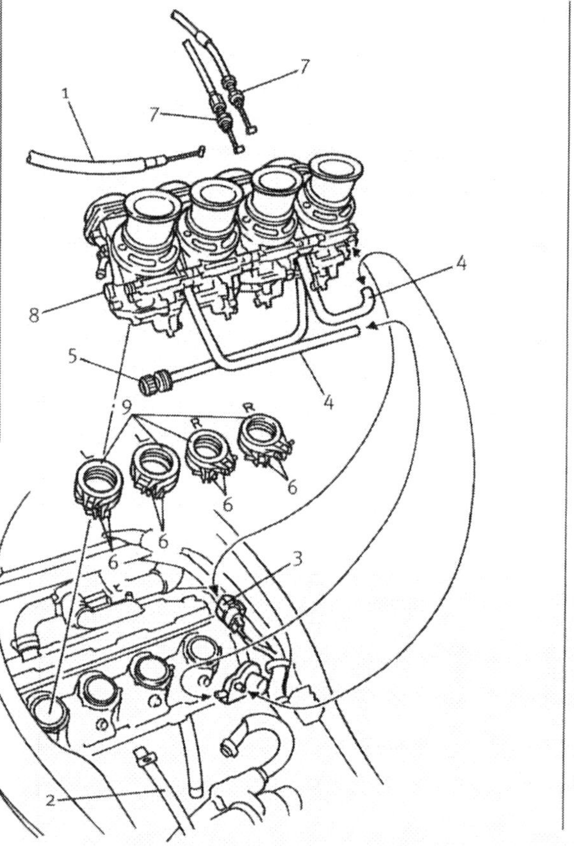

⚠ **Bild 138:** Das Trennen der Vergaser vermeiden, da sie kaum wieder so zusammenpassen, wie sie das Werk verlassen haben.

■ **Bild 139:** Jeweils vier Schrauben unten herausdrehen und Schwimmerkammerdeckel abnehmen.

■ **Bild 140:** Schwimmer nach Herausziehen der Achse entnehmen.

■ Leerlaufdüse und Hauptdüse ausdrehen. Es folgen Mischrohr und Nadeldüse.

⚠ **Bild 141:** Leerlaufgemisch-Einstellschraube ist ab Werk voreingestellt und soll nicht verstellt werden. Deshalb beim Ausbau wie folgt verfahren:

■ Leerlaufgemisch-Einstellschraube vorsichtig bis zum leichten Aufsitzen eindrehen. Dabei Umdrehungen mitzählen und notieren (z.B. 2 ½ Umdrehungen).

⚠ Schraube nicht gegen Sitz anziehen (Beschädigungsgefahr).

■ Schraube anschliessend herausdrehen.

■ **Bild 142:** Je zwei Kreuzschlitzschrauben aus oberen Deckeln ausdrehen.

■ Feder und Membrankolben entnehmen.

■ **Bild 143:** Düsennadel mit Spitzzange aus Kolben herausziehen.

Bild 138
Vergaser trennen/zusammenfügen
1 Choke-Betätigungsstange
2 Verbindungsschraube 245 mm lang
3 Kupferscheibe
4 Verbindungsschraube 270 mm lang
5 Distanzstück 43 mm lang
6 Distanzstück 38 mm lang
7 Distanzstück 36 mm lang
8 Schlauchkupplung
9 Schwimmerkammer-Belüftungsschlauch 250 mm lang
10 Schwimmerkammer-Belüftungsschlauch 355 mm lang
11 Feder
12 Unterdruckkammer-Entlüftungsschlauch
13 Unterdruckkammer-Rohr
14 Benzinrohr 37 mm lang
15 Benzinrohr 32 mm lang
16 Benzinrohr 29 mm lang
17 Rohr
18 Rohr
19 Rohr
20 Leerlaufdrehzahl-Einsteller
21 Drosselklappensensor
22 Drosselklappensensor-Halter
23 Vergaser

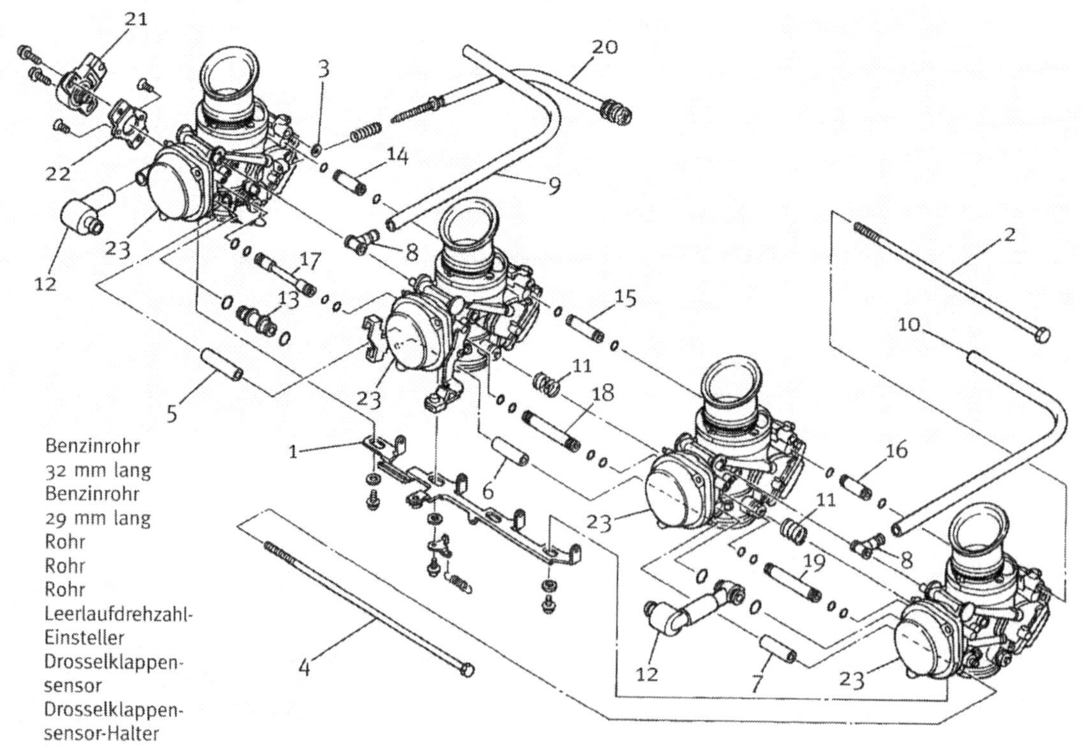

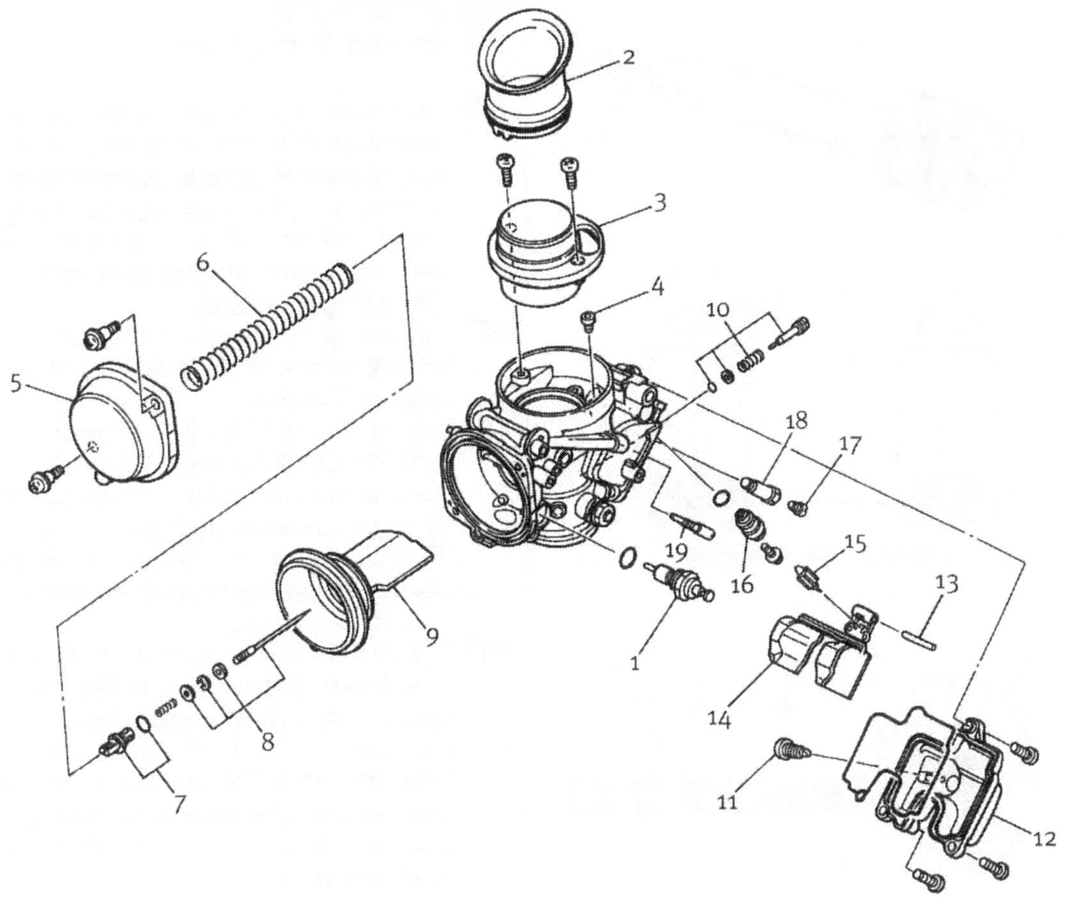

Bild 139
Vergaser zerlegen/zusammenbauen

1 Chokekolben
2 Ansaugtrichter
3 Adapter
4 Leerlaufluftdüse
5 Unterdruckkammer-Deckel
6 Membrankolbenfeder
7 Düsennadelhalter mit O-Ring
8 Düsennadel-Satz
9 Membrankolben
10 Leerlaufgemisch-Einsteller
11 Schwimmerkamer-Ablassschraube
12 Schwimmerkammerdeckel
13 Schwimmerachse
14 Schwimmer
15 Schwimmerventil
16 Schwimmerventilsitz
17 Hauptdüse
18 Nadeldüse/Mischrohr
19 Leerlaufdüse

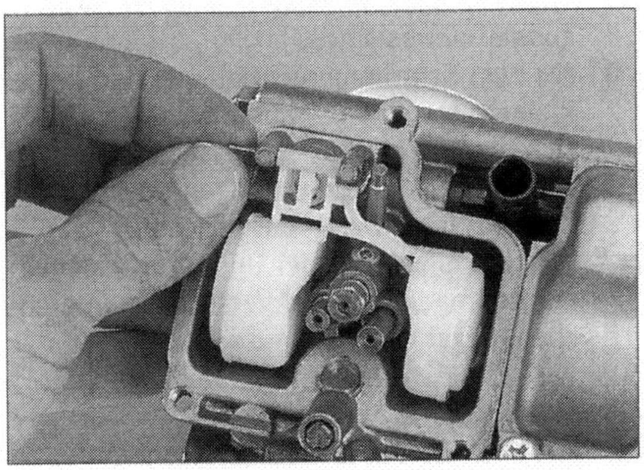

Bild 140
Schwimmerachse herausziehen

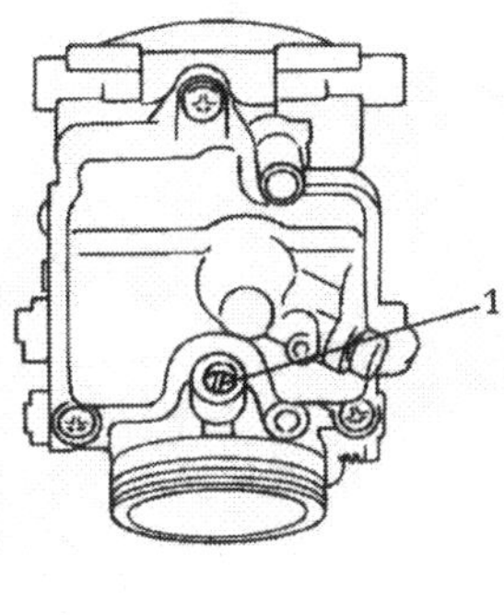

Bild 141
Leerlaufgemisch-Einsteller ①

Bild 142
Unterdruckkammerdeckel

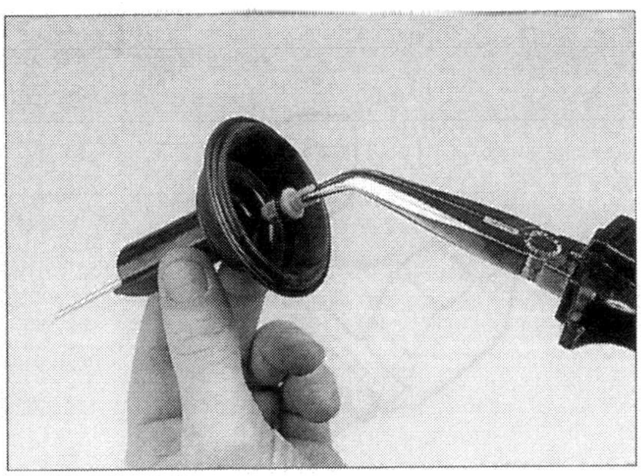

Bild 143
Düsennadel mit Spitzzange herausziehen

Vorsicht! ⚠
Aufgepasst!

Bild 144
Leerlaufgemisch-Einsteller
A Konus

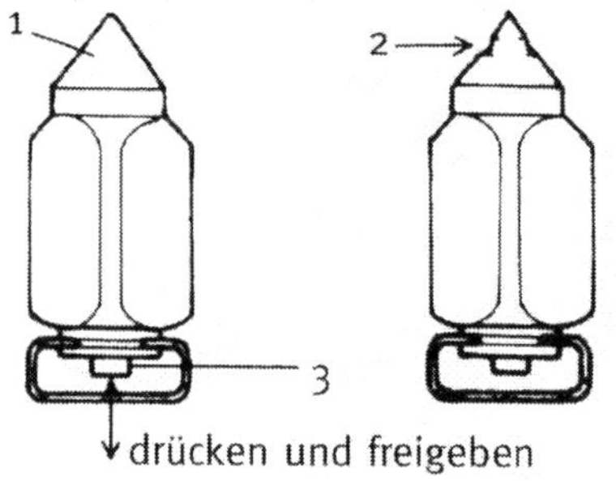

Bild 145
Schwimmerventil-Kegel auf Riefen oder Kerben untersuchen

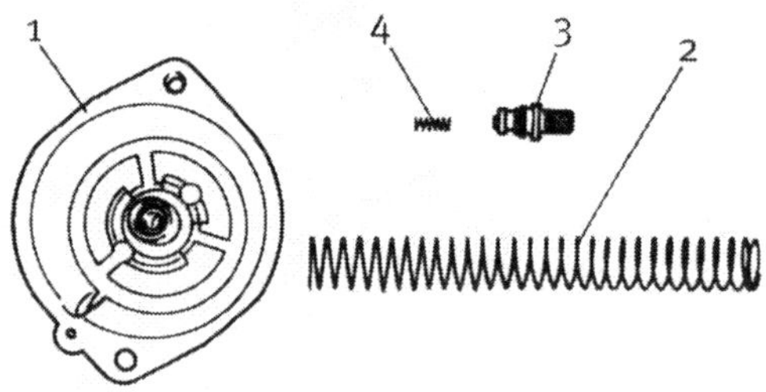

Bild 146
Unterdruckkammer-Teile
1 Deckel
2 Feder
3 Nadelhalter
4 Düsennadelfeder

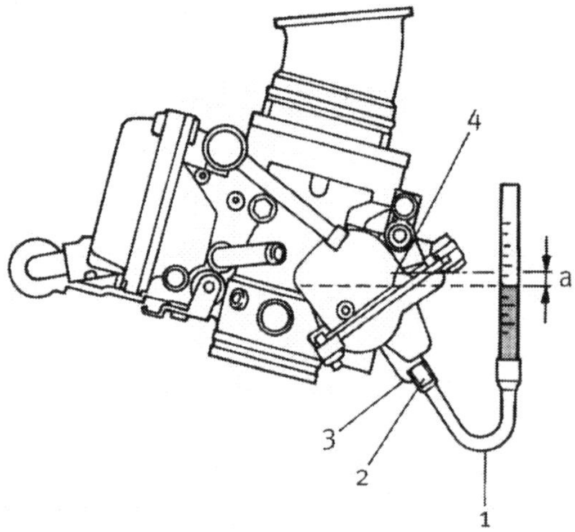

Bild 147
Benzinstand messen
1 Messröhrchen
2 Ablassstutzen
3 Ablassschraube
4 Schwimmerkammer-Markierung
a 4,1 – 5,1 mm

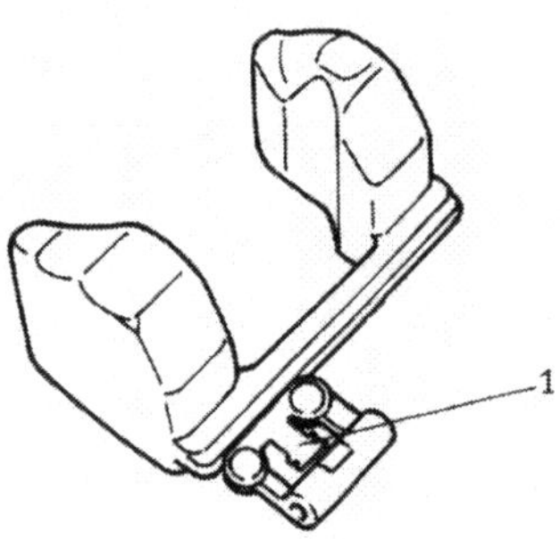

Bild 148
Schwimmerventil-Blechzunge ①

4.2 Prüfen und Vermessen

- Unterdruckkolben und Gleitbahn im Vergasergehäuse dürfen keine Riefen, Kratzer oder sonstige Beschädigungen aufweisen. Schieber muss im Vergasergehäuse ungehindert und satt auf- und abgleiten können – ohne übermässiges Spiel. Falls schwergängig: erneuern.
- Aufwerfungen vorsichtig mit feinem Schmirgelleinen (600er oder 800er Körnung) glattbügeln.
- Düsennadel auf Verschleiss untersuchen, sie darf keine Verbiegung, Anlaufstellen (Fingernagelprobe) oder sonstige Beschädigungen aufweisen. Entsprechend darf Nadeldüse keine Anlaufstellen aufweisen. Gegebenenfalls Düsennadel und Nadeldüse im Satz erneuern.
- Membran darf keine porösen Stellen oder Risse haben (gegen starke Lichtquelle halten). Falls defekt: austauschen.
- Alle Düsen mit Druckluft durchblasen, keinesfalls mit Nadel oder Draht reinigen!
- ⚠ Filtersieb am Schwimmerventil nicht mit Druckluft ausblasen, sondern mit weichem Pinsel auswaschen.
- **Bild 144:** Leerlaufgemisch-Einsteller am Konus »A« auf Verschleiss oder Beschädigungen untersuchen.
- **Bild 145:** Schwimmerventil-Kegel darf keine Riefen oder Kerben haben. Stange muss sich federnd eindrücken lassen.
- Schwimmer auf Verformungen oder auf Kraftstoff im Inneren untersuchen.
- **Bild 146:** Einzelteile der Unterdruckkammer auf Beschädigung und Verschleiss untersuchen, gegebenenfalls auswechseln.

Kraftstoffpegel messen

- ⚠ Kontrolle des Schwimmerkammer-Kraftstoffpegels erfolgt bei montierten Vergasern.
- Motorrad mit Montageständer oder Wagenheber genau senkrecht ausrichten.
- **Bild 147:** Transparenten Schlauch (5 mm Innendurchmesser) an Schwimmerkammerablass anschliessen und wie im Bild gezeigt nach oben verlegen.
- Motor starten und Ablassschraube öffnen.
- Kraftstoffpegel muss im angegebenen Bereich »a« liegen.
- **Bild 148:** Falls Pegel nicht korrekt, Vergaser ausbauen und durch vorsichtiges Biegen

der Schwimmerventil-Blechzunge am Schwimmer Pegel richtig stellen.

- Vergaser wieder montieren und Pegel nochmals messen.

Benzinpumpe

- Stromlaufplan siehe **Bild 149**.
- **Bild 150:** Zur Prüfung der Benzinpumpe Tank abnehmen und Benzinschlauch zur Pumpe gegebenenfalls verlängern. Benzinschlauch von Pumpe zu den Vergasern abnehmen und in Auffanggefäss münden lassen.

Pumpe mit Überbrückungskabel an Batterie anschliessen → Pumpe muss Benzin fördern, nach Abnehmen der Kabel muss Benzinfluss versiegen.

Drosselklappensensor (TPS)

- Sensor kann auch eingebaut geprüft werden.
- Stecker abziehen und Widerstand am Sensor messen.

Bild 151: Maximal-Widerstand zwischen blauem Kabel und schwarz/blauem muss 4,0 – 6,0 kΩ betragen.

- Gasdrehgriff drehen und Widerstand am Sensor messen.

Widerstand zwischen gelbem Kabel und schwarz/blauem muss 0–5 ± 1,0 kΩ betragen.

⚠ Wichtig bei dieser Prüfung ist nicht die genaue Einhaltung der Werte, sondern die allmähliche Änderung des Widerstands bei zunehmend grösserem Drosselklappenwinkel.

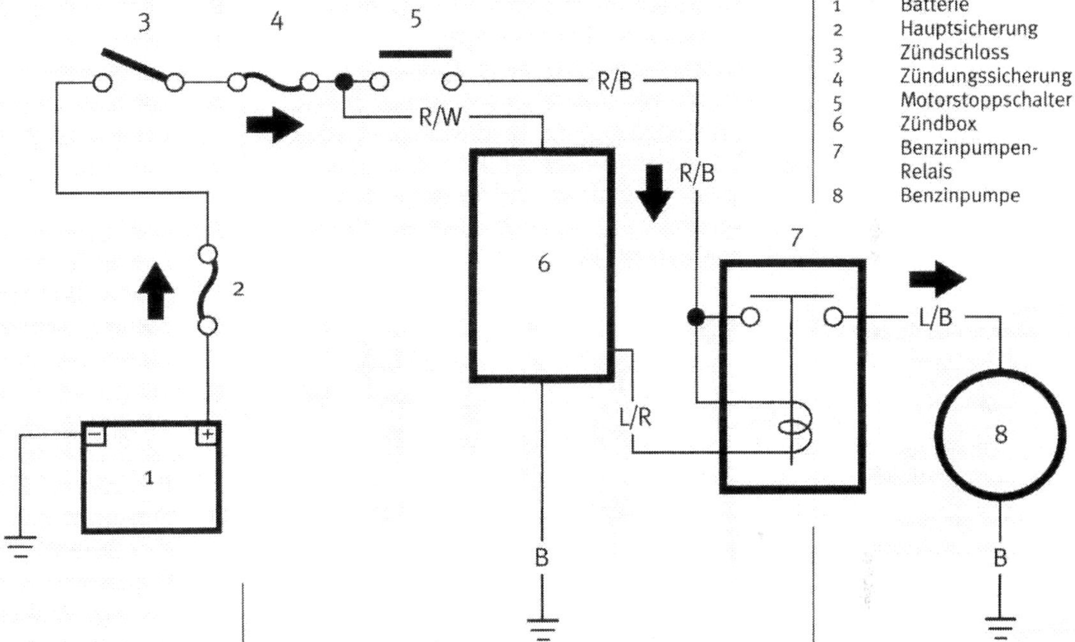

Bild 149
Schaltkreis der Benzinpumpe
1 Batterie
2 Hauptsicherung
3 Zündschloss
4 Zündungssicherung
5 Motorstoppschalter
6 Zündbox
7 Benzinpumpen-Relais
8 Benzinpumpe

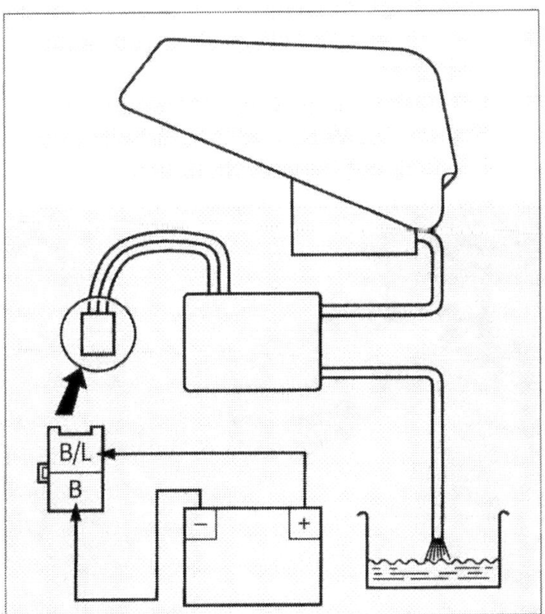

◄ Bild 150
Benzinpumpe prüfen
B/L blau/schwarz
B schwarz

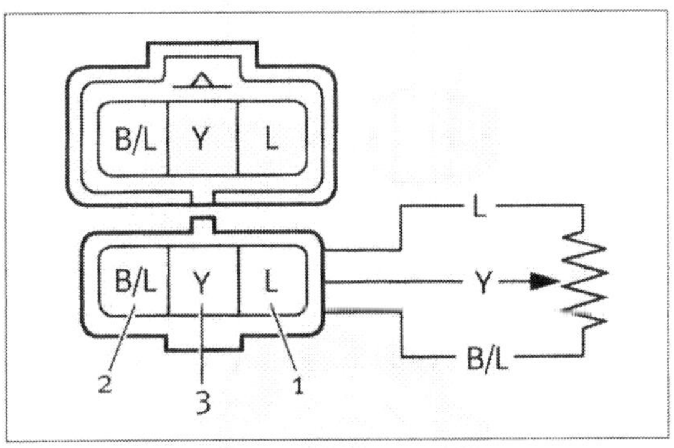

Bild 151
Drosselklappensensor-Stecker
1 blau
2 schwarz/blau
3 gelb

4.3 Montage – Bild 139

- **Bild 152:** Vor Einbau der Düsen sämtliche Durchlässe, Düsen und Bohrungen mit Druckluft freiblasen.
- Chokekolben nicht zu fest in Gehäuse eindrehen.
- Hauptdüse und Leerlaufdüse eindrehen.
- **Bild 153:** Schwimmerventilsitz mit neuem, leicht geölten O-Ring einsetzen.
- Leerlaufgemisch-Einsteller gemäss beim Ausbau gemachter Notiz eindrehen. D.h. Schraube bis zum lockeren Aufsitzen eindrehen (nicht gegen Sitz anziehen – Schraube wird beschädigt!). Anschliessend Schraube um notierte Anzahl von Umdrehungen herausdrehen. _Grundstellung:_ 2 ½ Umdrehungen heraus
- Schwimmergehäusedeckel mit neuem geöltem Dichtring, der sauber in Nut sitzt, versehen und von unten mit vier Schrauben befestigen.
- Düsennadel in Membrankolben einsetzen. Es folgt Halter.
- **Bild 154:** Membrankolben so einsetzen, dass Membran sauber in Nut des Vergasergehäuses sitzt.
- Deckel mit Feder montieren.
- Falls Vergaser getrennt wurden, O-Ringe und Federn anbringen.
- Schrauben der Verbindungsleisten locker anlegen und Vergaser auf ebener Werkplatte ausrichten, dann Schrauben fest anziehen.
- Vergaserbatterie zusammen mit Luftfiltergehäuse wieder anbringen.
- Chokeseilzug montieren.
- Gasseilzüge an Vergasern in Aufnahme »einpfriemeln«.
- Leerlauf-, Abgleich- und Seilzugeinstellung gemäss *Kapitel 3.8* vornehmen.
- Tank und Sitz montieren (*Kapitel 3.2*).

Drosselklappensensor einstellen

⚠ Sensor-Einstellung bei korrekt eingestellter Leerlaufdrehzahl vornehmen.

- **Bild 155:** Sensor provisorisch anbringen (Schrauben nur handfest eindrehen).
- Zündschloss auf ON drehen.
- Sensorstecker abziehen und anschliessend wieder aufstecken (dadurch schaltet der Rechner auf Einstellmodus).
- Sensor durch Drehen auf richtige Winkellage einstellen. Richtige Winkellage wird am Drehzahlmesser wie folgt signalisiert:

Richtige Winkellage	5000/min
Winkellage zu gross	10000/min
Winkellage zu klein	0/min

- Bei richtiger Winkellage Sensorschrauben festziehen.
- Der Rechner (Zündbox) schaltet durch Starten des Motors oder Ausschalten der Zündung auf Normalbetrieb um.

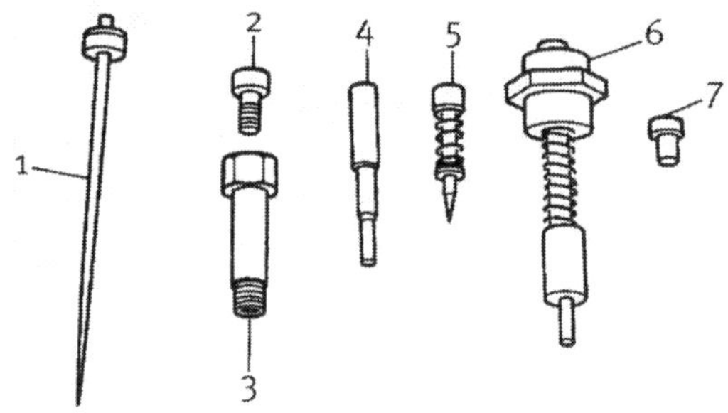

Bild 152
Vergaserteile und -Düsen
1 Düsennadel
2 Hauptdüse
3 Nadeldüse/ Mischrohr
4 Leerlaufdüse
5 Leerlaufgemisch-Einsteller
6 Chokekolben
7 Leerlaufluftdüse

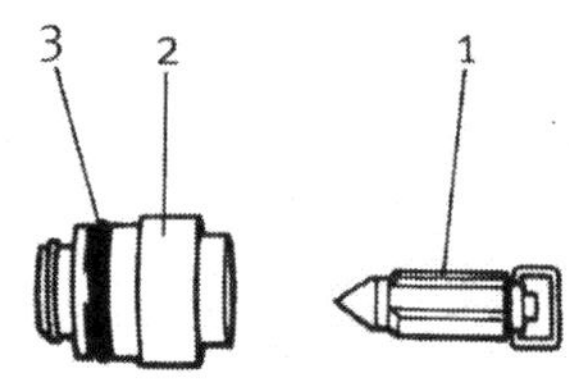

Bild 153
Schwimmerventil
1 Ventilkörper mit Kegel
2 Ventilsitz
3 O-Ring

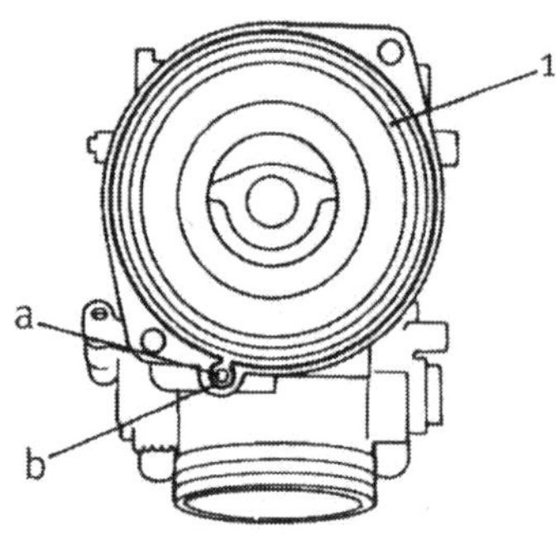

Bild 154
Membrankolben einsetzen
1 Membran
a Zunge
b Aussparung

Bild 155 ➤
Drosselklappensensor (TPS – Throttle Position Sensor)
Kreise Befestigungsschrauben

Starter

5.1 Ausbau

- Sitz, Tank und linke Seitenverkleidung abnehmen (*Kapitel 3.2*).

⚠ Bei ausgeschalteter Zündung zuerst Massekabel der Batterie abklemmen, bevor Arbeiten am Starter vorgenommen werden.

- **Bild 156:** EXUP-Servomotor und Leerlaufeinsteller abnehmen.
- **Bild 156:** Pluskabel vom Starter trennen, zwei Befestigungsschrauben herausdrehen und Starter unter Ruckeln nach links herausnehmen.
- **Bild 157:** Zwei Gehäuseschrauben ausdrehen, Rück- und Frontdeckel abnehmen. Anker herausführen.

⚠ Anzahl und Einbaulage der Beilagscheiben notieren.

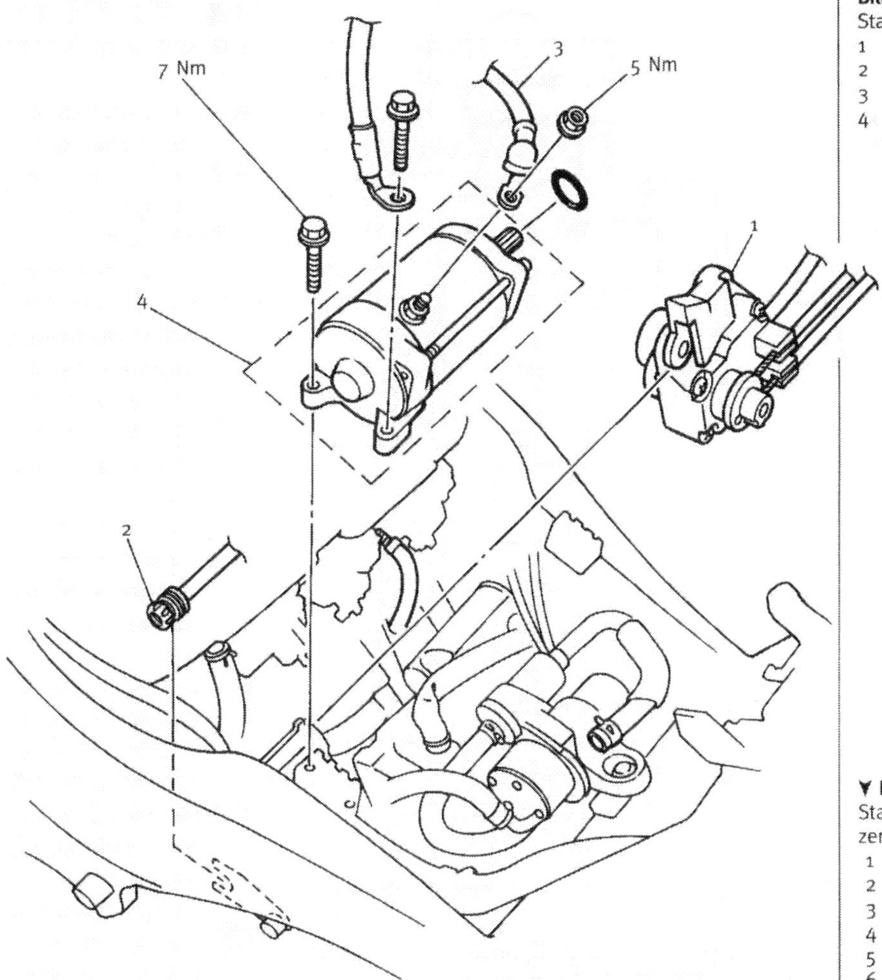

Bild 156
Starter aus- und einbauen
1 EXUP-Servomotor
2 Leerlaufeinsteller
3 Starterkabel
4 Starter

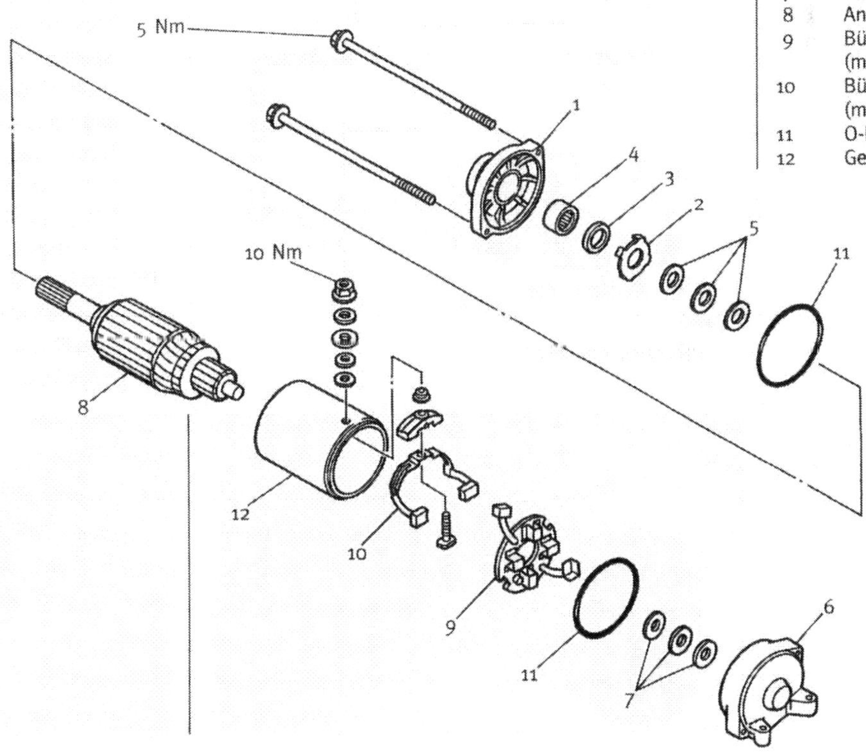

▼ **Bild 157**
Starter zerlegen/zusammenbauen
1 Frontdeckel
2 Sicherungsscheibe
3 Dichtring
4 Lager
5 Scheiben
6 Rückdeckel
7 Scheiben
8 Anker
9 Bürstenplatte (mit Minuskohlen)
10 Bürstenhalter (mit Pluskohlen)
11 O-Ring
12 Gehäuse

Vorsicht! ⚠
Aufgepasst!

Bild 158
Starterstromkreislauf
1 Batterie
2 Hauptsicherung
3 Zündschloss
4 Zündungssicherung
5 Motorstoppschalter
6 Startersperrrelais
7 Diode
8 Kupplungsschalter
9 Seitenständerschalter
10 Neutralanzeige-Schalter
11 Starterknopf
12 Starterrelais
13 Starter

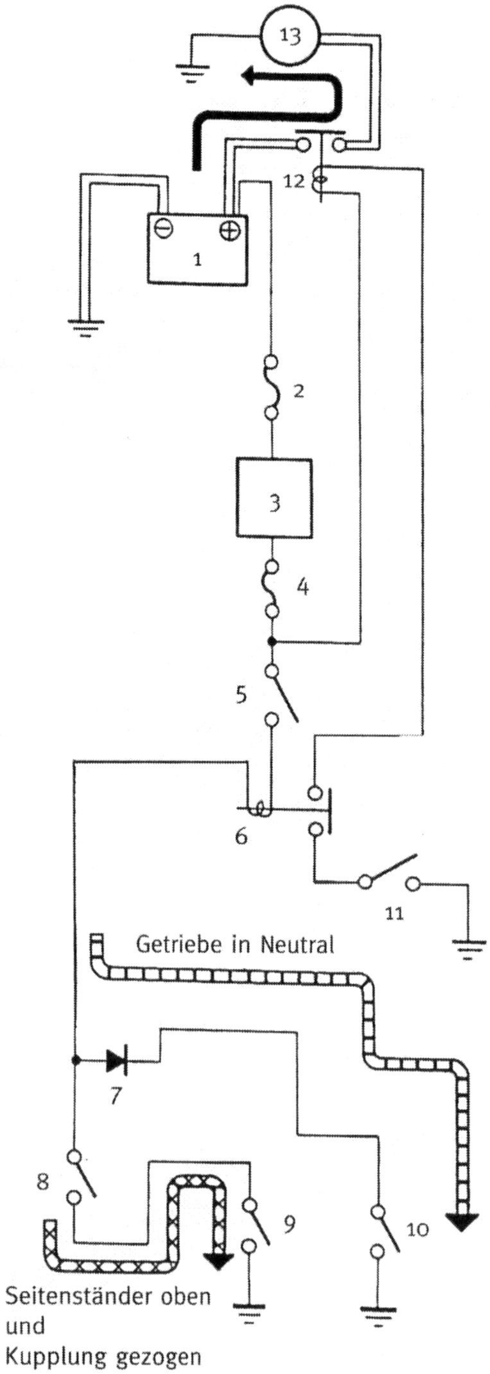

5.2 Prüfen und Vermessen

- Prinzipdarstellung des Startersystems siehe **Bild 158**.
- Profil- und O-Ringe auf Beschädigung überprüfen.
- **Bild 159:** Bürstenlänge messen. *Verschleissgrenze 5,0 mm*
- Es darf kein Stromdurchgang zwischen Kabelanschluss und Gehäuse bestehen. Stromdurchgang vom Gehäuse zur Minusbürste ist normal.
- **Bild 160:** Stromdurchgang zwischen einzelnen Kollektorlamellen ist normal, bei Stromdurchgang zwischen Kollektorlamelle und Ankerwelle Anker auswechseln.
- Kollektorlamellen dürfen keine Verfärbungen aufweisen; paarweise verfärbt deuten sie auf geerdete Ankerwicklungen hin.
- Zur Reinigung Kollektor mit 600er Schmirgelleinen abziehen und Spalten zwischen Kollektorlamellen (Glimmerunterschneidung) freikratzen.
- **Bild 161:** Durchmesser des Kollektors mit Messschieber prüfen.
  Sollwert 28 mm
  Verschleissgrenze 27 mm
- Zur Prüfung des *Startmagnetschalters* (*Einbaulage* **Bild 119**/neben Batterie) müssen, wie zu allen anderen aussagefähigen Messungen des Elektrik-Systems auch, die Stecker auf Wackelkontakte oder korrodierte Kontaktstifte untersucht werden.
- **Bild 162:** Starterrelais wie dargestellt mit Strom versorgen und Widerstand zwischen den Starkstrom-Anschlüssen messen:
  bei angeschlossener Batterie → 0 Ω,
  bei abgeklemmter Batterie → ∞ Ω.
- TIPP Starter mit Überbrückungskabel (grosser Querschnitt für hohe Ströme) direkt an Batterie anschliessen → Starter muss arbeiten.

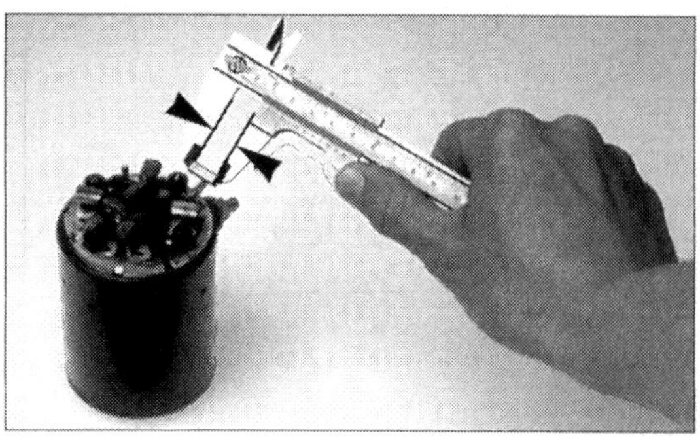

Bild 159
Bürstenlänge messen
Verschleissgrenze 5 mm

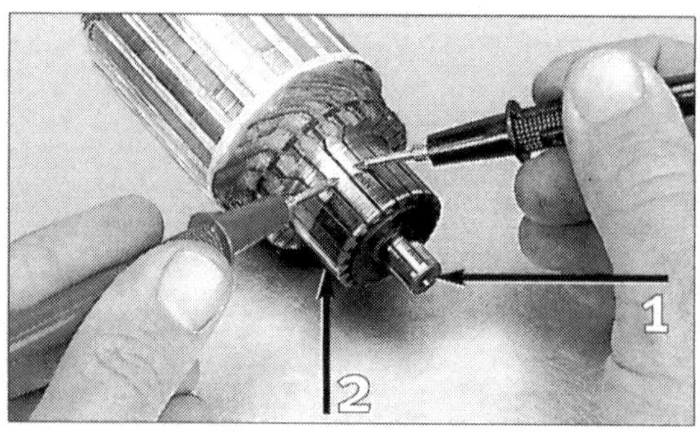

Bild 160 ➤
Kollektorprüfung
1 Ankerwelle
2 Kollektor

5.3 Montage – **Bild 157**

- **Bild 163:** Bürstenhalterplatte an Gehäusedeckel anbringen.

TIPP Damit Anker ohne Beschädigung der Kohlebürsten montiert werden kann, Bürstenfedern und Bürsten beim Einführen des Ankers in Führungen eindrücken (geht am besten mit vier Händen).

- Anker in Gehäuse einführen.
- Beilagscheiben in der beim Ausbau gemachten Anzahl montieren.
- **Bild 164:** Gehäusedeckel so montieren, dass Markierungen fluchten.
- **Bild 156:** O-Ring geölt in Nut des Frontdeckels einsetzen, Starter einsetzen und Befestigungsschrauben eindrehen.

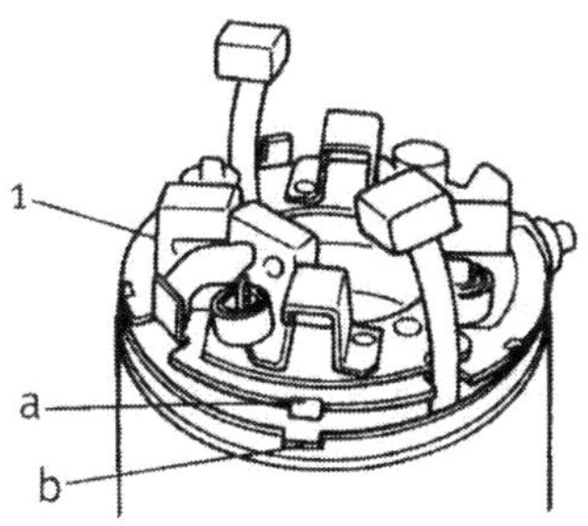

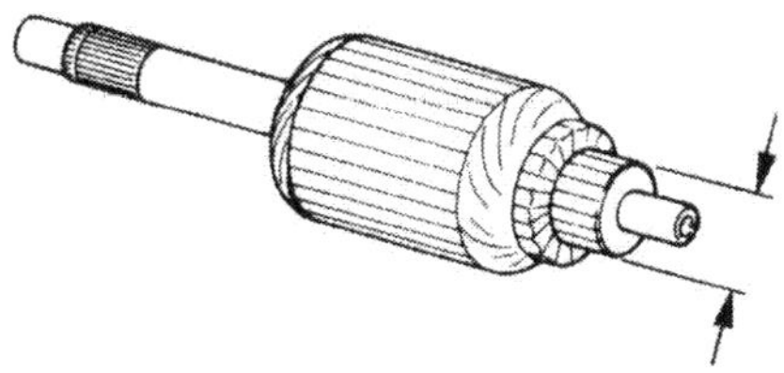

Bild 161
Kollektor-Durchmesser messen (min. 27 mm)

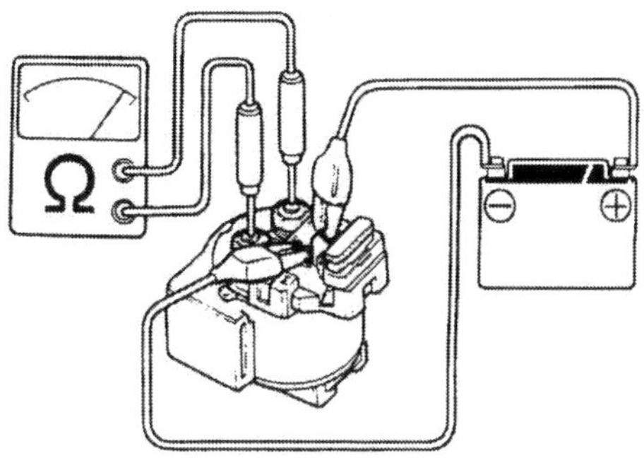

Bild 162
Magnetspule des Starterrelais prüfen

◄ Bild 163
Bürstenhalterplatte ① greift mit Nase »a« in Nut »b« des Gehäuses ein

Bild 164
Markierungen fluchten

6 **Generator**
6.1 Ausbau
6.2 Prüfen und Vermessen

Generator

6.1 Ausbau

- Generator muss zur Messung der Spulenwiderstände und zur Regelspannungsmessung nicht ausgebaut werden.
- Tank und Verkleidungskiel abnehmen.
- Motoröl ablassen.
- Zum Ausabau des Rotors Spezialwerkzeuge **Bild 2** und **Bild 3** verwenden.
- Stecker innen am Rahmen trennen und Kabel freilegen.
- Auffangbehälter für Lecköl unter Generator stellen.
- **Bild 165:** Befestigungsschrauben des Generatordeckels ausdrehen und Deckel abnehmen.
- **Bild 166:** Rotor mit Spezialwerkzeug oder mit Hinterradbremse bei eingelegtem Gang blockieren und Rotorschraube ausdrehen.
- **Bild 167:** Rotor mit Abdrücker vom Kurbelwellenkonus abdrücken.

⚠ Darauf achten, dass Rotor beim möglichen Abspringen nicht hart aufschlägt und dadurch Magnetwirkung nachlässt.

Auf Verbleib des Wellenkeils achten.

- Drei Innensechskantschrauben ausdrehen und Statorspulen abnehmen.

Bild 165
Generatordeckelschrauben

6.2 Prüfen und Vermessen

- Vollständiger Stromlaufplan siehe letzte Ausklappseiten.

Vor Prüfung des Ladesystems müssen Stecker auf Wackelkontakte oder korrodierte Kontaktstifte untersucht werden.

Widerstand der Statorspulen-Anschlüsse Y1, Y2 und Y3 am Stecker untereinander messen (drei Messungen).
Sollwert 0,36 – 0,44 Ω

Es darf kein Durchgang zwischen den Anschlüssen und Masse bestehen!

Zur Messung der Regelspannung muss Batterie in gutem Zustand (Batteriespannung mindestens 12,8 V) und Motor auf Betriebstemperatur sein. Voltmeter an Batterie (positive Messspitze an Pluspol; negative an Minuspol) anschliessen. Drehzahl allmählich erhöhen.
Spannung muss sich bei 5000/min auf 14 – 15 V einregeln.

- Falls sich Regelspannung nicht einstellt und auch Ladespulen in Ordnung sind (*siehe oben*), Anschlüsse des Reglers kontrollieren. Gegebenenfalls Regler ersetzen.

TIPP Praxisgerechter ist Probetausch des Regler/Gleichrichters gegen ein bekanntermassen funktionstüchtiges Exemplar.

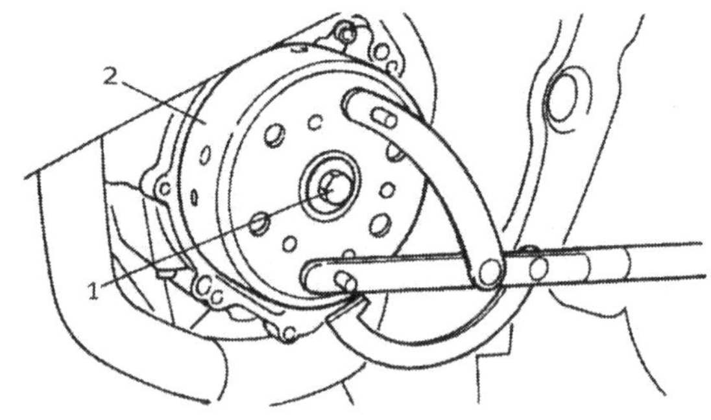

Bild 166 ➤
Generator ① gegenhalten und Schraube ② ausdrehen

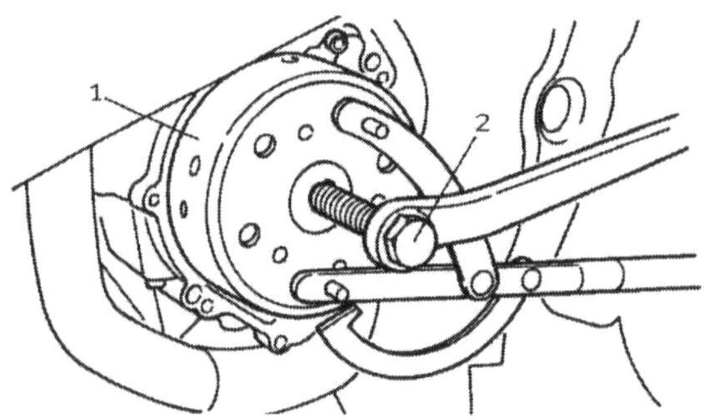

Bild 167 ➤
Generator ① gegenhalten und Abdrücker ② lösen

6.3
Montage – **Bild 168**

- Statorspulen und Kabelhalter montieren.
- Gummitüllen des Statorkabels mit Dichtmasse versehen und in Nut einsetzen.
- Kurbel- und Rotorkonus reinigen (öl- und fettfrei).
- Rotor montieren (95 Nm). Dabei Rotor mit blockiertem Hinterrad (bei eingelegtem Gang) oder mit Spezialwerkzeug gegenhalten.
- Passhülsen einsetzen, Generatordeckel mit neuer Dichtung aufsetzen und Deckelschrauben schrittweise über Kreuz anziehen (10 Nm).
- Stecker verbinden.

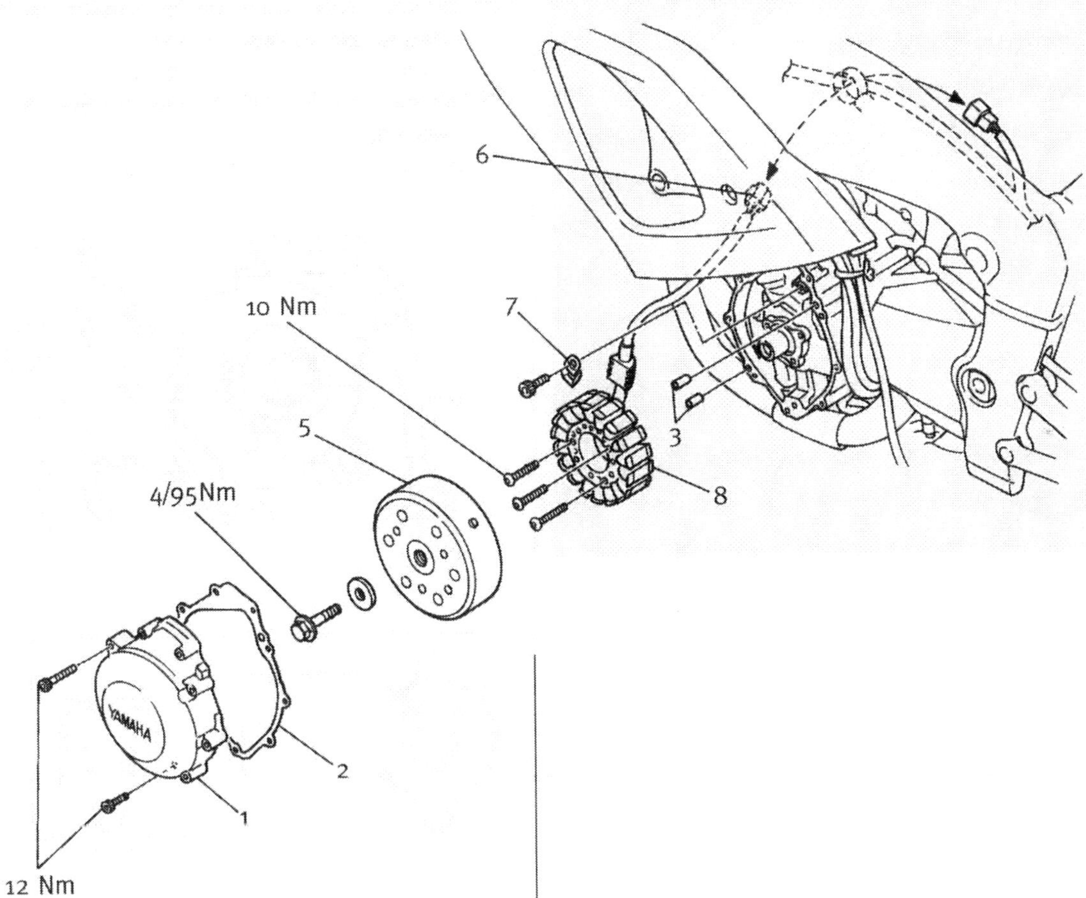

Bild 168
Generator
Anzugsmomente
1 Deckel
2 Dichtung
3 Passhülse
4 Rotorschraube
5 Rotor
6 Stecker
7 Kabelhalter
8 Statorspulen

7 **Zündsystem**
7.1 Ausbau
7.2 Prüfen und Vermessen

Zündsystem

7.1 Ausbau

- Verkleidungskiel abnehmen und rechte Mittelverkleidung abnehmen (Letztere kann zur Kontrolle des Zündzeitpunkts montiert bleiben).
- **Bild 169:** Deckelschrauben schrittweise über Kreuz ausdrehen.
- **Bild 166** und **Bild 170:** Am Generatorrotor gegenhalten und Befestigungsschraube des Zündrotors ausdrehen.
- Pickupspule nach Ausdrehen von zwei Befestigungsschrauben abnehmen.

Bild 169
Deckelschrauben

7.2 Prüfen und Vermessen

TIPP Bei Prüfung der Zündspule sind gemessene Widerstandswerte mit Vorsicht zu geniessen, da eine schadhafte Zündspule »im Trockenen« durchaus Sollwerte aufweisen kann, im Betrieb aber durch Erwärmung Zündfunken überall hingeben kann, nur nicht an die Zündkerze.

- Zündspulen brauchen zur Widerstandsmessung nicht ausgebaut zu werden.

Bild 171: Widerstand der Primärwicklung zwischen Steckkontakten der Zündspule messen.
Sollwert 1,87–2,53 Ω

Bild 172: Widerstand der Sekundärwicklung ohne Kerzenstecker messen.
Sollwert 12–18 kΩ

Widerstand der Pickupspule am Stecker messen.
Sollwert 248–372 Ω

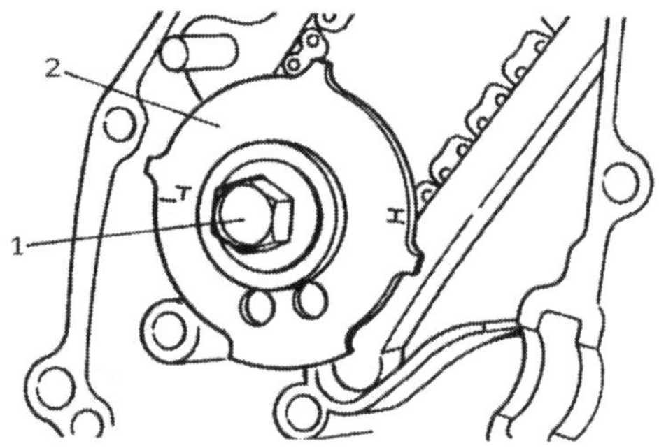

Bild 170 ➤
Befestigungsschraube ① und Zündrotor ②

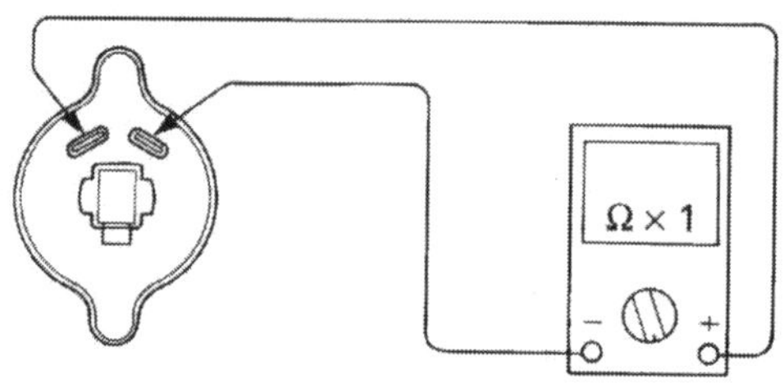

Bild 171 ➤
Zündspulen prüfen
Primärspulenwiderstand

Zündzeitpunkt

⚠ Der Zündzeitpunkt moderner elektronischer Zündanlagen ist nicht veränderbar, da Erzeugung und Steuerung des Zündfunkens keinem mechanischen Verschleiss unterliegen. Das hier beschriebene Verfahren der Überprüfung des Zündzeitpunkts dient dazu, einwandfreies Funktionieren der Zündsystem-Bauteile festzustellen.

- Motor warm laufen lassen.
- Stroboskop an Zündkabel von Zylinder #1 oder #4 anschliessen.
- **Bild 173:** Kontrolldeckel ausdrehen und Stroboskop-Blitz auf Rotor/Markierung richten.
- Motor starten und mit korrekter Leerlaufdrehzahl tuckern lassen.

👁 **Bild 173:** Zündzeitpunkt ist korrekt, wenn Zündmarke »b« auf Rotor bei Leerlaufdrehzahl der Markierung am Deckelgewinde gegenübersteht.

- Drehzahl langsam erhöhen.

👁 Ab 1600/min muss Zeitpunkt Richtung »früh« wandern, d.h. die »F«-Marke beginnt sich gegen den Uhrzeigersinn zu drehen.

- Hat sich nach oben stehenden Prüfungen und Messungen immer noch kein Zündfunke eingestellt, steht eine Erneuerung der Zündbox an. Wer sichergehen will, dass auch wirklich nur Schrott weggeschmissen wird, kann Zündbox in einer YAMAHA-Werkstatt, die über entsprechendes Messgerät verfügt, durchmessen lassen.

TIPP Praxisgerechter ist Probeaustausch der Zündbox gegen ein bekanntermassen funktionstüchtiges Exemplar.

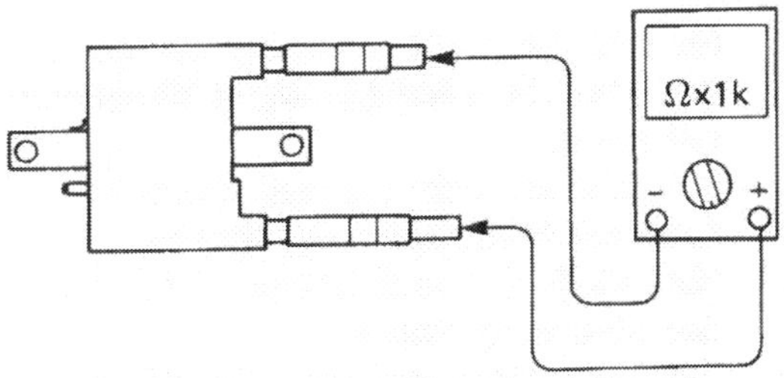

Bild 172
Zündspulen prüfen
Sekundärspulenwiderstand

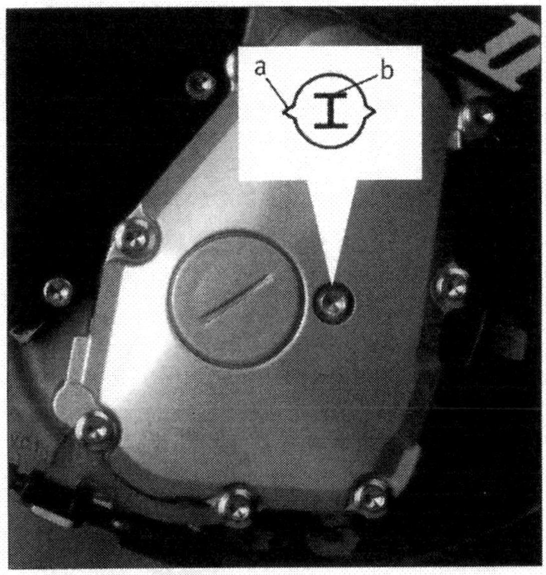

Bild 173
Zündzeitpunkt am Kontrollstopfen prüfen
a Gehäusemarkierung
b Zündbereich

7.3 Montage – Bild 174

- **Bild 175:** Zündrotor so auf Kurbelstumpf aufsetzen, dass Aussparung in Mitnehmerstift passt.
- Schraube anziehen (60 Nm). Dabei am Rotor mit Rotorhalter gegenhalten.
- **Bild 176:** Deckel so aufsetzen, dass Stift in Deckelbohrung einpasst.
- Zwei Passhülsen einsetzen, Deckel mit neuer Dichtung aufsetzen und Deckelschrauben schrittweise über Kreuz anziehen (10 Nm).

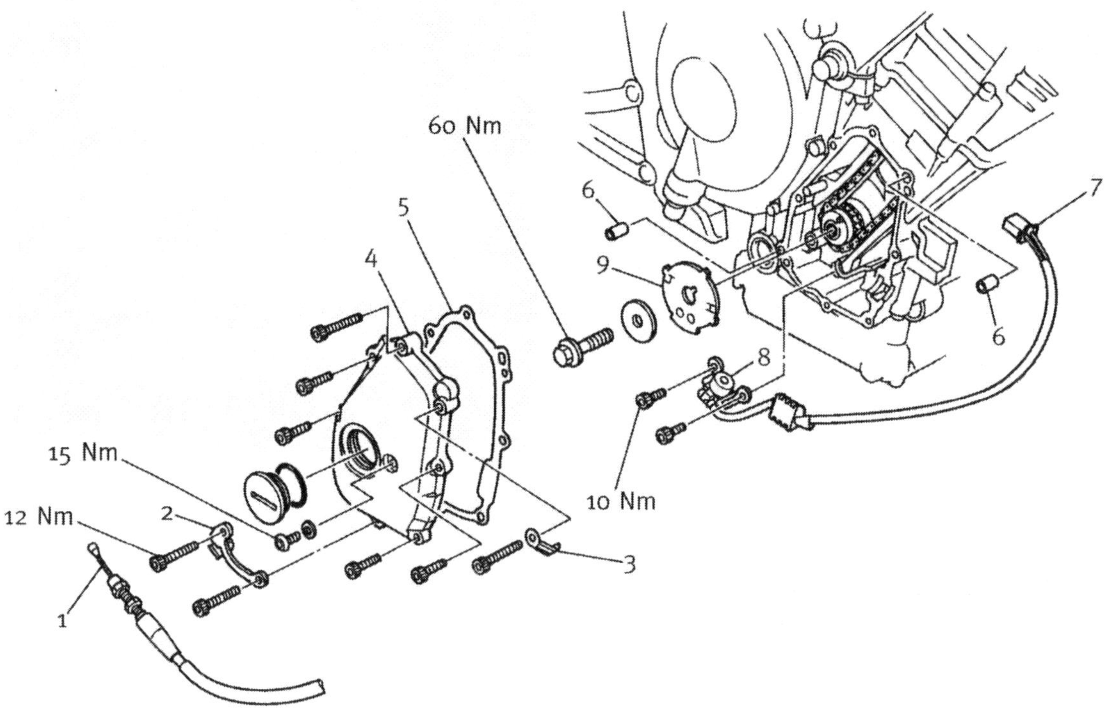

Bild 174
Pickupspule und Zündrotor
Anzugsmomente
1 Kupplungsseilzug
2 Halterung
3 Kabelhalter
4 Deckel
5 Dichtung
6 Passhülse
7 Stecker
8 Pickupspule
9 Zündrotor

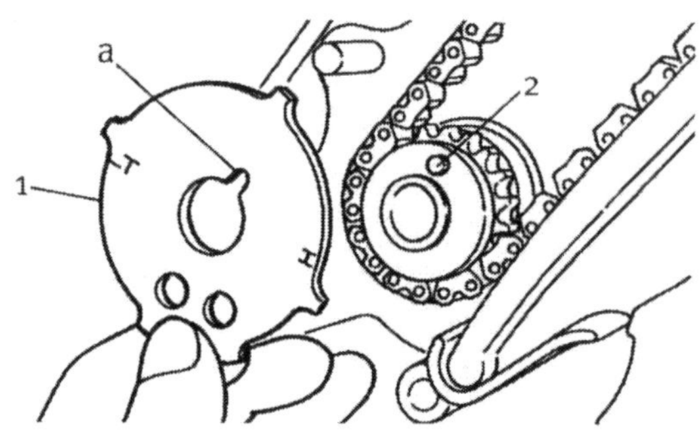

Bild 175
Zündrotor aufsetzen
1 Zündrotor
2 Stift
a Aussparung

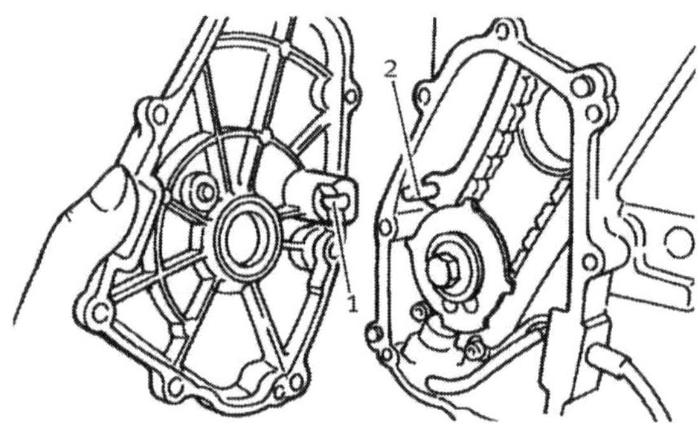

Bild 176 ➤
Deckel aufsetzen
1 Stift (Steuerketten-Spannerschiene)
2 Bohrung

Kupplung

8.1 Ausbau

- Die Kupplungsbeläge und -feder können bei eingebautem Motor ohne Spezialwerkzeug gewechselt werden.

TIPP Falls kein Kupplungskorbhalter zum Lösen der Kupplungsmutter zur Verfügung steht, kann mittels eingelegtem Gang und gebremstem Hinterrad Hauptwelle blockiert werden.

⚠ Falls Kupplungsmutter ausgebaut wird, neues Sicherungsblech zur Montage verwenden!

- Verkleidungskiel und rechte Seitenverkleidung abnehmen.
- Motoröl ablassen oder Maschine sehr weit nach links lehnen und sicher abstützen.
- **Bild 177:** Gehäusedeckelschrauben schrittweise über Kreuz ausdrehen.

TIPP Falls schwergängig, Deckel vorsichtig mit Gummihammer lockern.

Auf Verbleib der Passhülsen achten.

- **Bild 178:** Sechs Schrauben aus Druckring (Kupplungsfederhalter) schrittweise über Kreuz ausdrehen.
- **Bild 178:** Feder und Druckplatte mit Lager und Zugstück abnehmen.
- Stahl- und Belagscheiben abnehmen.
- Sicherungsblechlasche der Kupplungsmutter aufbiegen.
- **Bild 179:** Mit Universal-Kupplungshalter Nabe (Innenkorb) gegenhalten und Kupplungsmutter ausdrehen.
- Kupplungsnabe abnehmen.

Auf Verbleib der dahinter sitzenden Anlaufscheibe achten.

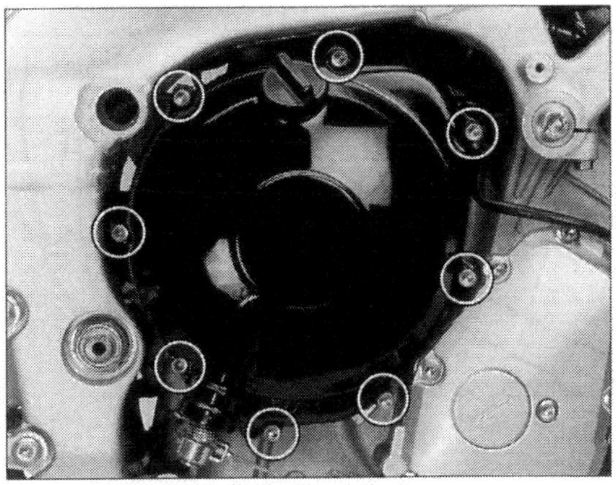

Bild 177
Kupplungsdeckelschrauben

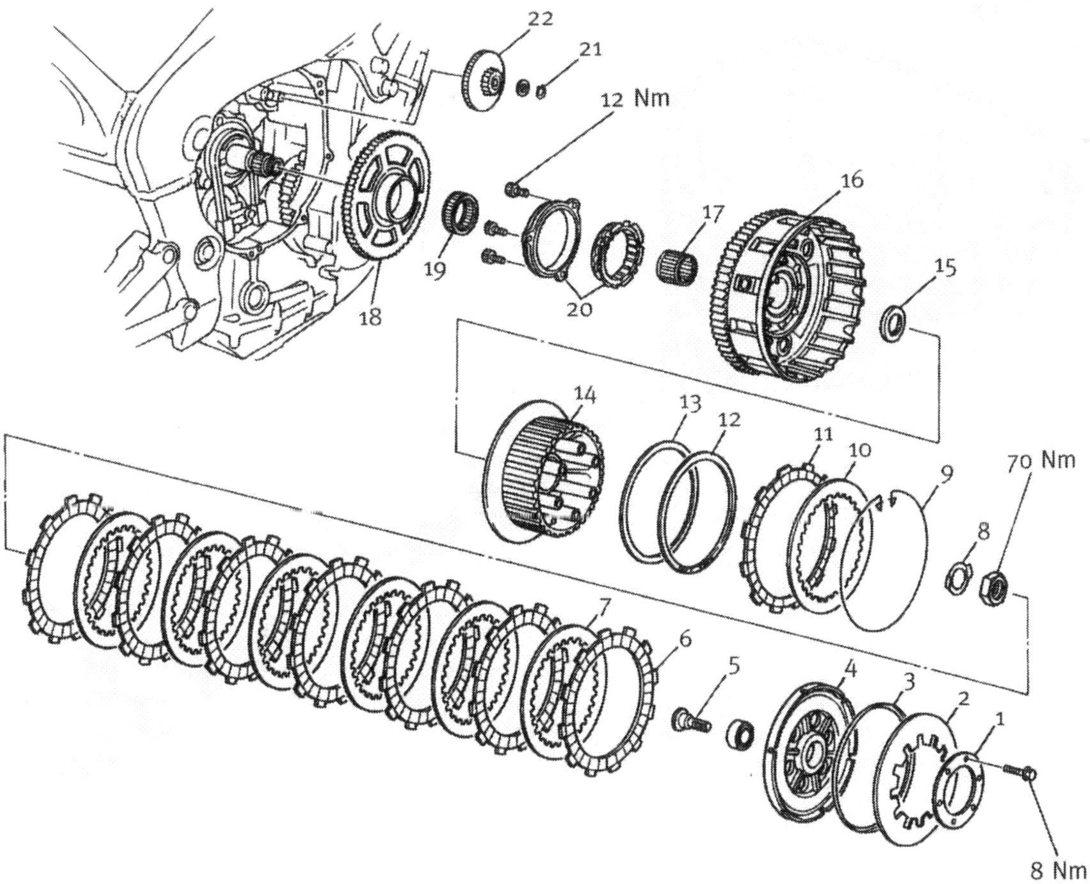

Bild 178
Kupplung
Anzugsmomente

1 Druckring
2 Tellerfeder
3 Federsitz
4 Druckplatte
5 Zugstück
6 Reibscheibe
7 Stahlscheibe
8 Sicherungsscheibe
9 Drahtring
10 Stahlscheibe
11 Reibscheibe
12 Dämpferfeder
13 Federsitz
14 Nabe
15 Anlaufscheibe
16 Korb
17 Lager
18 Starterzahnrad
19 Lager
20 Starterfreilauf
21 Seegerring
22 Starterzwischenrad

- Kupplungskorb vorsichtig herausführen.
- **Bild 180:** Kupplungsdämpfer nur bei ungewöhnlichen Kupplungsgeräuschen zerlegen (Drahtring ausfedern und Dämpferfeder mit Federsitz entnehmen).
- Vor Zerlegen des Starterfreilaufs (drei Befestigungsschrauben), dessen Funktion prüfen (*Kapitel 8.2*).
- **Bild 181:** Zum Ausbau der Hebelwelle inneren Sicherungsring aushebeln und Welle herausziehen.

8.2 Prüfen und Vermessen

Bild 182: Dicke der Kupplungsreibscheiben mit Messschieber messen.
Verschleissgrenze 2,8 mm

Reib- und Stahlscheiben auswechseln, wenn sie Anzeichen von Riefen oder Verfärbung aufweisen.

Bild 183: Stahlscheiben auf Richtplatte mit Fühlerlehre auf Verzug prüfen.
Verschleissgrenze 0,1 mm

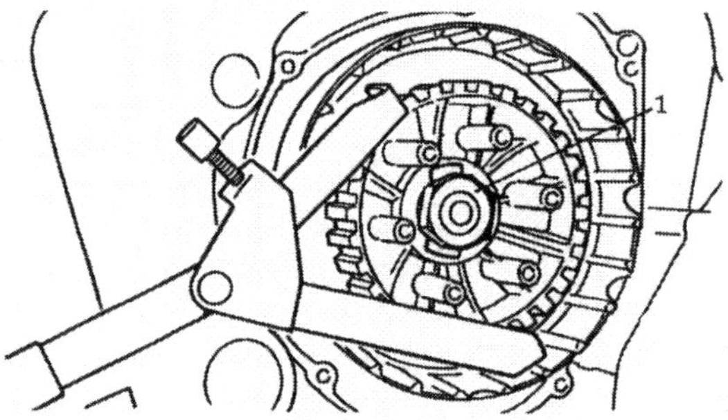

Bild 179
Kupplungsmutter ① ausdrehen

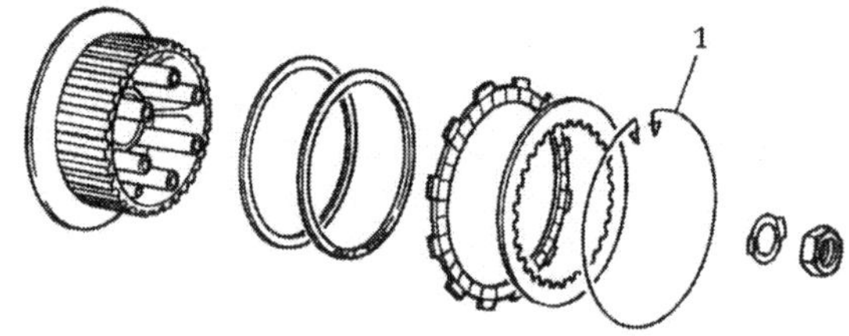

Bild 180 ➤
Kupplungsgeräuschdämpfer
1 Drahtsicherung

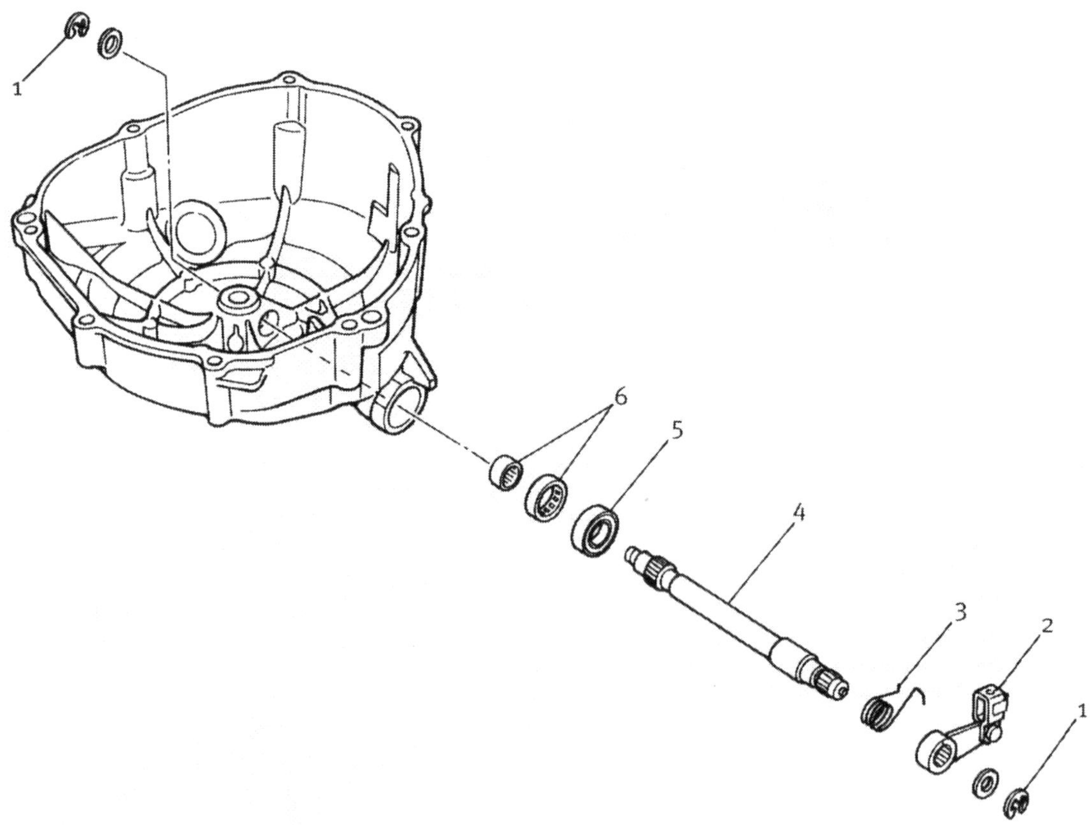

Bild 181
Hebelwelle im Gehäusedeckel
1 Sicherungsring
2 Hebel
3 Feder
4 Hebelwelle
5 Dichtring
6 Lager

⚠ Scheiben immer im Satz auswechseln.

- Nadellager auf Beschädigung oder Abnutzung untersuchen.
- Kupplungsfeder und Federsitz bei sichtbarem Verschleiss oder Beschädigung ersetzen.
- **Bild 184:** Druckplatte bei Beschädigung ersetzen.
- **Bild 184:** Kupplungsausrücklager auf ruckfreien und ungehinderten Lauf prüfen (Fingerprobe).
- **Bild 184:** Verzahnung von Hebelwelle und Zugstück auf Verschleiss und Beschädigung untersuchen, gegebenenfalls auswechseln.
- Schlitze in Kupplungskorb und -nabe dürfen keine von Scheiben verursachten Riefen, Kerben oder Scharten aufweisen. Gegebenenfalls mit Schlüsselfeile begradigen.
- Zahnräder von Kupplung und Primärtrieb auf aussergewöhnliche und übermässige Abnutzung oder Beschädigung untersuchen.
- Auch bei aussergewöhnlichen Geräuschen beim Ablaufen Zahnräder paarweise ersetzen (ist natürlich bei den Primärtriebzahnrädern etwas pikant – dazu müsste die Kurbelwelle gewechselt werden!).
- Bei übermässigem Spiel zwischen Lager und Kupplungskorb bzw. Hauptwelle, prüfen, ob Verwendung eines neuen Nadellager Spiel beseitigt.
- **Bild 186:** Starterfreilauf muss im Uhrzeigersinn sperren und entgegengesetzt frei drehen

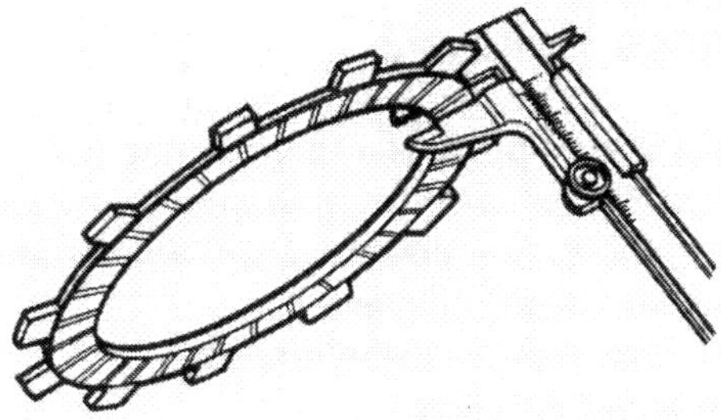

Bild 182
Dicke der Belagscheiben messen

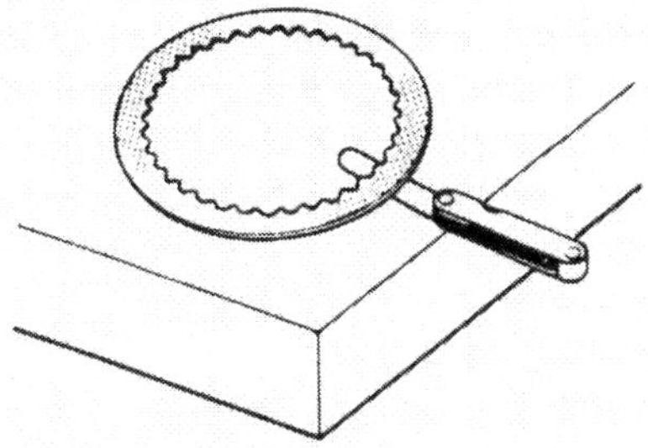

Bild 183
Stahlscheiben mit Fühlerlehre auf Verzug prüfen

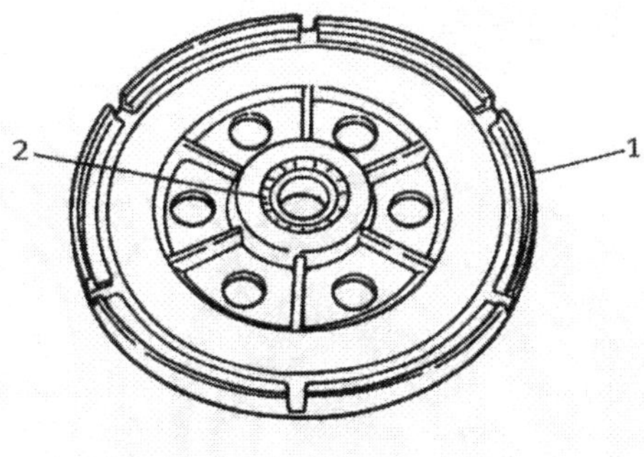

Bild 184
Druckscheibe ① und Ausrücklager ②

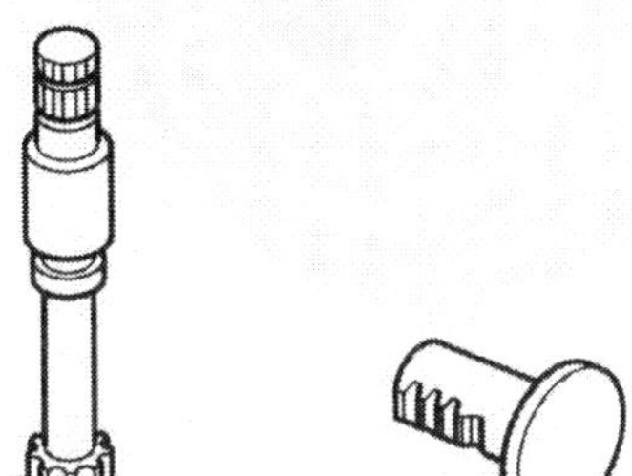

Bild 185
Hebelwelle und Zugstück mit einwandfreier Verzahnung

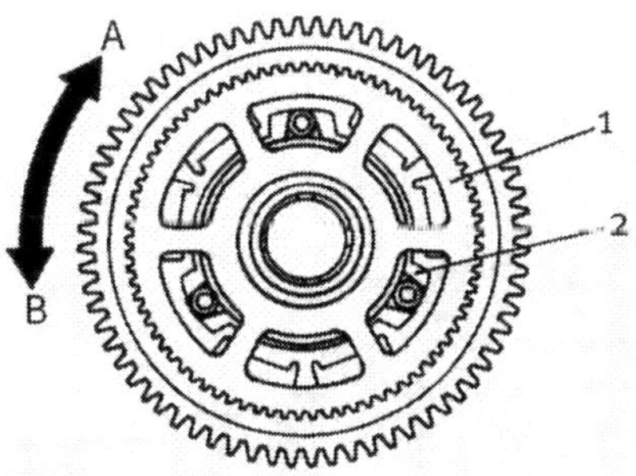

◄ **Bild 186**
Starterfreilauf muss im Uhrzeigersinn (Richtung A) sperren und entgegengesetzt (Richtung B) frei drehen
1 Freilaufrad
2 Freilaufgehäuse

Vorsicht! ⚠
Aufgepasst!

8.3 Montage – Bild 178

- **Bild 187:** Kupplungskorb vorsichtig auf Hauptwelle aufsetzen und mit Ölpumpenkettenrad, Starterzahnrad und Primärzahnrad in Eingriff bringen.
- Es folgt Anlaufscheibe für Nabe.
- Nabe aufschieben.
- Hauptwelle per gebremstem Hinterrad bzw. Kupplungsnabe mit Kupplungshalter blockieren und Mutter anziehen (70 Nm).
- ⚠ Beim Einbau neuer Belagscheiben, diese mit sauberem Motoröl einbalsamieren.
- Belag- und Stahlscheiben abwechselnd einsetzen. Mit Belagscheibe beginnen.
- Ausrücklager und Druckscheibe gezeigt (gefettet) einsetzen.
- **Bild 188:** Druckplatte, Federsitz, Feder und Druckscheibe montieren. Sechs Federschrauben schrittweise über Kreuz anziehen (8 Nm).
- **Bild 189:** Hebelwelle so in Deckel einsetzen, dass UP-Markierung nach oben weist.
- Dichtflächen von Kupplungsgehäuse und -deckel säubern (öl- und fettfrei).
- Silikondichtmasse (Drei-Bond o.ä.) dünn im Bereich der Motorgehäuse-Trennlinie etwa 10 mm nach oben und unten am Kupplungsgehäuse auftragen.
- Zwei Passhülsen einsetzen.
- **Bild 190:** Beim Aufsetzen des Gehäusedeckels Gelenkhebel eindrücken und Flucht der Körnermarkierungauf Hebel mit Deckelmarkierung kontrollieren. (Zugstückverzahnung und Hebelwellen-Zähne müssen sich im Eingriff befinden.)
- **Bild 191:** Deckel mit neuer Dichtung und zwei Passhülsen aufsetzen.
- **Bild 177:** Deckelschrauben schrittweise über Kreuz anziehen.
- Ölpegel kontrollieren und gegebenenfalls berichtigen.

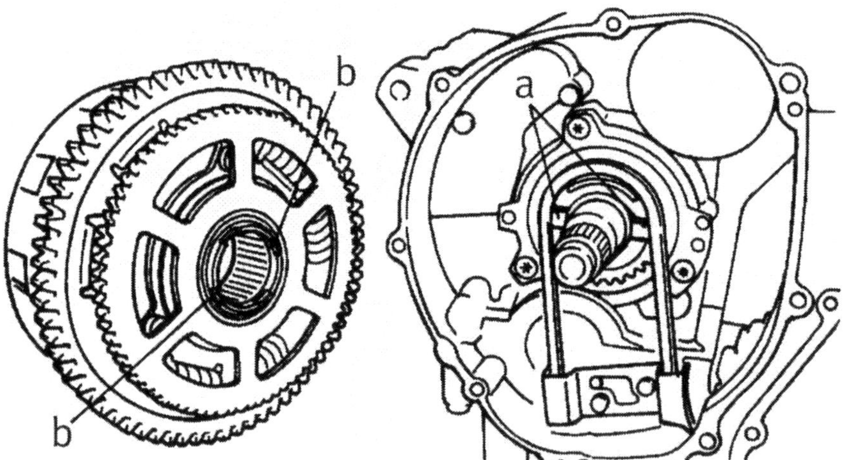

Bild 187
Kupplungskorb montieren
a Nuten
b Nasen

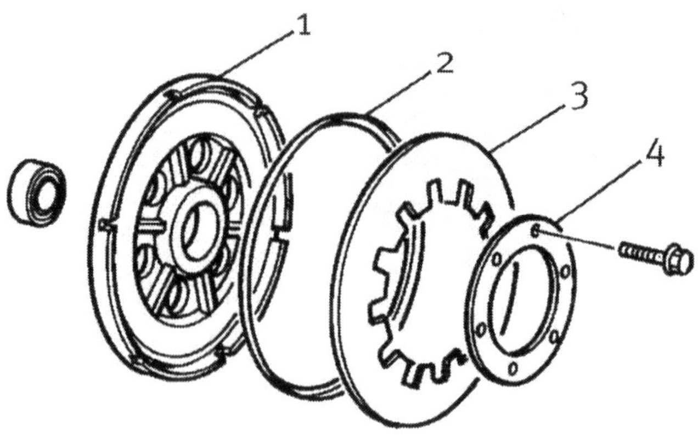

Bild 188
Druckplatte und Kupplungsfeder montieren
1 Druckplatte
2 Federsitz
3 Tellerfeder
4 Druckscheibe

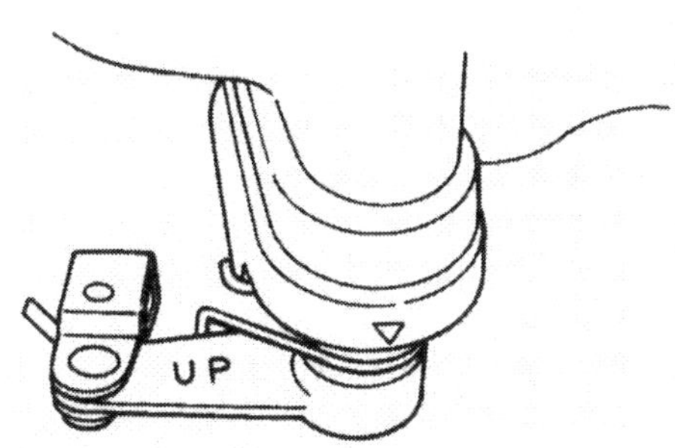

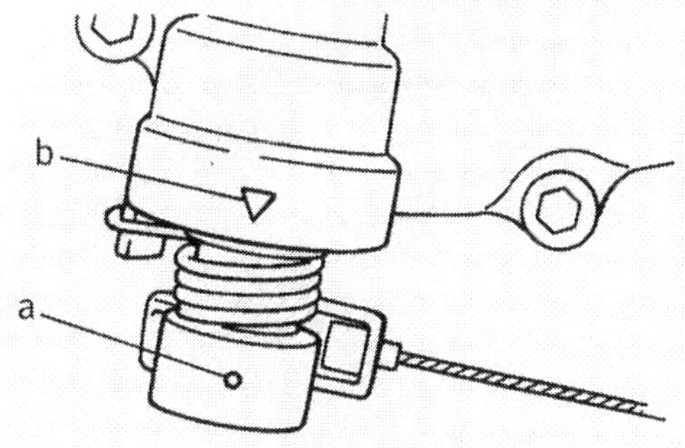

◄ Bild 189
UP-Markierung weist nach oben

Bild 190
Körnerpunkt a und Markierung b auf Deckel müssen fluchten

▼ Bild 191
Kupplungsgehäusedeckel
Anzugsmoment
1 Kupplungsseilzug
2 Deckel
3 Dichtung
4 Passhülse

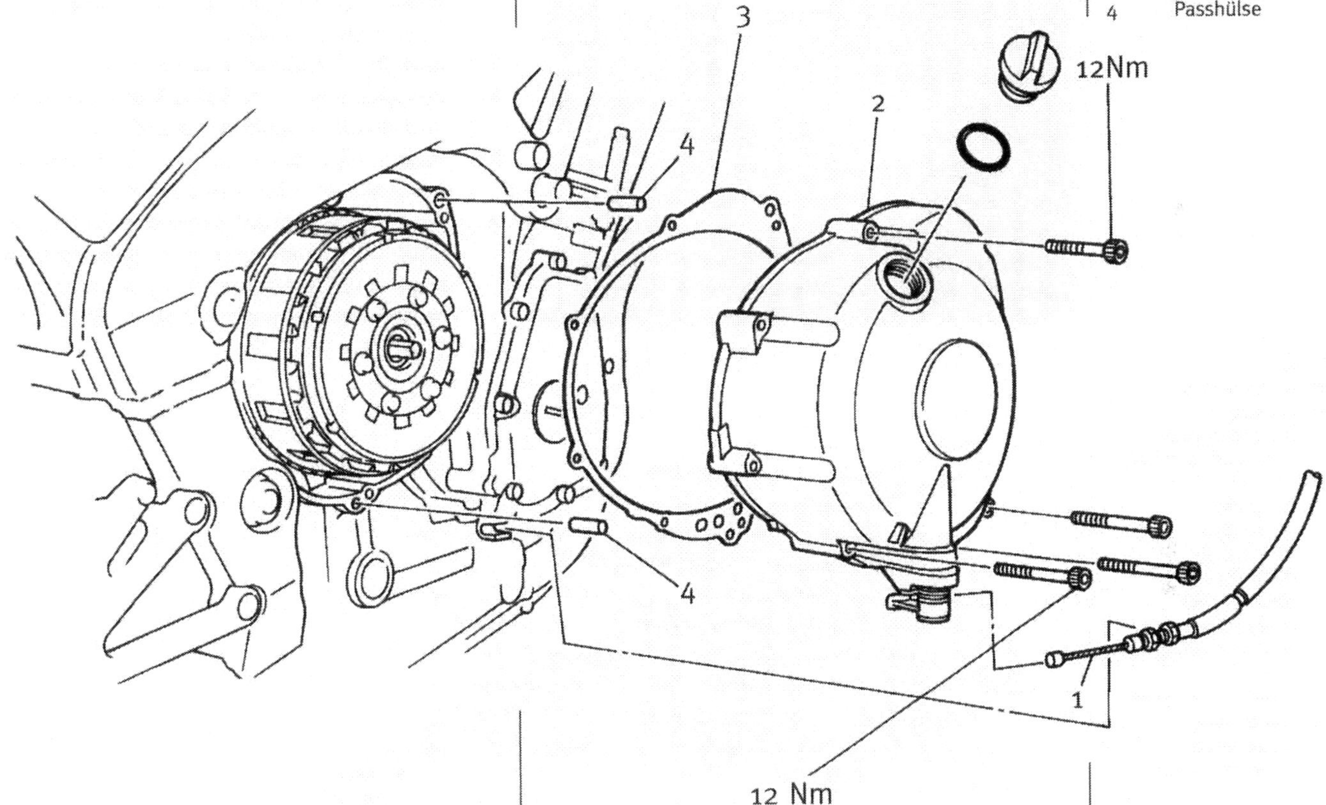

Schaltmechanismus

Bild 192
Klemmschraube ganz ausdrehen

Bild 193
Ritzelabdeckungsschrauben

9.1 Ausbau

- **Bild 80:** Gegenmuttern der Schaltstange lockern und Schaltstange ausdrehen (*Kapitel 3.10 Seite 38*).
- **Bild 192:** Klemmschraube ganz ausdrehen und Klemmstück von Schaltwelle herunterziehen.
- **Bild 193:** Ritzeldeckel abnehmen (Schrauben schrittweise über Kreuz ausdrehen).
- **Bild 194:** Leerlaufeinsteller aus Halterungsblech nehmen.
- Deckelschrauben schrittweise über Kreuz ausdrehen und Deckel mit Dichtung und Passhülsen abnehmen.
- **Bild 195:** Schaltwelle abziehen.
- **Bild 196:** Feder mit Spitzzange ausfedern und Arretierungshebel abnehmen.
- Federanschlag nur bei offensichtlichem Defekt oder falls lose audrehen.
- Weitere Zerlege-Arbeiten der Schaltungsbauteile (Schaltwalze und -gabeln) sind im Kapitel Getriebe beschrieben, da sie nur in diesem Zusammenhang sinnvoll sind.

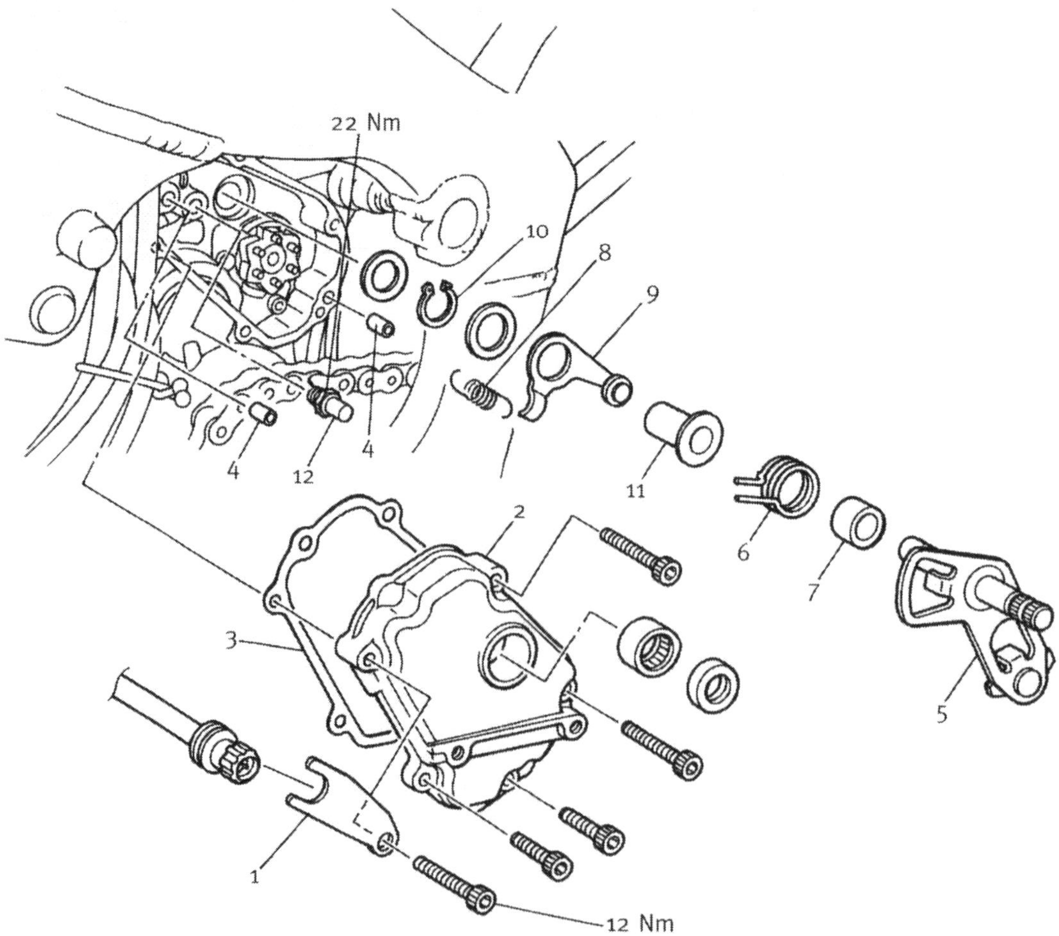

Bild 194
Schaltmechanismus
Anzugsmomente

1 Halterungsblech (Leerlaufeinsteller)
2 Deckel
3 Dichtung
4 Passhülse
5 Schaltwelle
6 Schenkelfeder
7 Distanzstück
8 Feder (Schaltwalzen-Arretierungshebel)
9 Arretierungshebel
10 Seegerring
11 Distanzhülse
12 Federanschlag

9.2 Prüfen und Vermessen

- **Bild 197:** Schaltwelle auf Verschleiss oder Beschädigung untersuchen.
- Schenkelfeder auf Ermüdung oder Beschädigung untersuchen.
- Arretierungshebel bei Beschädigung (Verbiegung) oder schwergängiger Rolle ersetzen.

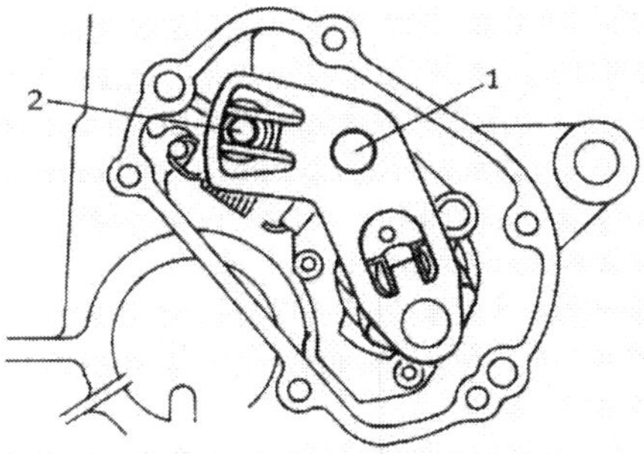

◄ Bild 195
Schaltwelle herausziehen
1 Schaltwelle
2 Federanschlag

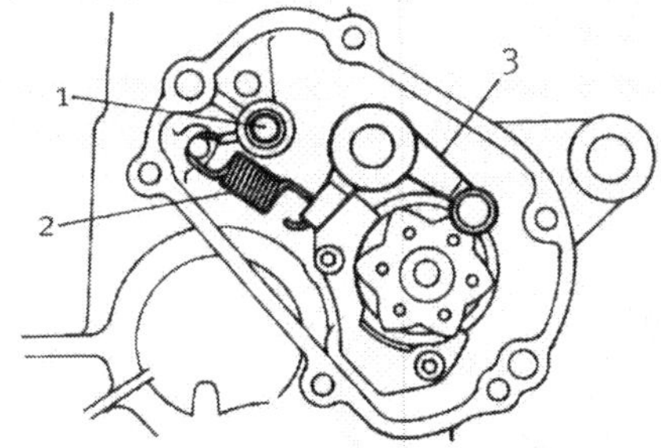

◄ Bild 196
Arretierungshebel nach Ausfedern der Feder abnehmen
1 Federanschlag
2 Feder
3 Arretierungshebel

9.3 Montage – Bild 194

- **Bild 196:** Arretierungshebel einsetzen und Feder einhängen.
- Schaltwelle leicht geölt in Gehäuse einschieben. Dabei Schenkelfeder auf Federanschlag aufschieben.
- **Bild 195:** Schenkelfeder muss beidseitig am Anschlag anliegen.
- **Bild 194:** Deckel mit neuer Dichtung und zwei Passhülsen aufsetzen. Deckelschrauben schrittweise über Kreuz anziehen (12 Nm).
- **Bild 198:** Ritzelabdeckung und Schaltstange montieren.
- **Bild 199:** Klemmstück des Schalthebels so auf Welle aufschieben, dass Körnermarkierung auf Welle mit Klemmspalt fluchtet. Klemmschraube eindrehen.
- **Bild 80:** Schaltstange einstellen.

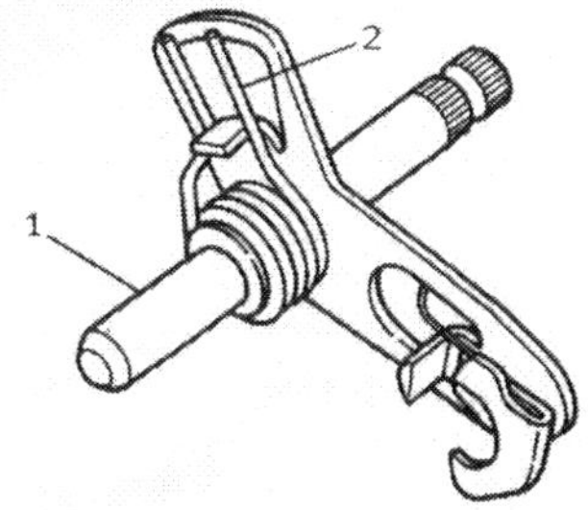

Bild 197
Schaltwelle ① und Schenkelfeder ②

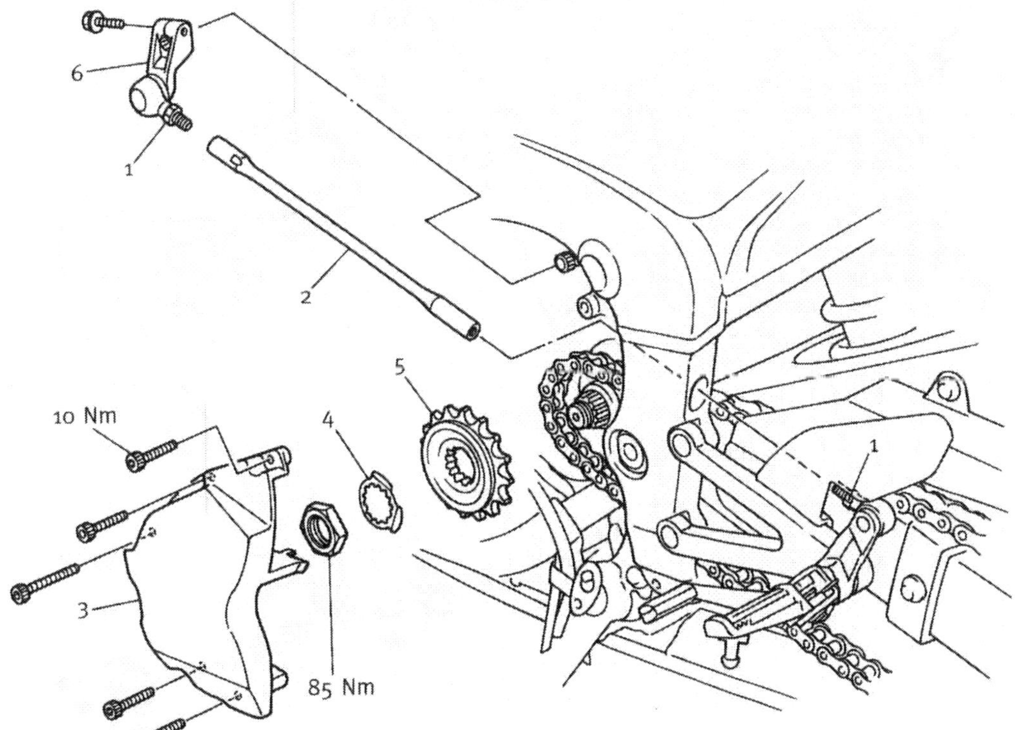

Bild 198
Schaltstange und Ritzelabdeckung
Anzugsmomente
1 Gegenmutter
2 Schaltstange
3 Ritzelabdeckung
4 Sicherungsblech
5 Ritzel
6 Klemmstück

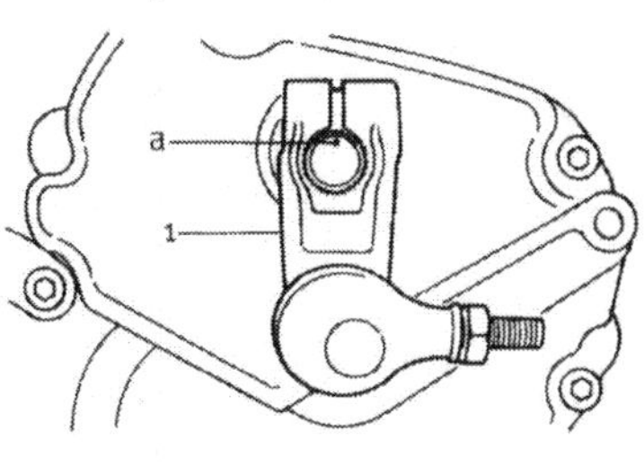

▼ Bild 199
Klemmspalt des Klemmstücks ① fluchtet mit Körnerpunkt a

Motor

10.1 Ausbau

- Der Motor muss zur Wartung und Reparatur von Zylinderkopf, Kolben/Zylinder, Kurbelwelle, Pleuel und Getriebe ausgebaut werden.
- ⚠ Motorrad sicher aufbocken.
- Sitz, Tank und Verkleidung abnehmen (*Kapitel 3.2*).
- Antriebskette auf grösstmöglichen Durchhang einstellen (*Kapitel 3.13 Seite 41*).

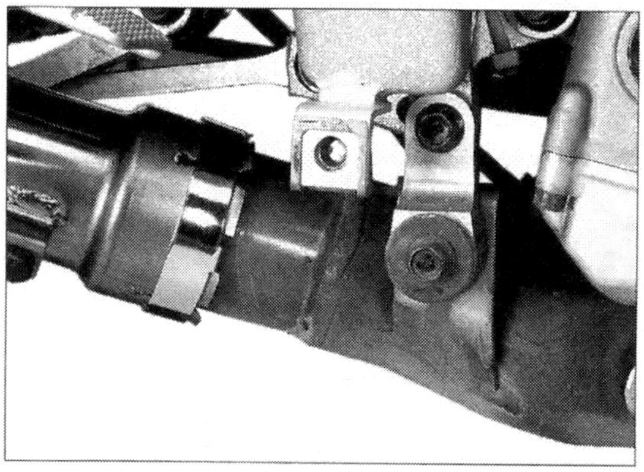

Bild 200
Schalldämpfer am Sammelrohr

- **Bild 198:** Schaltstange (Klemmstück), Ritzelabdeckung und Ritzel mit Kette abnehmen.
- Motoröl und Kühlmittel ablassen. Ölfilterpatrone ausdrehen.
- Kühler ausbauen (*Kapitel 3.6*).
- Kühlerschläuche und Thermostat von Zylinderkopf abnehmen.
- Luftfiltergehäuse abnehmen und Vergaser abbauen (*Kapitel 3.6 und Kapitel 4*).
- **Bild 200:** Schalldämpfer von Sammelrohr und hinterer Aufhängung abnehmen.
- **Bild 201:** EXUP-Seilzüge aushängen (Einsteller auf grösstmögliches Spiel einstellen und Nippel an Seilzugrolle aushängen; *Kapitel 3.25 Seite 51*) und Auspuffkrümmer abbauen.
- **Bild 202:** Kabel und Schläuche lösen:
- Plus- und Massekabel von Starter abnehmen (*Kapitel 5*).
- Kupplungsseilzug-Nippel aus Aufnahme nehmen.
- Stecker und Kabel von Zündkerzen, Generator, Pickup, Tachosensor und Neutral-Anzeigeschalter abnehmen.

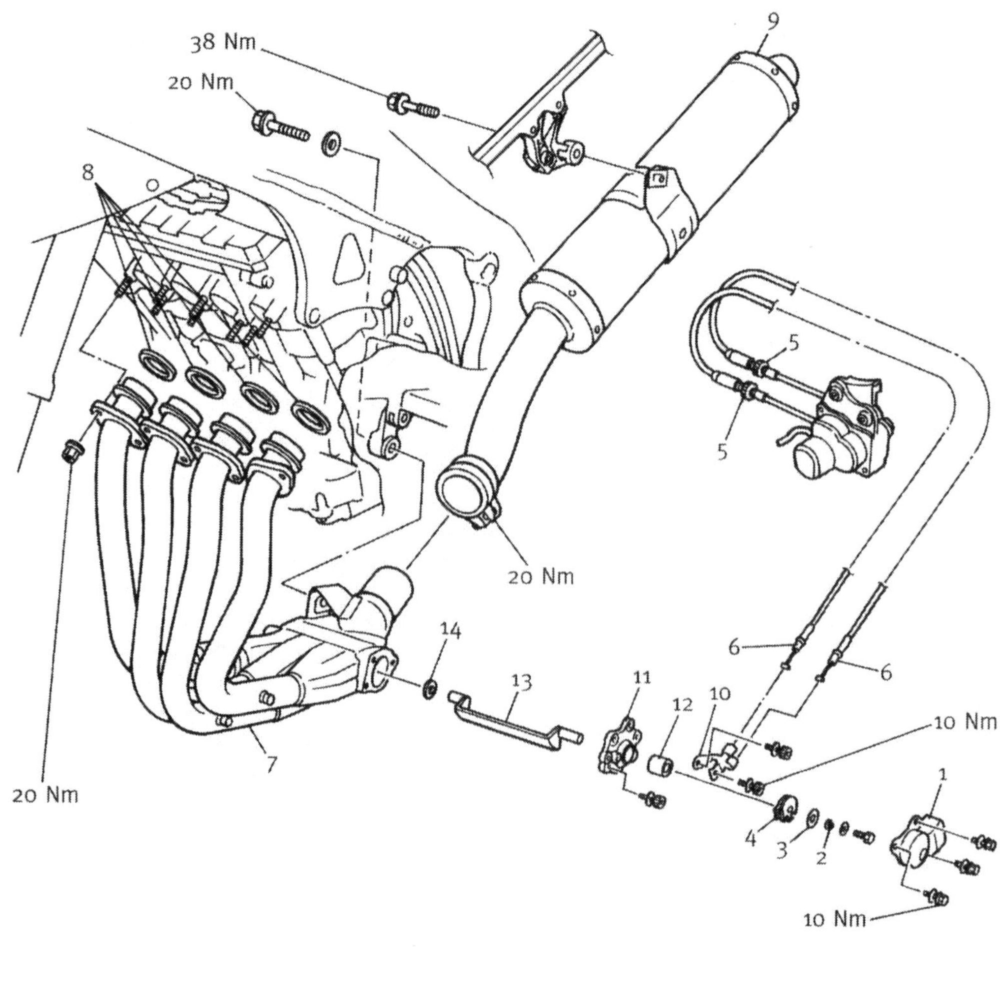

Bild 201
Auspuffanlage
Anzugsmomente
1 Deckel (EXUP-Seilzugrolle)
2 Feder
3 Scheibe
4 EXUP-Seilzugrolle
5 Gegenmutter
6 EXUP-Seilzug
7 Auspuffkrümmer
8 Dichtung
9 Schalldämpfer
10 Seilzug-Widerlager
11 EXUP-Ventildeckel
12 Distanzstück
13 EXUP-Ventil
14 Distanzstück

⚠ Motor mit hydraulischem Wagenheber untermauern, um Motor-/Rahmenbefestigungen zu entlasten.

- **Bild 203:** Klemmschrauben der Befestigungsschrauben am Zylinderkopf (zwei je Seite) lockern und Befestigungsschrauben ausdrehen.

TIPP Vorderradabdeckung mit Werkstattlappen oder Pappe gegen Lackschäden schützen.

- **Bild 204:** Motorbefestigungsschrauben ausdrehen und Motor nach rechts herausnehmen.

10.2 Motoreinbau – Bild 201 bis Bild 204

- Motor in Rahmen heben. Mit einstellbarer Stütze (hydraulischer Wagenheber) oder mit Helfer Motor auf Aufhängungspunkte ausrichten.
- Schrauben der Motoraufhängung und Motorträger einschieben.
- Sämtliche Motor-/Rahmen-Verbindungen locker anziehen.
- **Bild 205:** Beim Anziehen der Schrauben gezeigte Montagereihenfolge einhalten.
- **Bild 203:** Zuerst Befestigungsschrauben am Zylinderkopf eindrehen (55 Nm), dann Klemmschrauben anziehen (24 Nm).

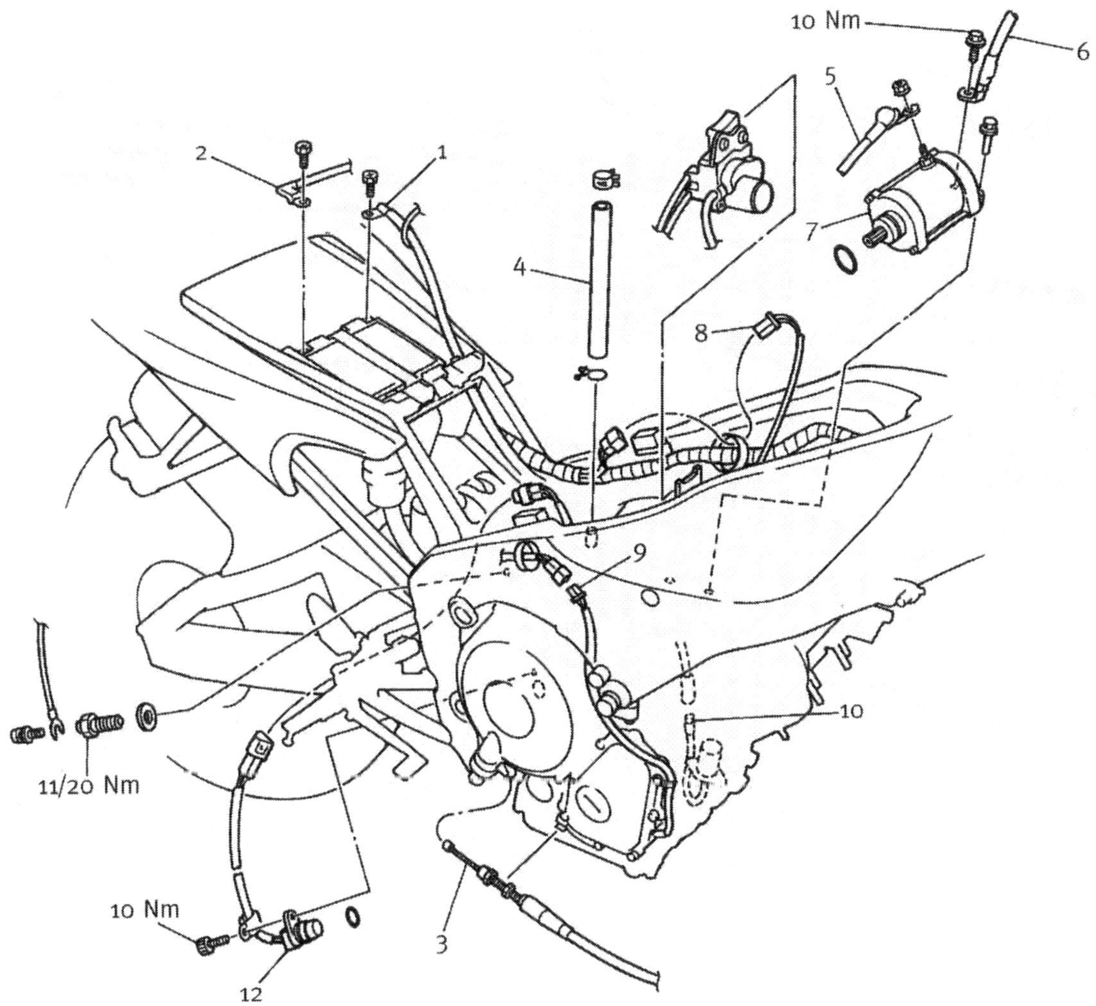

Bild 202
Kabel, Seilzüge und Schläuche beim Aus- und Einbau des Motors
Anzugsmomente
1 Batterie-Minuskabel (zuerst ausbauen – zuletzt einbauen!)
2 Batterie-Pluskabel
3 Kupplungsseilzug
4 Kurbelgehäuse-Entlüftungsschlauch
5 Starterkabel
6 Massekabel
7 Starter
8 Generatorstecker
9 Pickupstecker
10 Ölstandschalter-stecker
11 Neutral-Anzeige-schalter
12 Tachosensor

Bild 203
Zuerst Klemmschraube, dann Befestigungsschraube ausdrehen

- **Bild 206:** Ritzel mit Kette mit neuem Sicherungsblech montieren. Bremse betätigen und Mutter anziehen (70 Nm). Sicherungsblechlasche spielfrei an Mutter anlegen.
- Sämtliche Elektrik-Verbindungen installieren (Generator-, Ölstandschalter-, Pickup-, Starter-, Neutral-Anzeige- und Motormassekabel).
- ⚠ Auspuff/Krümmer mit neuen Dichtungen anbringen.
- **Bild 198:** Klemmstück der Schaltstange so auf Welle aufschieben, dass Klemmspalt mit Körnermarkierung fluchtet.
- Übrige Arbeitsschritte in umgekehrter Ausbau-Reihenfolge vornehmen.

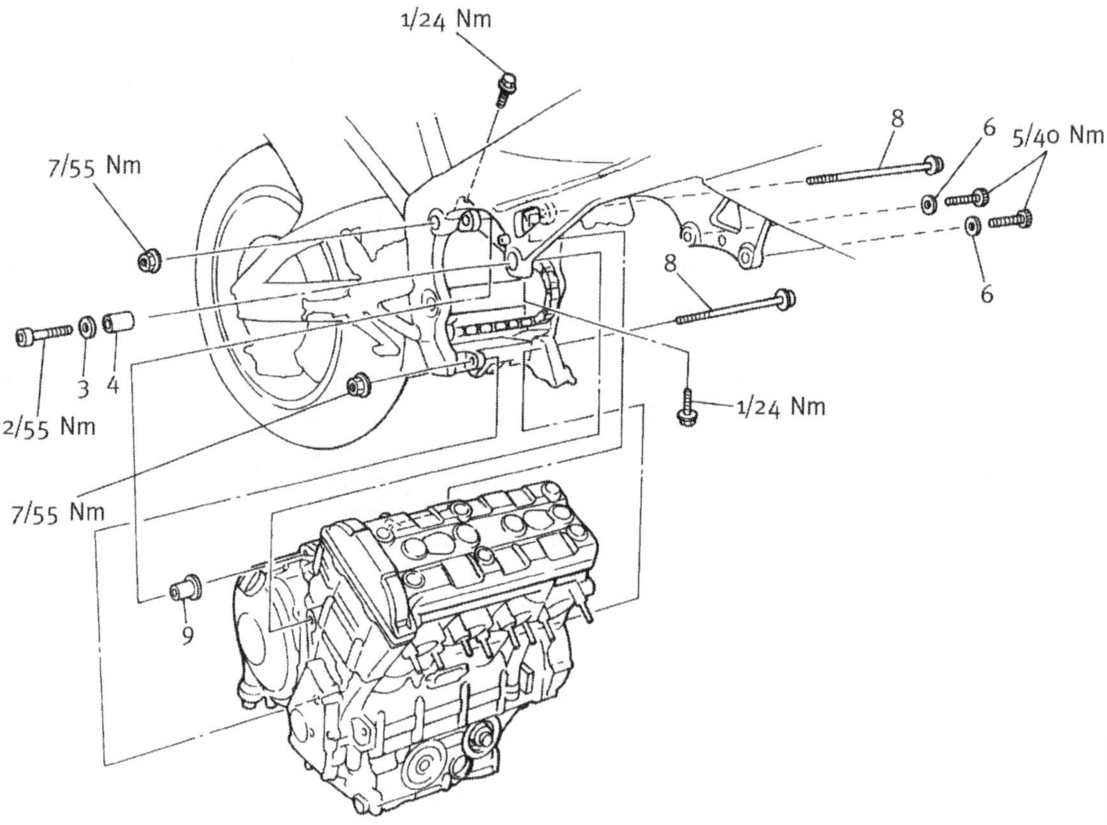

Bild 204
Motor aus- und einbauen
1 Klemmschraube
2 Motorhalterungsschraube vorn rechts
3 Scheibe
4 Distanzstück
5 Motorhalterungsschraube vorn links
6 Scheibe
7 Selbstsichernde Mutter
8 Motorhalterungsschraube hinten
9 Distanzstück

10.3 Inbetriebnahme des überholten Motors

- Motor mit Öl befüllen, alle nötigen Kontroll- und Einstellarbeiten an Bremse, Kupplung, Antriebskettenspannung, Vergaser und Gaszugbetätigung vor dem ersten Start durchführen.
- Es kann sein, dass die Abgase des Motors in den ersten Minuten des Motorlaufes eine stark blaue Färbung haben. Das ist auf die Verbrennung desjenigen Motoröls zurückführen, das bei der Montage des Motors aus Sicherheitsgründen in etwas zu reichlichem Masse beigegeben wurde. Also nicht von der beschriebenen Erscheinung beunruhigen lassen.
- Vor Teilnahme am öffentlichen Strassenverkehr Bremsen, Lichtanlage, Blinkanlage, Kupplung und Gangschaltung auf Funktionstüchtigkeit kontrollieren.
- Neu eingebaute Motorenteile benötigen eine gewisse Einlaufzeit. Deshalb während der ersten 500 km Fahrstrecke den Motor nicht im oberen Drehzahlbereich »jubeln« lassen, ihn aber auch nicht untertourig Steigungen »hinaufquälen«.
- Nach etwa 1000 km Ventilspiel kontrollieren und im Rahmen eines Ölwechsels auch neues Ölfilter spendieren.

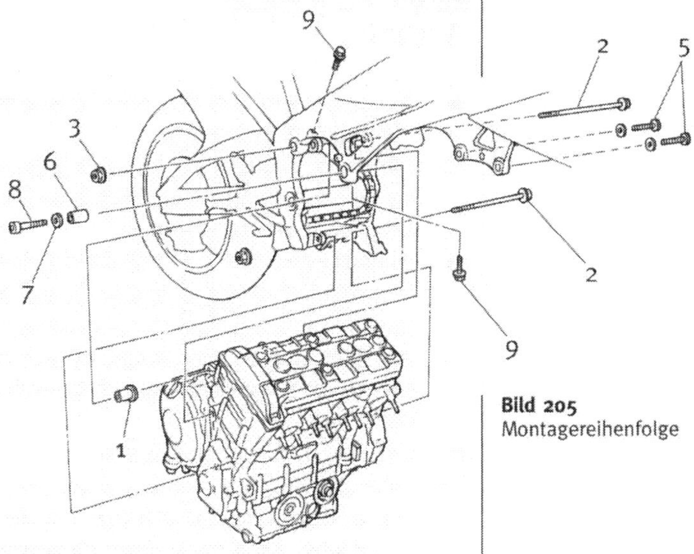

Bild 205
Montagereihenfolge

Bild 206
Ritzel mit perfekt angelegtem Sicherungsblech

Zylinderkopf

11.1 Ausbau

- Nockenwellen und Steuerkettenspanner ausbauen (*Kapitel 3.6*).

⚠ Sämtliche Bauteile so aufbewahren, dass sie an ihrem ursprünglichen Platz wieder eingebaut werden können.

- **Bild 207:** Zuerst 6-mm-Zylinderkopfschrauben ausdrehen, dann übrige Schrauben und Muttern schrittweise über Kreuz zuerst von aussen nach innen jeweils um $^1/_4$ Umdrehung lockern, schliesslich ganz ausdrehen.
- Unterlegscheiben abnehmen.

TIPP Falls Zylinderkopf festgebacken, helfen leichte Gummihammerschläge, um den Kopf zu lockern. Kopf nach oben abnehmen.

- Dichtung abnehmen und auf Verbleib der Passhülsen achten.

TIPP **Bild 208:** Stösselbohrungsschutz einsetzen (kann leicht aus 35-mm-Filmbehälter hergestellt werden).

- **Bild 209:** Mit Ventilfederspanner Ventilfedern nur so weit zusammendrücken, bis Ventilkeile aus Nuten mit Magnetheber oder Pinzette entnommen werden können.

⚠ Federn nicht weiter als unbedingt nötig zusammendrücken.

- Ventilschaftdichtungen mit Zange abnehmen (Neuteile montieren).

⚠ **Bild 210:** Bevor Ventile aus den Führungen entnommen werden, Ventilkeilnuten mit feinem Ölstein entgraten. Hier bilden sich gern Aufwerfungen, die beim Ausbau der Ventile die Ventilführungen zerkratzen können.

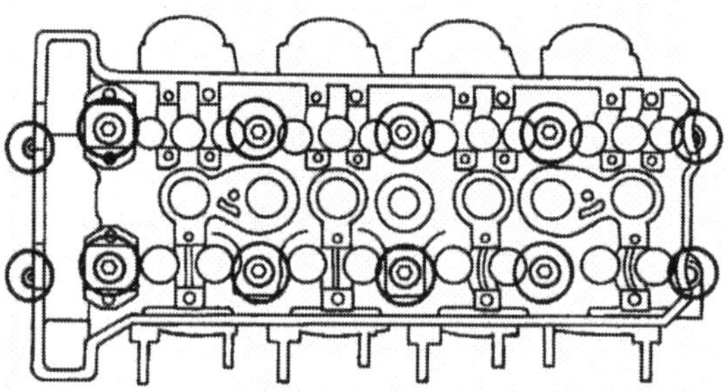

Bild 207
Zylinderkopfschrauben und -Muttern schrittweise über Kreuz von aussen nach innen lösen (von innen nach aussen anziehen!)

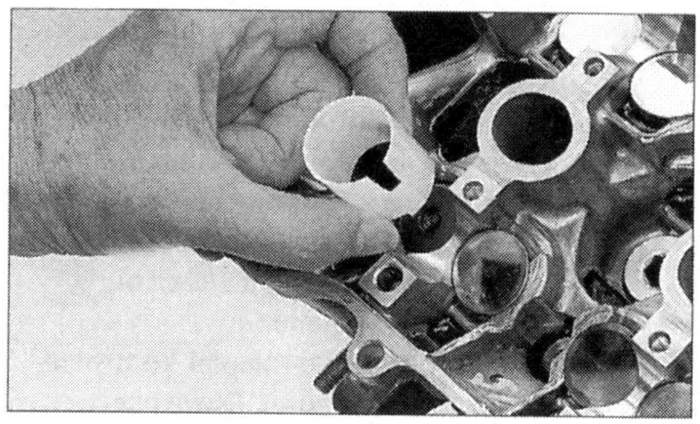

Bild 208 ➤
Stösselbohrungsschutz einsetzen

Bild 209
Ventilfedern mit Federspanner zusammendrücken (hier FZR 600)

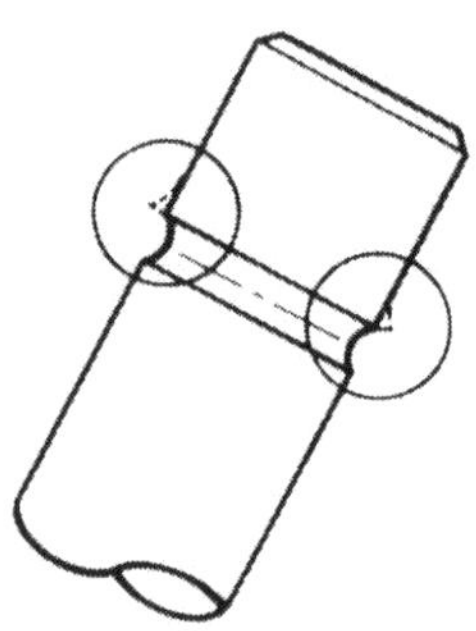

Bild 210 ➤
Keilnuten mit feinem Ölstein entgraten

11.2 Prüfen und Vermessen

Für den Privatier lohnt es sich kaum, eine aufwändige Zylinderkopf-Reparatur mit Nachfräsen der Ventilsitze oder gar Einsetzen neuer Sitzringe und Führungen vorzunehmen, von den fehlenden Werkzeugmaschinen 'mal ganz abgesehen. Dies ist Sache der Fachwerkstatt oder eines seriösen Motoreninstandsetzers. »Einläppen« der Ventile, wie weiter unten beschrieben, ist im Hobbybereich statthaft, um einen alten treuen Kameraden wieder etwas aufzupäppeln, wenn die Teile ansonsten in Ordnung sind. Im Profibereich werden neue Ventilsitze so präzise eingefräst, dass Nacharbeit unnötig ist.
Die entscheidende Phase beim »Einfahren« eines Viertakters sind zumindest im Zylinderkopf die ersten Umdrehungen, die der Motor beim bzw. nach dem Starten macht. Hierbei passen sich die Sitzflächen von Ventil und Ventilsitzring (hoffentlich optimal!) einander an.

- Mit dem Dreikantschaber Ölkohleablagerungen aus Brennraum entfernen (keine Kratzer hinterlassen!).
- Bereich zwischen Sitzringen und Zündkerzenloch auf feine Haarrisse kontrollieren, ggf. in Fachbetrieb um Reparaturmöglichkeit fragen.
- Mit Haarlineal Zylinderkopf- und Zylinderdichtfläche in mehreren Richtungen auf Verzug prüfen (wie Zylinder).
  Verschleissgrenze 0,1 mm
- Steuerketten-Führungsschienen und -Spannerschiene auf Beschädigung und übermässigen Verschleiss prüfen.
- Jedes Ventil auf Verbiegung, Kratzer und anormalen Verschleiss am Schaft untersuchen.
- Jedes Ventil muss in seiner Führung sauber gleiten.
- Ventildichtflächen am Ventil und Zylinderkopf auf anormalen Verschleiss (Grübchenbildung oder Ausbrüche) untersuchen.
- Ventilsitz muss glattes und riefenfreies Tragbild zeigen. Falls Sitzfläche am Ventilteller verbrannt oder ungleichmässigen Kontakt mit Ventilsitz hat, Ventil erneuern. Gegebenenfalls das Ventil erneuern und den Sitz im Kopf neu fräsen lassen.
- **Bild 211:** Schliesst ein Ventil nicht einwandfrei dicht ab, Ventilsitz läppen (Prüfung: Zylinderkopf senkrecht halten und bei eingebautem Ventil in Einlass- oder Auspuffkanal Kraftstoff giessen, am Ventil darf nichts auslaufen).
- Läppmittel auf Ventilsitz auftragen, das Ventil von innen mit speziellem Gummisauger oder von aussen mit Schlauchstück und Holzstift quirlen (mit 2–3 kg Druck). Läppmittel darf nicht zwischen Ventilschaft und Führung geraten! Genügt Nachläppen nicht zum Abdichten, Ventil erneuern oder Dichtfläche in Fachbetrieb überschleifen lassen.
- Ist Ventilsitzring im Zylinderkopf oder Ventil zu breit oder zu schmal, muss er in Fachwerkstatt neu gefräst werden.
  Sollventilsitzbreite 0,9–1,1 mm
  (Verschleissgrenze 1,6 mm)
- Das Ventilschaftende darf keinen anormalen Verschleiss (Ausbrüche oder Aufwerfungen) aufweisen. Eventuell kann Schaftende im Fachbetrieb nachgeschliffen werden (→ Ventilspiel!).
- Ungespannte Länge der Ventilfedern messen.
  Verschleissgrenze *Einlass 36,96 mm*
  Auslass 38,64 mm

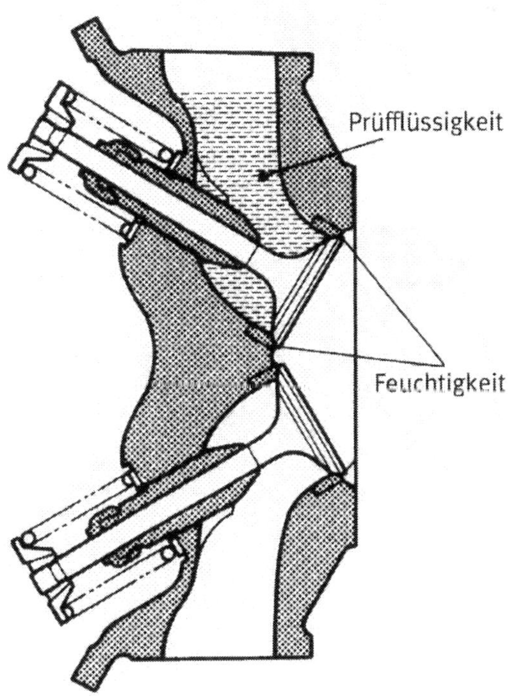

Bild 211
Ventilsitz auf Dichtheit prüfen (»klassische« Werkstattmethode)

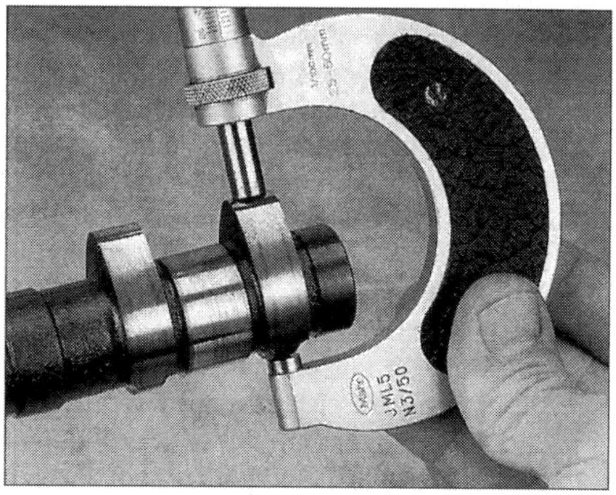

Bild 212
Nockenhöhe messen

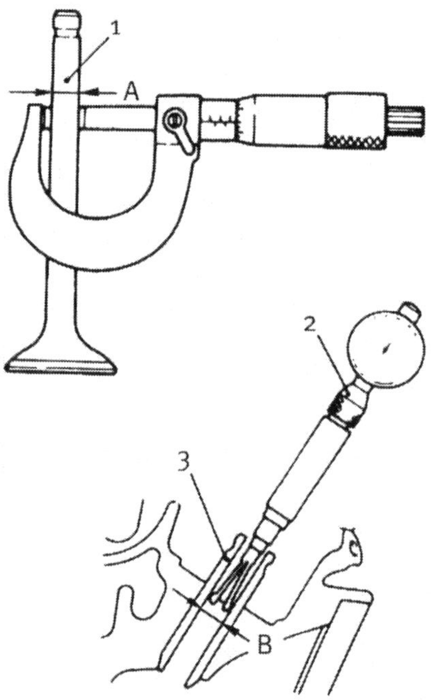

Bild 213
Ventilführung und -schaft vermessen
1 Ventilschaft
2 Innenfühler
3 Ventilführung
A Ventilschaft-Durchmesser
B Ventilführung-Innendurchmesser

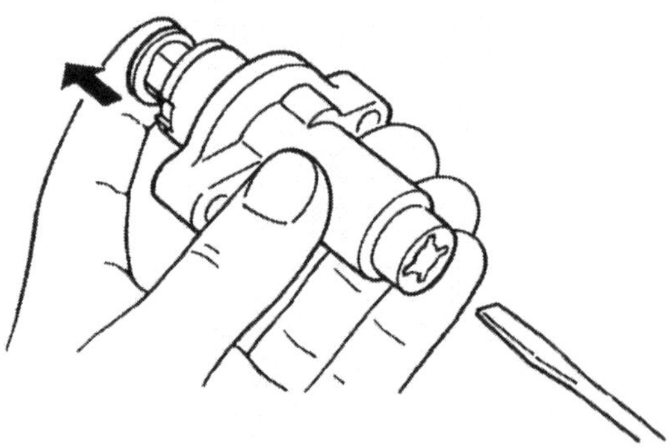

Bild 214
Spannbolzen muss leichtgängig herausfahren

👁 Stössel und zugehörigen Stössel-Bohrung auf Verschleiss und Beschädigung untersuchen.

👁 Stössel muss in Bohrung eingesetzt mit Finger leicht drehbar sein.

👁 Lagerflächen der Nockenwellen-Lagerdeckel auf Riefen, Kratzer oder Anzeichen unzureichender Schmierung untersuchen.

Nockenwellen an den Enden in Prismenblöcken lagern und Schlag mit Messuhr am mittleren Lagerzapfen messen (Verschleissgrenze 0,06 mm).

Bild 212: Höhe jeden Nockens mit Mikrometer messen. (*Verschleissgrenzen siehe Technische Daten.*)

👁 Ölbohrungen dürfen nicht verstopft sein.

Bild 213: Spiel zwischen Ventilschaft und Ventilführung ggf. in Fachbetrieb begutachten lassen, der über entsprechend feines Messwerkzeug verfügt – oder anhand des »Knackens« des Ventils beim Hin- und Herdrücken schon 'mal Prognosen machen kann.

- Mit »Plastigage« (Typ PG-1; im gut sortierten Werkzeughandel erhältlich) Lagerspiel der Nockenwelle feststellen.
- Öl und Fett von Lagerzapfen der Nockenwelle und Lagerlaufflächen im Zylinderkopf und im Lagerdeckel abwischen.
- Plastigage-Messstreifen quer über gesamte Breite des Lagerzapfens einlegen.

⚠ Messstreifen nicht über Ölbohrungen legen.

⚠ Nockenwellen während der Prüfung nicht mehr drehen.

- **Bild 55:** Lagerdeckel mit korrektem Anzugsmoment montieren wie dort beschrieben (*Kapitel 3.6*).

Bild 242: Lagerdeckel wieder abnehmen und Messstreifen mit Skala vergleichen (je breiter der Messstreifen gequetscht ist, desto weniger Spiel besteht).
Sollwert 0,050 – 0,084 mm

- **Bild 61** und **Bild 214:** Steuerkettenspanner eindrehen, Schraubendreher wieder abziehen und Spannbolzen langsam wieder freigeben.

👁 Spannbolzen muss leichtgängig herausfahren.

11.3 Montage

- ⚠ Grundsätzlich lohnt nur der Aufbau eines perfekt sauberen Zylinderkopfs.
- ⚠ Ölsteigleitung und Ölkanäle des Zylinderkopfs mit Druckluft freiblasen.
- ⚠ Sämtliche Bauteile wieder an ihrem ursprünglichen Platz einbauen.
- ■ **Bild 215:** Neue Ventilschaftdichtungen gefettet von Hand auf Ventilführungen schieben, Ventile vollständig geölt in Führungen einschieben.
- ■ **Bild 216:** Federsitze einsetzen und Federn mit engen Wicklungen zum Zylinderkopf weisend (nach unten) montieren.
- ■ **Bild 208** und **Bild 217:** Stösselbohrungsschutz einsetzen, oberen Federteller aufsetzen, mit Federspanner Federn/Federteller zusammendrücken, bis Keile eingesetzt werden können.
- ⚠ Federn nicht weiter zusammendrücken, als unbedingt nötig. Andernfalls droht Spannungsverlust der Federn.
- ■ **Bild 218:** Mit Gummihammer leicht auf Ventilschäfte klopfen, damit sich Keile in Nuten setzen.
- ■ **Bild 219:** Neue Zylinderkopfdichtung und zwei Passhülsen anbringen.
- TIPP Falls Zylinderkopfdichtung »UP«-Markierung aufweist, muss diese lesbar nach oben weisen (d.h. nicht spiegelverkehrt).

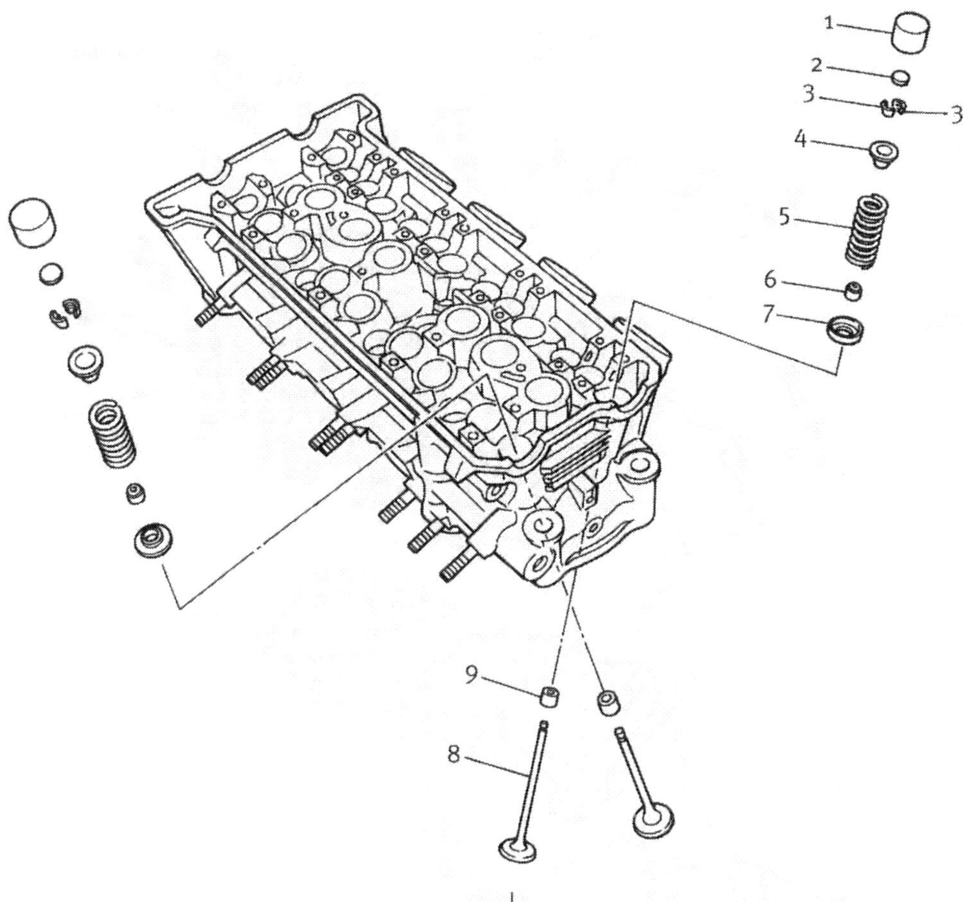

Bild 215
Ventile vollständig geölt einbauen
1 Stössel
2 Ventil
3 Federsitz
4 Ventilfeder
5 Federteller
6 Schaftdichtung
7 Federsitz
8 Ventil
9 Ventilführung

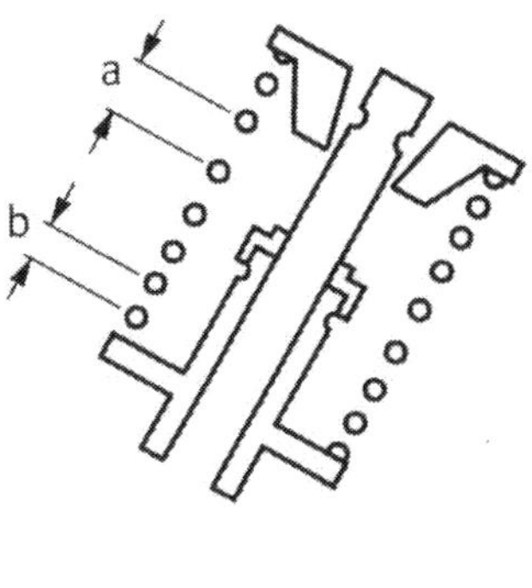

Bild 216
Ventilfedern einbauen
a Grosser Windungsabstand
b Kleiner Windungsabstand

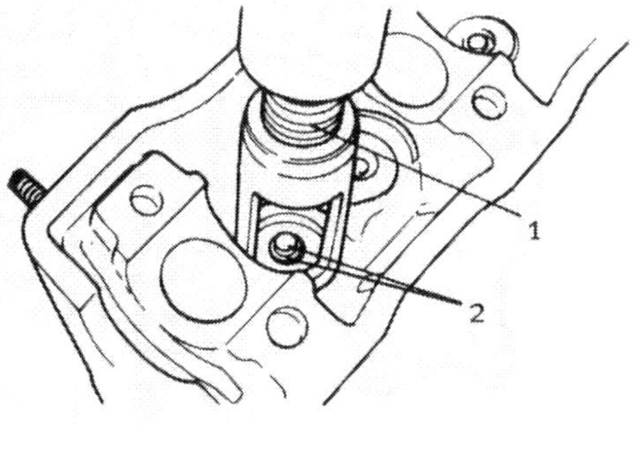

Bild 217
Ventilkeile einsetzen
1 Ventilfederspanner
2 Ventilkeile

- Steuerkette mit Magnetheber oder Drahthaken durch Schacht nach oben ziehen.
- Zylinderkopf aufsetzen. Unterlagscheiben geölt auflegen.

Bild 218
Ventilschaft leicht anklopfen damit sich Ventilkeile »setzen«

- **Bild 207:** Zylinderkopfschrauben (Sitzfläche geölt) von Hand locker eindrehen.
- Anschliessend Zylinderkopfschrauben in zwei oder drei Schritten über Kreuz von innen nach aussen anziehen (47 Nm).

⚠ Öltaschen im Zylinderkopf mit sauberem Motoröl befüllen, um die Anfangsschmierung beim ersten Start zu gewährleisten.

- Nockenwellen montieren und Ventilspiel messen/einstellen (*Kapitel 3.6*).
- Kühlmittel befüllen (*Kapitel 3.6*).
- Auspuff mit neuer Dichtung anbringen (*Kapitel 10*).
- Vergaser und Luftfilter wieder anbringen (*Kapitel 4 und Kapitel 3.6*).

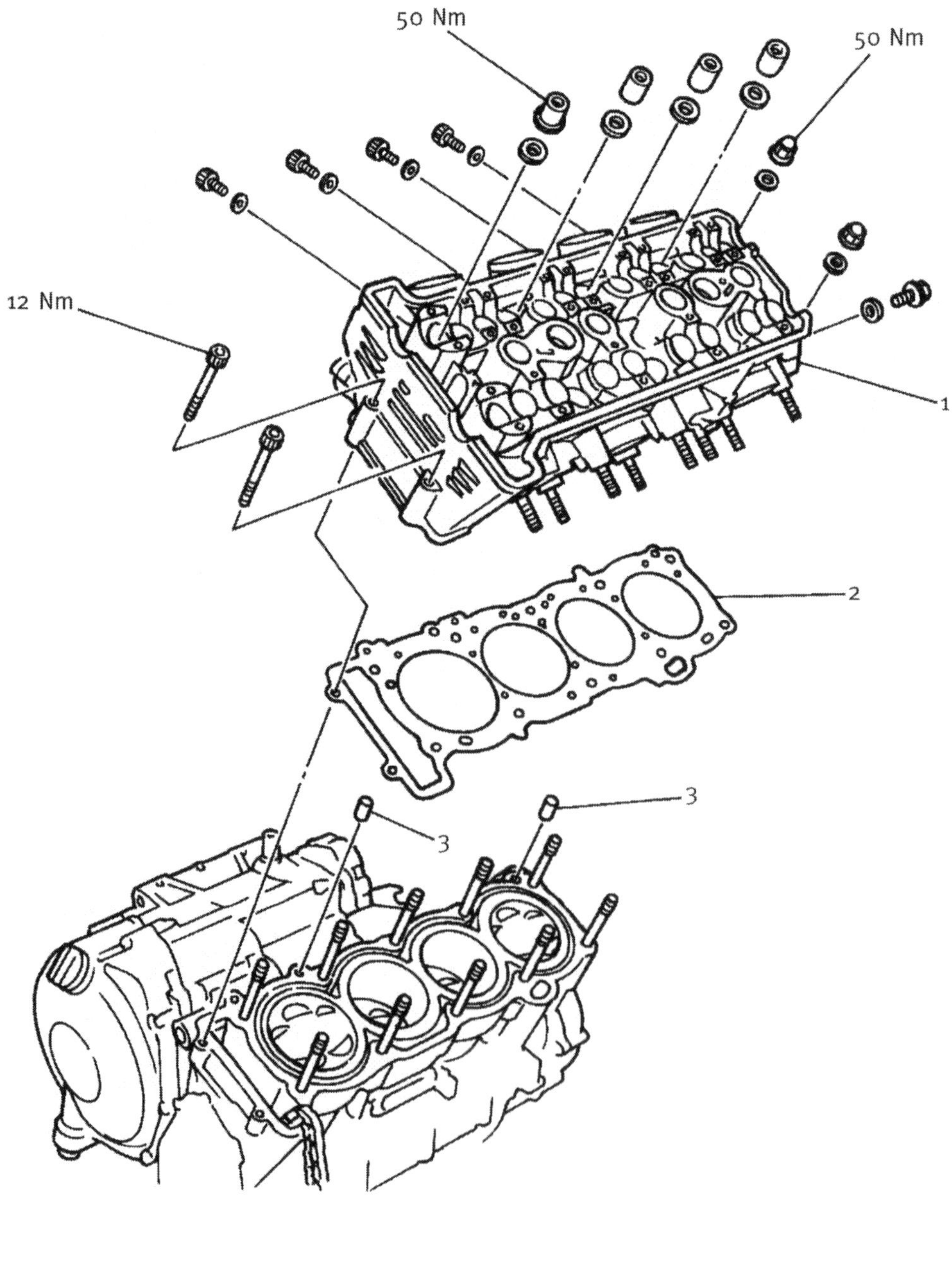

Bild 219
Zylinderkopf
Anzugsmomente
1 Zylinderkopf
2 Dichtung
3 Passhülse

Ölpumpe

12.1 Ausbau

- Die Ölpumpe kann bei eingebautem Motor ausgebaut werden, es ist aber praxisfremd, so zu verfahren.
- **Bild 220:** Leitung des Ölstandschalters abnehmen und Befestigungsschrauben der Ölwanne schrittweise über Kreuz ausdrehen.
- **Bild 221:** Ölansaugglocke nach Ausdrehen der Befestigungsschrauben abnehmen.
- Überdruckventil herausziehen.
- Abdeckungsblech und Antriebskette abnehmen. Befestigungsschrauben ausdrehen und Pumpe aus Motorgehäuse nehmen.
- **Bild 222:** Drei Gehäuseschraube ausdrehen und Gehäuse von Wasserpumpe abnehmen.
- Mitnehmerstift, Passstifte und Rotoren abnehmen.

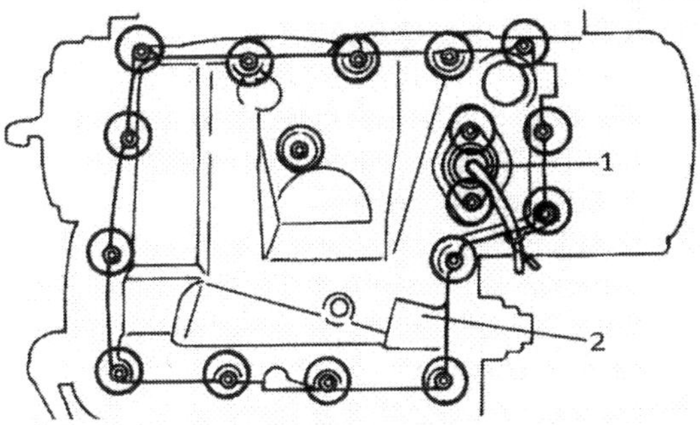

Bild 220
Ölstandschalter ① und Ölwanne ② (Befestigungsschrauben schrittweise über Kreuz ausdrehen)

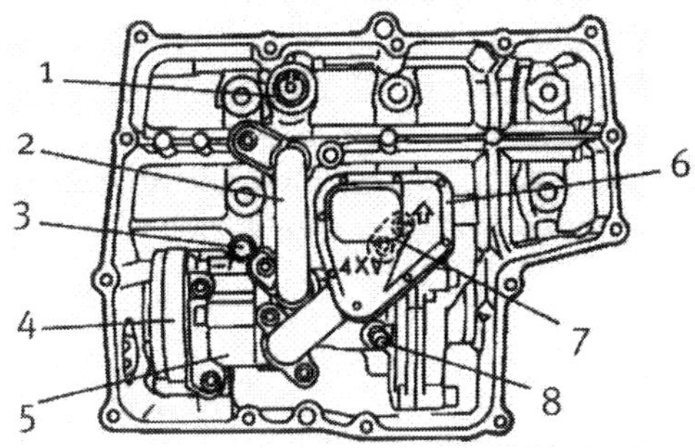

Bild 221
Ölwanne und Ölpumpe
1 Überdruckventil
2 Ölrohr
3 Befestigungsschraube mit Passhülse
4 Abdeckungsblech
5 Ölpumpe
6 Ölansaugglocke
7 Ölzufuhrleitung
8 Ablassrohr

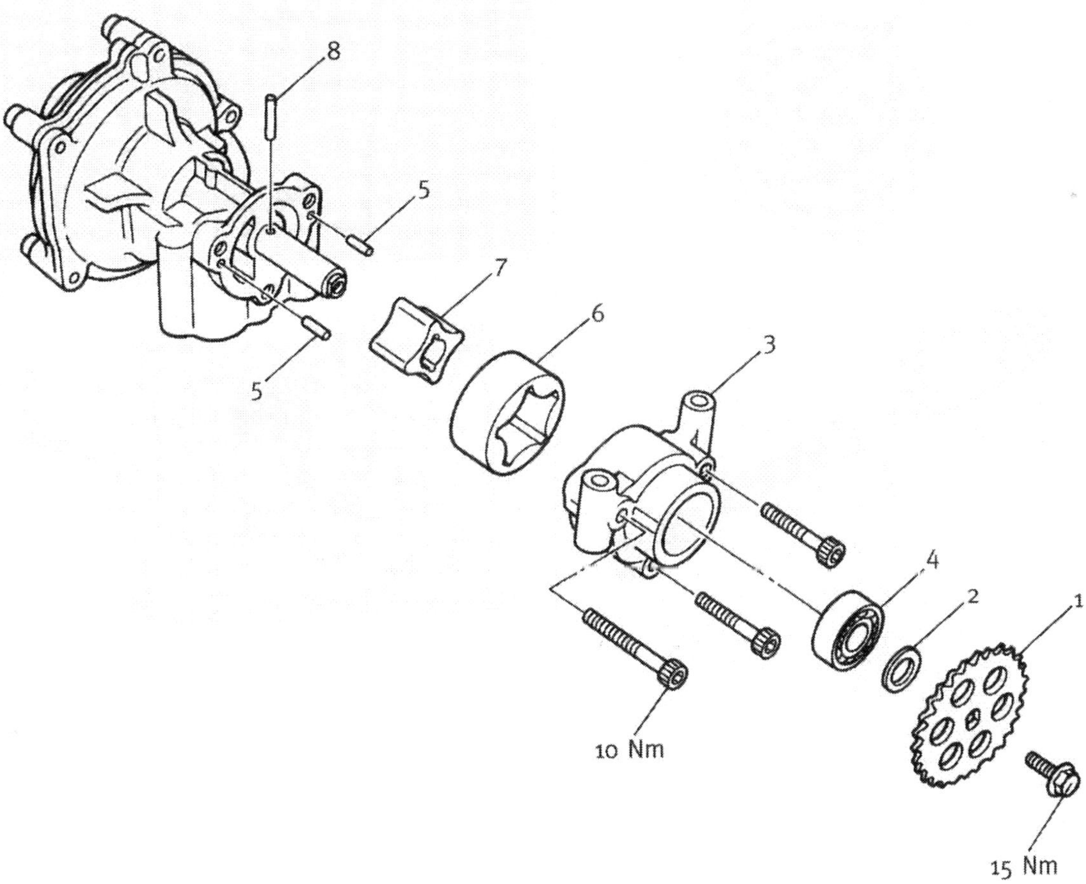

Bild 222
Ölpumpe
Anzugsmomente
1 Zahnrad
2 Scheibe
3 Ölpumpengehäuse
4 Lager
5 Stift
6 Aussenrotor
7 Innenrotor
8 Stift

Vorsicht!
Aufgepasst!

12.2
Prüfen und Vermessen

- **Bild 223:** Spitzenspiel der Rotoren und Rotorspiel im Gehäuse mit montierter Pumpenwelle messen.

Spitzenspiel A zwischen Innen- und Aussenrotor darf maximal 0,15 mm betragen; Spiel B zwischen Aussenrotor und Gehäuse 0,15 mm.

Bild 224: Axialspiel der Rotoren im Gehäuse mit Haarlineal und Fühlerlehre messen. *Verschleissgrenze 0,15 mm*

- Bei Überschreiten der Verschleissgrenzen Pumpe komplett ersetzen (nur komplett erhältlich).

Bild 225: Überdruckventil auf Verschleiss und Beschädigung sichtprüfen.

12.3
Montage – **Bild 222**

- Sämtliche Bauteile der Ölpumpe völlständig mit sauberem Motoröl benetzen.
- Rotoren in Gehäuse einsetzen.
- Pumpenwelle einschieben und Mitnehmerstift auf Aussparung im Innenrotor ausrichten.
- Passstift in Gehäuse einsetzen und Deckelbohrung auf Stift ausrichten.
- Gehäuseschrauben festdrehen und Pumpenwelle mit Zahnrad auf freie Drehbarkeit prüfen.
- **Bild 227:** Wasser-/Ölpumpeneinheit im Motorgehäuse befestigen.
- **Bild 226:** Ölansaugglocke so anbringen, dass Pfeil in Fahrtrichtung weist.
- **Bild 227:** Ölwanne montieren.

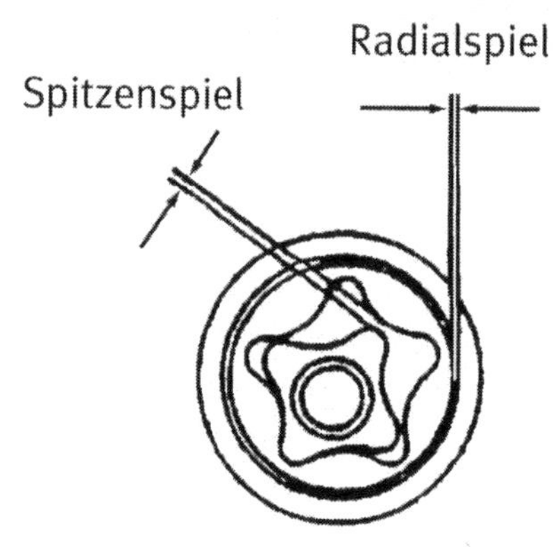

Bild 223
Rotorspiel messen

Bild 224 ➤
Axialspiel der Rotoren messen

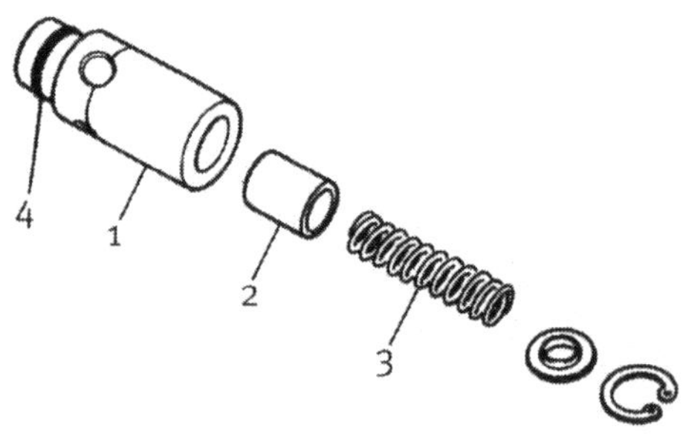

Bild 225
Überdruckventil
1 Gehäuse
2 Kolben
3 Feder
4 O-Ring

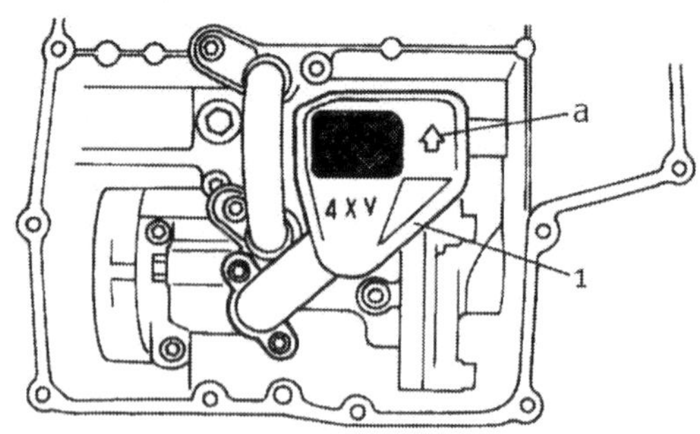

Bild 226 ➤
Ölansaugglocke ①
(Pfeil a weist in Fahrtrichtung)

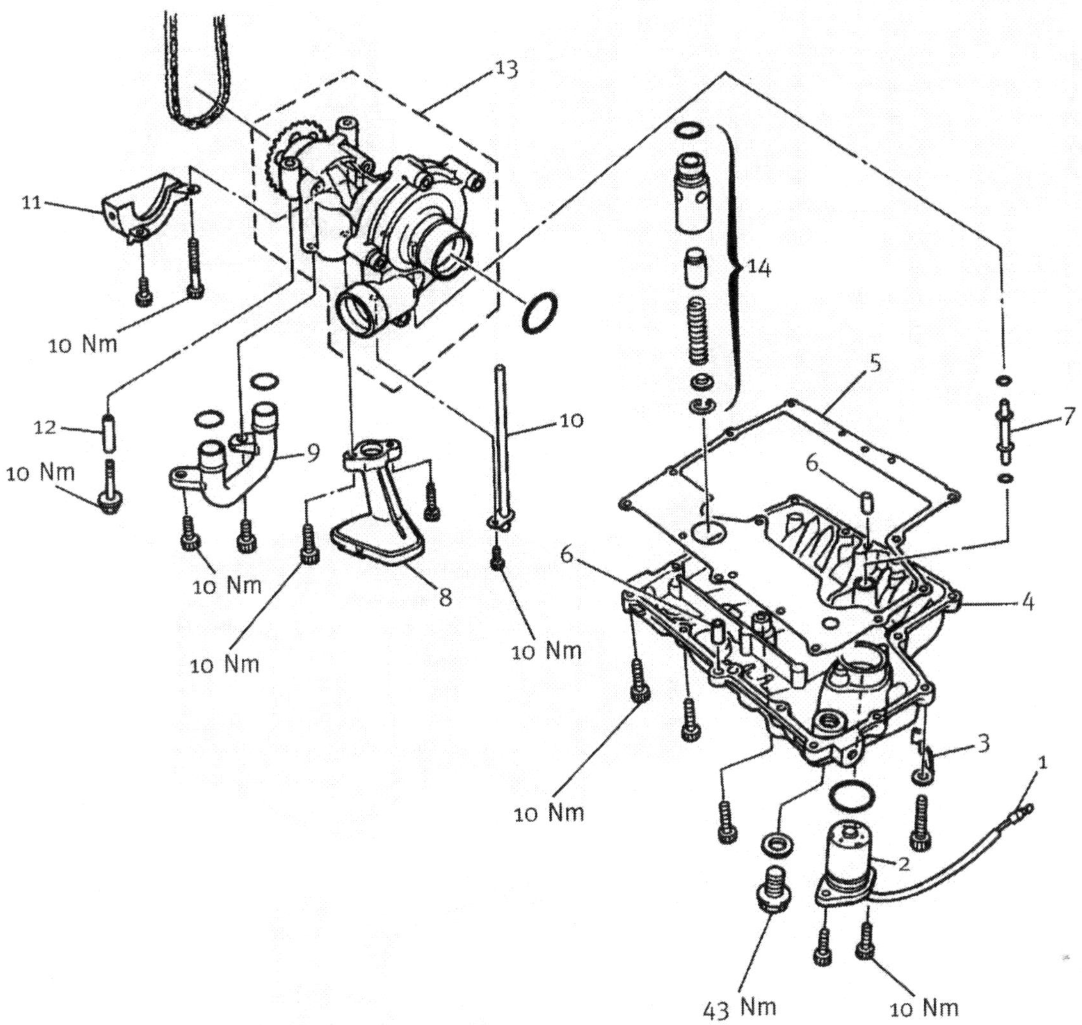

Bild 227
Ölpumpe und Ölwanne
Anzugsmomente
1 Ölstandschalter-Stecker
2 Ölstandschalter
3 Kabelhalter
4 Ölwanne
5 Dichtung
6 Passhülse
7 Ablassrohr
8 Ölansaugglocke
9 Ölrohr
10 Ölzufuhrleitung
11 Abdeckungsblech
12 Passhülse
13 Öl-/Wasserpumpeneinheit
14 Überdruckventil

Kurbelgehäuse

Bild 228
Anzugsreihenfolge der Kurbelgehäuseschrauben

Bild 229 ➤
Untere Gehäusehälfte von oberer abnehmen

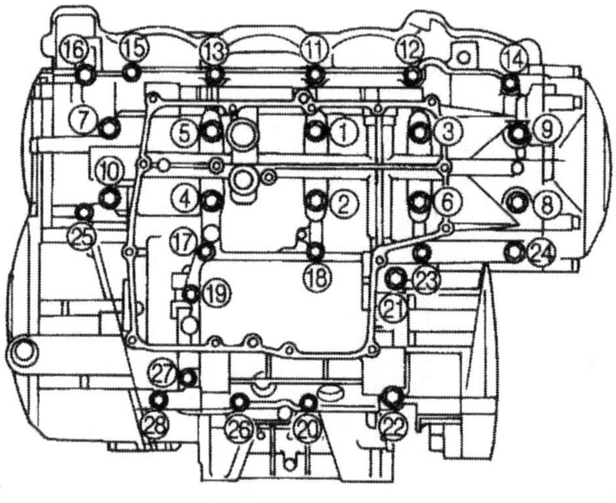

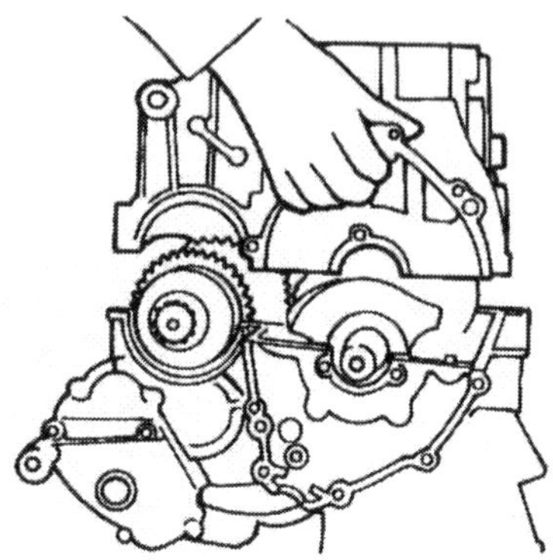

Bild 230
Ölbleche und Ölrohr
Anzugsmomente
1 Ölblech
2 Ölblech
3 Ölrohr
4 Lager
5 Obere Kurbelgehäusehälfte
6 Ölfilter-Anschluss
7 Untere Kurbelgehäusehälfte

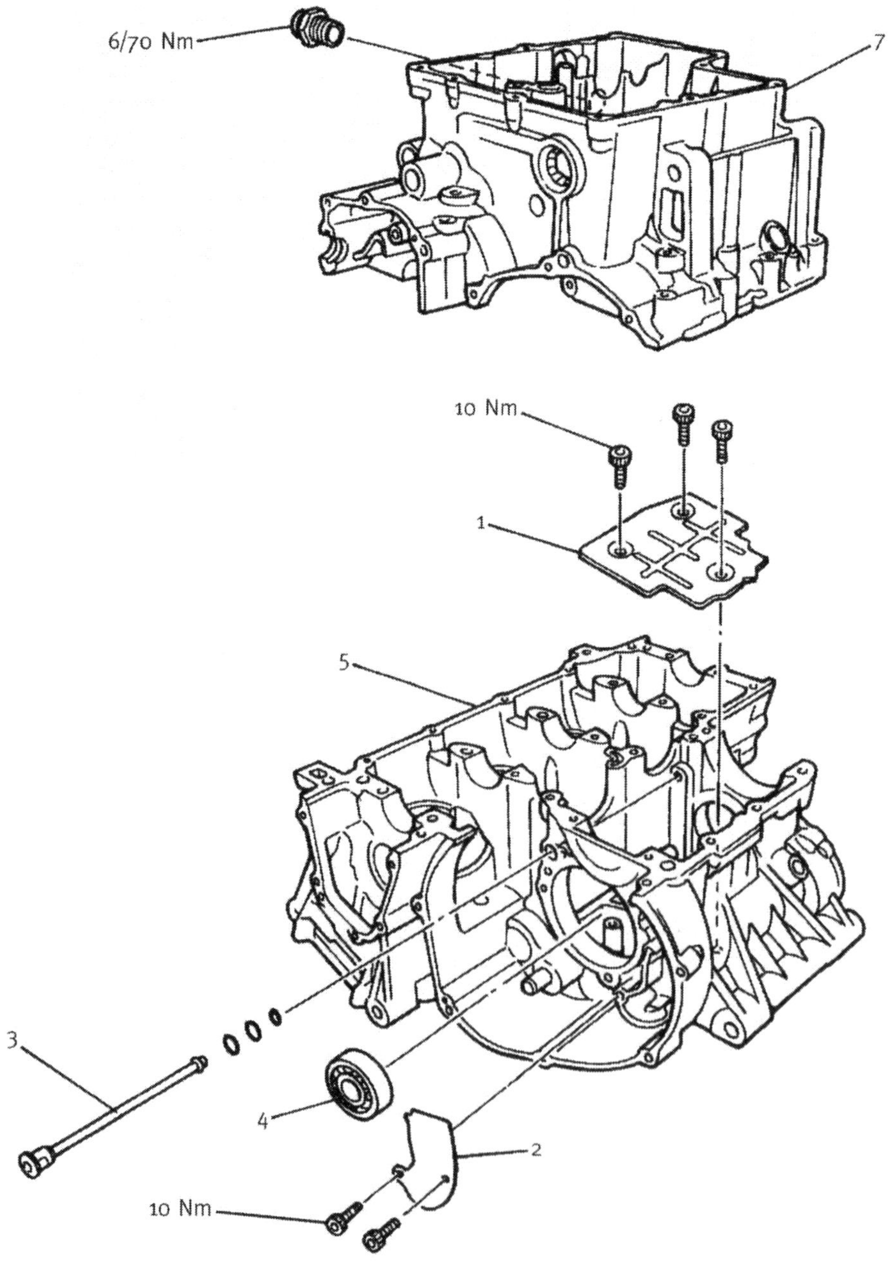

13.1 Ausbau

- Das Kurbelgehäuse muss zur Wartung von Kurbelwelle, Getriebe, Pleuel und Kolben geöffnet werden.
- **Bild 228:** An Gehäuse-Unterseite Gehäuseschrauben entgegen der angegebenen Anzugsreihenfolge zuerst um ¼ Drehung lockern (mit höchster Zahl beginnen), dann ganz ausdrehen.
- **Bild 229:** Untere Kurbelgehäuse-Hälfte von oberer abnehmen. Sämtliche Wellen verbleiben in oberer Hälfte.
- Beim Trennen der Gehäusehälften sind neben einer Holzunterlage auch kräftige, aber bedachte (!), Gummihammerschläge nützlich.
- **Bild 230:** Zu Reinigungszwecken Ölbleche und Ölrohr ausbauen.

Lager und Wellendichtringe

- Wellendichtringe bei jedem Motorausbau grundsätzlich erneuern. Sie können leicht ausgehebelt bzw. abgenommen werden.

13.2 Prüfen und Vermessen

⚠ Bei beschädigtem Kurbelgehäuse immer beide Hälften erneuern, da Lagerbohrungen ab Werk für beide Hälften gemeinsam gebohrt werden.

13.3 Montage – **Bild 231**

- Kurbelwelle, Getriebe und Schaltwalze (falls ausgebaut) in obere Gehäusehälfte einsetzen (*siehe folgende Kapitel*).
- **Bild 232:** Auf peinlich saubere Dichtflächen möglichst dünnen Dichtmassefilm (Drei-Bond-Silikondichtmasse o.Ä.) auftragen. Etwa 3 mm Abstand zu Kurbelwellenlagern einhalten!

⚠ Auf keinen Fall darf Dichtmasse auf Kurbelwellenlager oder in Ölkanäle gelangen!

- Untere Gehäusehälfte auf obere Hälfte, die auf Holzunterlage sitzt, absenken. Dabei genau kontrollieren, dass Schaltgabeln in zugehörige Schaltrillen der Getrieberäder eingreifen und Belüftungsrohr durch Gehäusebohrung geführt wird.
- Wenn Gehäusehälften <u>satt</u> aufeinander sitzen, untere Gehäuseschrauben handfest anziehen.
- **Bild 228:** Gehäuseschrauben in der angegebenen Reihenfolge anziehen.

Schraubenlängen

1 – 10	M9/115 mm
21	M8/60 mm
22	M8/50 mm
17, 19, 25	M6/70 mm
27	M6/65 mm
16, 24	M6/64 mm
23	M6/60 mm
11 – 15	M6/50 mm
20, 26, 28	M6/45 mm

Anzugsmomente

1 – 10	32 Nm
11 – 15, 17 – 20, 23, 25 – 28	12 Nm
16, 24	14 Nm
21, 22	24 Nm

👁 Getriebe muss sich unter Drehen der Getriebewellen durch alle Gänge schalten lassen.

- Überdruckventil, Ölansaugglocke und Ölwanne montieren.

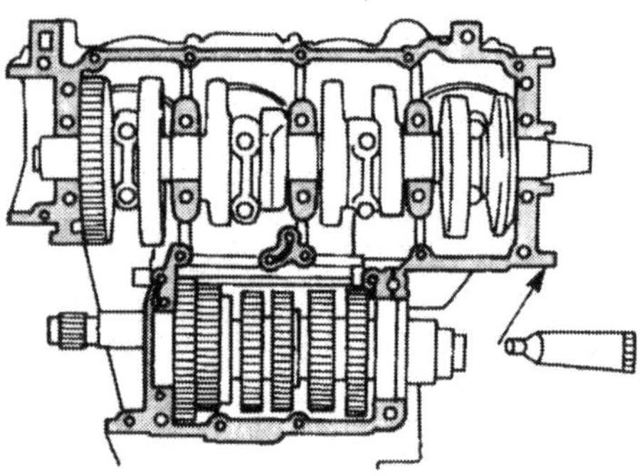

Bild 231 ➤▼
Kurbelgehäuse
Anzugsmomente
1 Steuerkette
2 Kurbelwellenrad
3 Stift
4 Kettenführung
5 Antriebskette
6 Zahnrad
7 Scheibe
8 Blech
9 Untere Kurbelgehäusehälfte
10 Passhülse

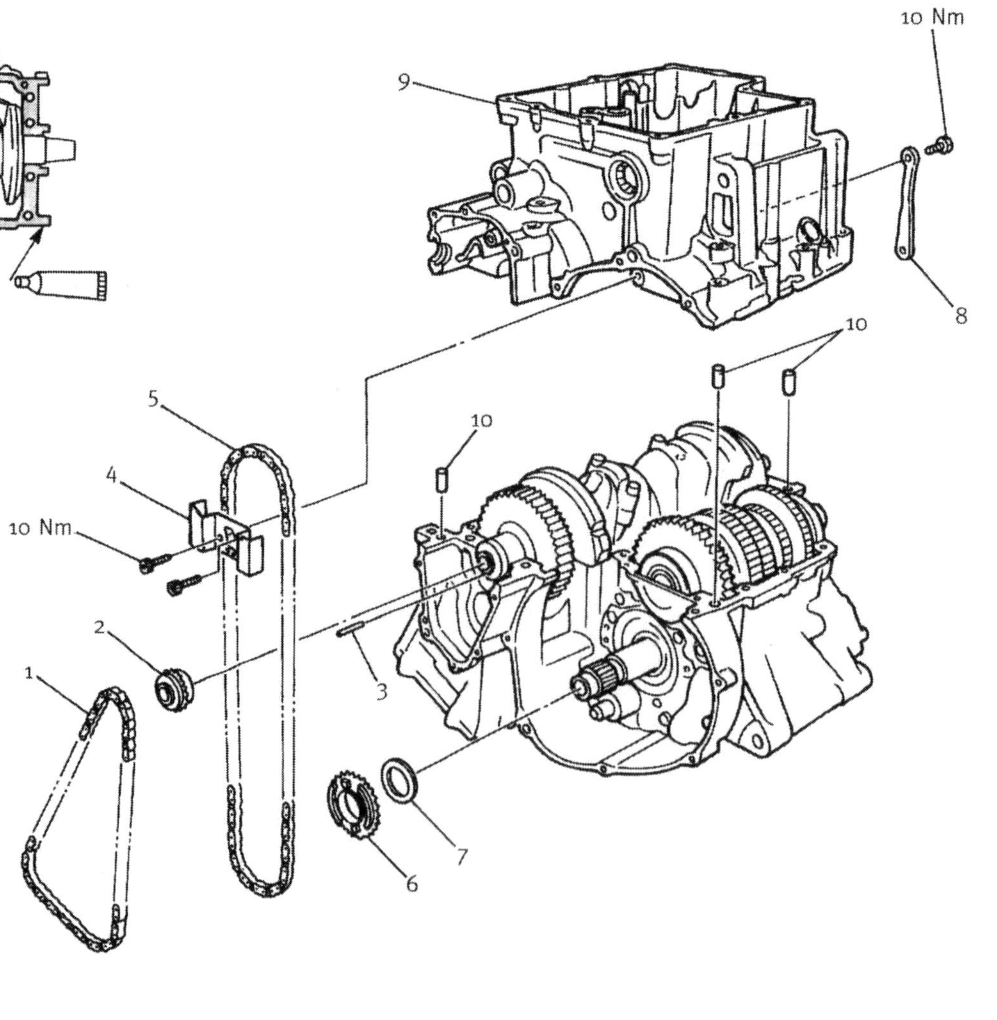

Bild 232 ▲
Dünnen Dichtmassefilm auftragen

Kurbelwelle, Pleuel, Kolben und Zylinder

14.1 Ausbau

Kurbelwelle

- Kurbelgehäuse trennen (*Kapitel 13*).
- Steuerkette mit Kettenrad abnehmen.
- **Bild 233:** Pleuelmuttern schrittweise abwechselnd ausdrehen und Lagerdeckel abnehmen.
- Kolben in OT schieben (bündig mit Dichtfläche), damit Hubzapfen nicht von Pleuelbolzen beschädigt wird.

TIPP Gewinde mit passenden Schlauchstücken entschärfen.

- Kurbelwelle entnehmen.

⚠ Lagerschalen so ablegen oder deren Einbaulage notieren, dass sie in ursprünglicher Einbaulage wieder eingesetzt werden können.

- Lagerschalen aus beiden Gehäusehälften entnehmen.

Kolben und Pleuel

- **Bild 234:** Pleuel und Kolben nach oben herausschieben/-ziehen.
- **Bild 235:** Bolzen-Sicherungsring aushebeln.
- Einbaurichtung des Kolbens für Montage mit Reissnadel o.Ä. markieren.
- Kolbenbolzen von Hand herausdrücken. Bolzenausdrücker nur verwenden, wenn Kolben schon Schrott ist.

⚠ Kolbenbolzen keinesfalls mit Durchschlag austreiben. Pleuel ist schnell krumm geschlagen!

- **Bild 236:** Kolbenringe mit beiden Daumen etwas aufweiten und über Kolben schieben. Ringe nicht zu weit aufbiegen, da sie leicht brechen.
- Mit Dreikantschaber Kolbenboden vorsichtig entkohlen (keine Riefen hinterlassen!).
- Ringnuten mit eventuell gebrochenem Kolbenring entkohlen.

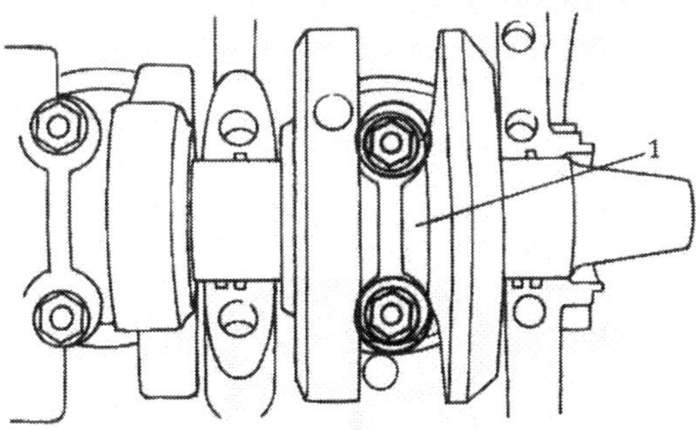

◄ **Bild 233**
Pleuelmuttern lösen und Lagerdeckel ① abnehmen

Bild 234
Pleuel und Kolben nach oben herausschieben/-ziehen

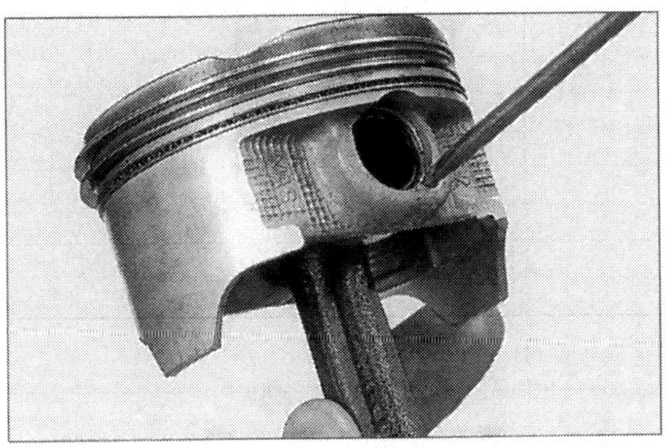

◄ **Bild 235**
Bolzen-Sicherungsring aushebeln

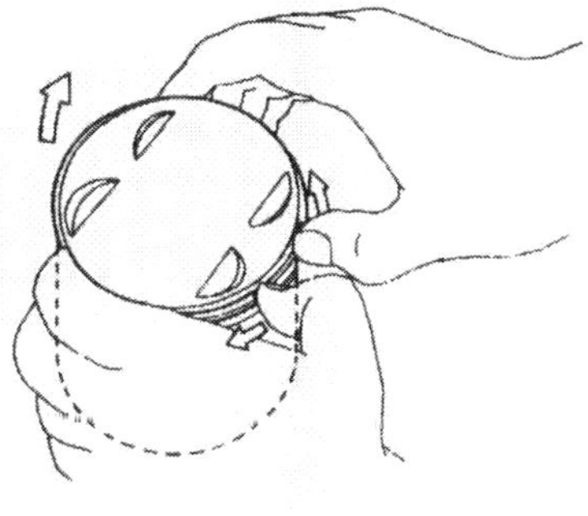

Bild 236
Kolbenringe mit beiden Daumen etwas aufweiten und über Kolben schieben

Vorsicht! ⚠
Aufgepasst!

14.2 Prüfen und Vermessen

Kolbenhemd und Lauffläche im Zylinder dürfen keine Ausbrüche, Riefen oder Kratzer aufweisen.

TIPP Zumindest soll das Kolbenhemd keine allzu grossen Riefen aufweisen. Aber so lang sie klein sind, dienen sie als Öltaschen und verbessern die Schmierung. Deshalb sind auch auf einem neuen Kolben mit dem Fingernagel noch Bearbeitungsspuren des Drehmeissels spürbar. Bitte nicht auspolieren, sie erfüllen den oben genannten Zweck!

Bild 237 und **Bild 238:** Zylinderdurchmesser in drei Massebenen in Fahrtrichtung und im rechten Winkel dazu messen (x- und y-Richtung). Mittelwert zweier Messungen berechnen (addieren und durch 2 teilen).
Sollwert *74,00 – 74,01 mm*

■ Falls ein Mittelwert zweier Messungen (x- und y-Wert) Verschleissgrenze überschreitet, Zylinder in YAMAHA- oder Fachwerkstatt mit Übermasskolben überholen lassen.

Bild 239: Am Kolbenhemd 5 mm über Unterkante, im rechten Winkel zur Bolzenachse, Durchmesser des Kolbens messen.
Sollwert *73,955 – 73,970 mm*

Errechnetes Spiel des Kolbens im Zylinder berechnen.
Sollwert *0,030 – 0,055 mm*
Verschleissmass *0,12 mm*

⚠ Für den Fall einer Reparatur ist die Erneuerung der Ringe und des Kolbens als Satz empfehlenswert.

TIPP Je nach Zustand der Zylinderlauffläche und des Kolbenhemds ist es durchaus üblich, nur die Ringe, die sich dann wieder einlaufen müssen, zu ersetzen. (Im Idealfall ist der Kolben dann noch nicht über der Verschleissgrenze und »nur« die Kompression ist perdu.)

■ Bei Erneuerung der Kolben Zylinder mit oben genanntem Laufspiel in Fachwerkstatt aufbohren und honen lassen.

Bild 240: Mit Fühlerlehre Spiel zwischen Kolbenring (Kompressionsringe, d.h. erster und zweiter Ring) und Ringnut abtasten.

Bild 237
Zylinderdurchmesser prüfen

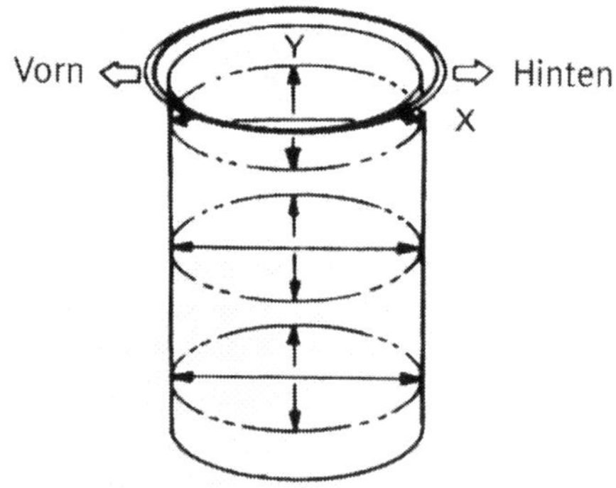

Bild 238 ➤
Zylinderdurchmesser in drei Ebenen messen

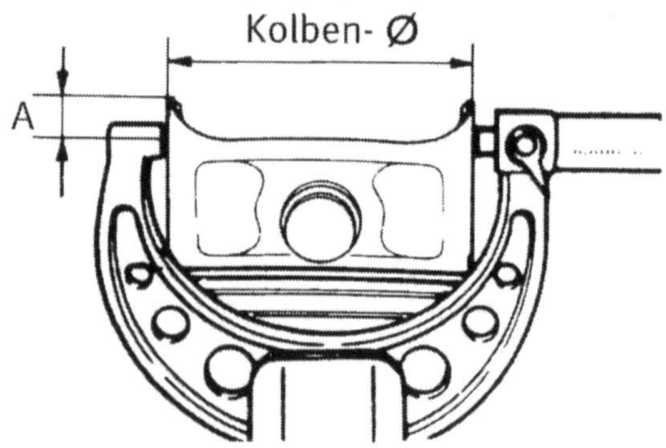

Bild 239 ➤
Kolbendurchmesser messen
A 15 mm

Sollwert

erster Ring	*0,030 – 0,065 mm*
zweiter Ring	*0,020 – 0,055 mm*
Verschleissgrenze	*0,115 mm*

Kolbenring muss frei, ohne zu klemmen, durchrollen.

Bild 241: Kolbenringe einzeln in Zylinder schieben, rechtwinkelig zur Zylinderbohrung mit Kolben ausrichten. Mit Fühlerlehre Stossspiel ausfühlen.

Sollwert

erster Ring	*0,19 – 0,31 mm*
Verschleissgrenze	*0,56 mm*
zweiter Ring	*0,30 – 0,45 mm*
Verschleissgrenze	*0,80 mm*

Kolbenbolzen darf leicht geölt weder im Pleuel noch im Kolben Spiel aufweisen und muss frei drehbar sein. (Verschleissmasse siehe Technische Daten.)

Kurbelwelle

Lagerschalen, Steuerkette und Kettenrad auf Beschädigung und übermässigen Verschleiss untersuchen.

Kurbelwelle an den äusseren Kurbelzapfen lagern und Schlag an den mittleren Lagerzapfen messen. Dabei beachten, dass Messwert/Zeigerausschlag halbiert werden muss.

Verschleissgrenze *0,03 mm*

Kurbelwellen-Lagerspiel

- Mit »Plastigage Typ PG1« (im gut sortierten Werkzeughandel erhältlich) Lagerspiel bei in obere Kurbelgehäusehälfte eingelegter Kurbelwelle feststellen.
- Öl an Lagerzapfen und Lagerschalen abwischen und Messstreifen über ganze Breite des Zapfens parallel zur Kurbelwelle auflegen.

⚠ Kurbelwelle darf jetzt nicht mehr gedreht werden!

- **Bild 228:** Untere Kurbelgehäusehälfte aufsetzen und Schrauben 1 – 10 in der angegebenen Reihenfolge anziehen (*Kapitel 13*).
- Schrauben wieder lösen und untere Gehäusehälfte abnehmen.

Bild 242: Mit Plastigage-Skala Breite des Messstreifens bestimmen und so Lagerspiel feststellen.

Sollmass	*0,029 – 0,053 mm*
Verschleissgrenze	*0,08 mm*

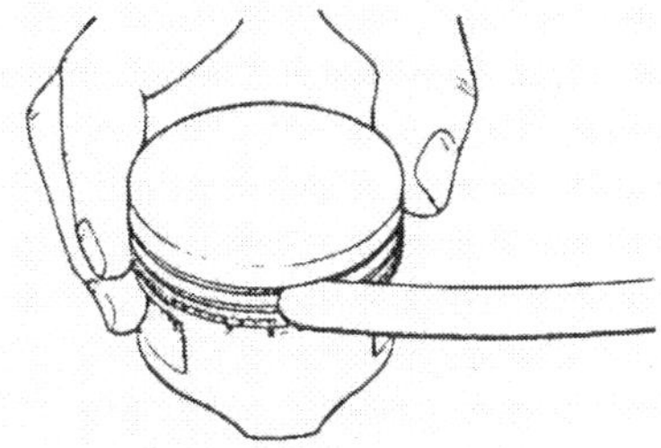

Bild 240
Ringnutspiel prüfen

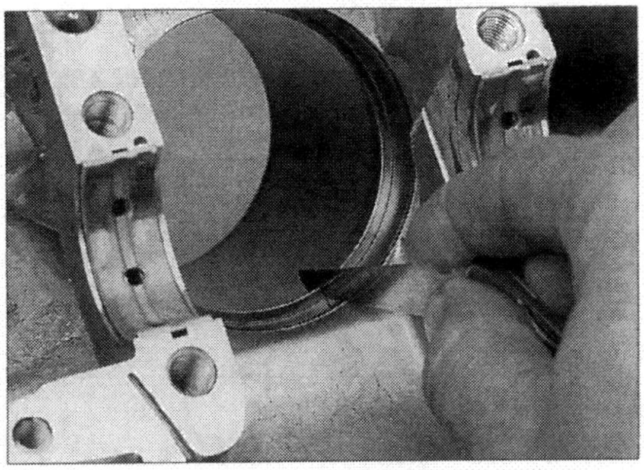

Bild 241
Kolbenring-Stossspiel prüfen

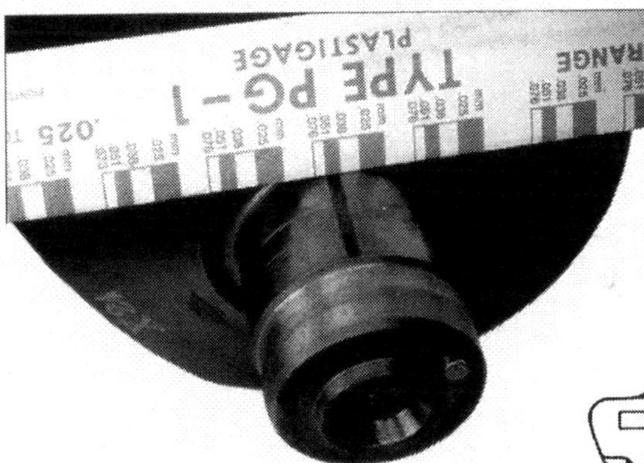

Bild 242
Mit Plastigage-Skala Lagerspiel bestimmen

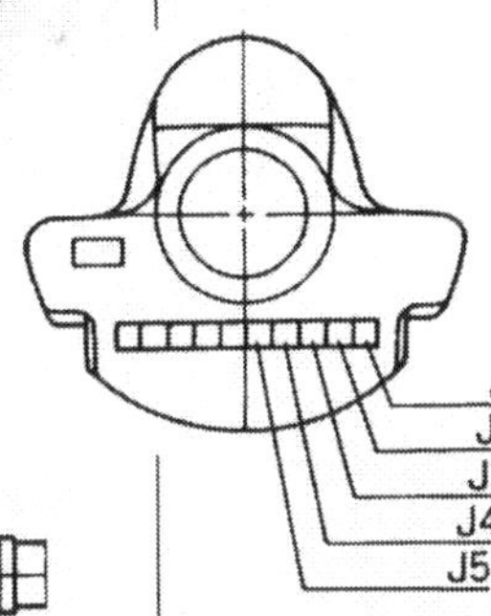

Bild 243
Grössenkennzeichnung der Kurbelzapfen

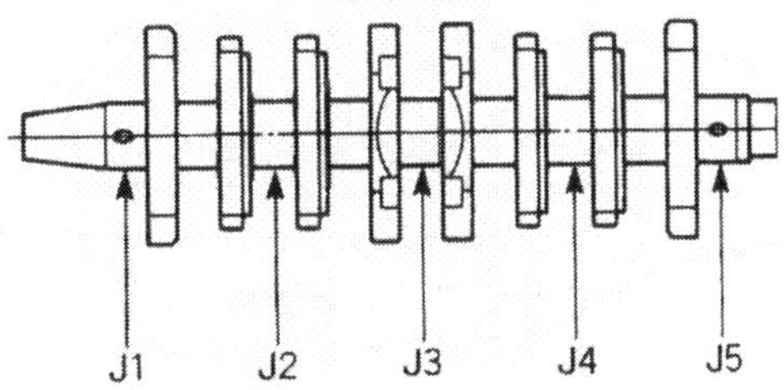

Bild 244
Zuordnung der Kurbelzapfen

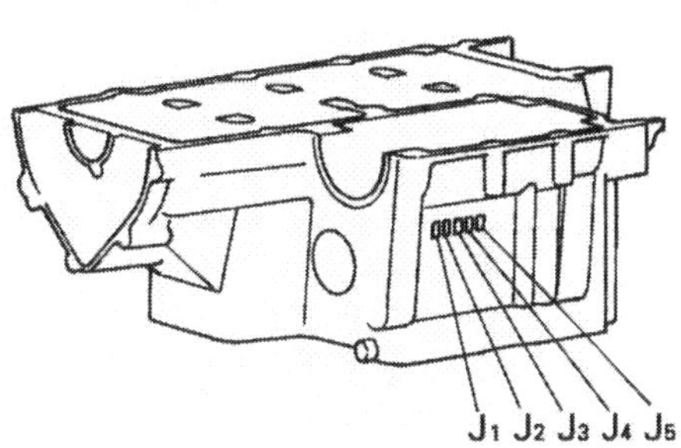

Bild 245
Grössenkennzeichnung der Gehäusebohrungen

Auswahl der Kurbelwellen-Lagerschalen

⚠ Lagerschalen immer im Satz wechseln.

👁 **Bild 243:** Grössenkennzeichnung der Kurbelzapfen »J« (J1 – J6) sind von links nach rechts an linker Kurbelwange angebracht und werden gemäss **Bild 244** zugeordnet.

- **Bild 245:** Entsprechend stehen die sechs »J«-Kennzeichen für die Bohrungsgrössen der Kurbelwellenlager an unterer Motorgehäusehälfte vermerkt (entsprechend von links nach rechts).

Auswahlbeispiel für Kurbelwellen-Lagerschalen

Kurbelgehäuse-Grundbohrung Grösse 4
Kurbelzapfen Grösse 2
4 – 2 = 2 (→ schwarze Lagerschale)

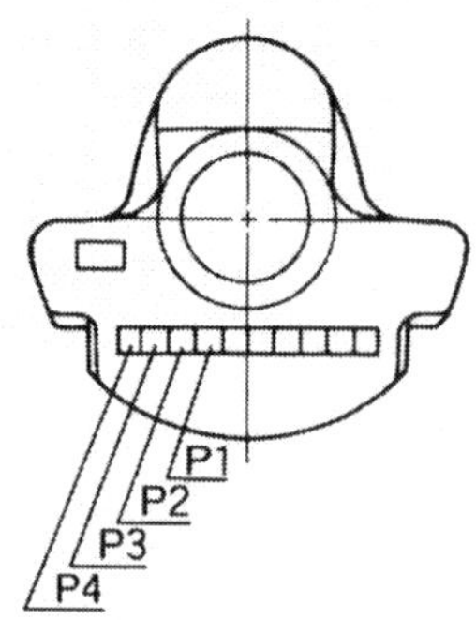

Bild 246
Grössenkennzeichnung der Hubzapfen »P« an linker Kurbelwange

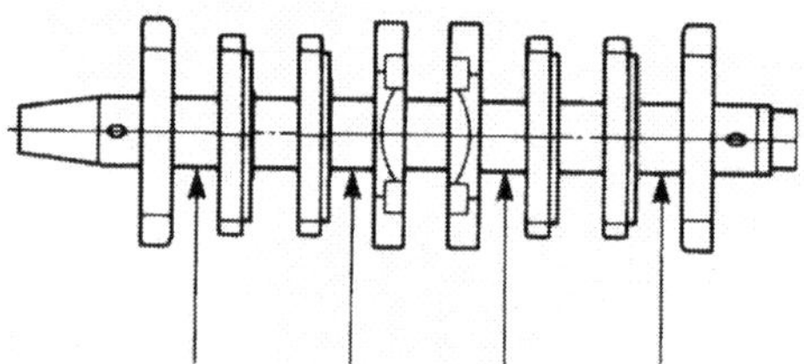

Bild 247
Zuordnung der Hubzapfen

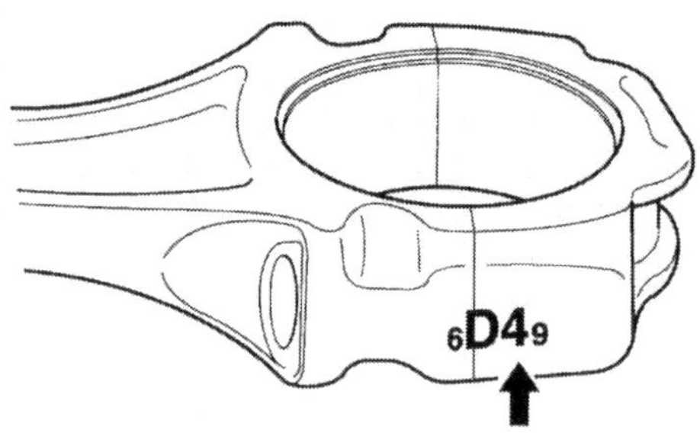

Bild 248
Buchstabenhälften an Pleuelstange und Lagerdeckel müssen perfekt zueinander passen
Pfeil Lagergrösse P1

Pleuel-Lagerspiel

- Lagerspiel der Pleuellager wie Kurbelwellenlager mit Plastigage PG-1 einzeln messen.

⚠ Pleuel so an Kurbelwelle anbringen, dass sie in ursprünglicher Einbaulage montiert sind.

- Messstreifen einlegen und Pleuel mit Pleuellagerdeckel montieren wie im folgenden Kapitelabschnitt beschrieben.

⚠ Pleuelstangen nicht mehr drehen, bis Lagerdeckel abgenommen sind!

- Muttern wieder ausdrehen und Lagerdeckel abnehmen.
- **Bild 242:** Lagerspiel wie oben beschrieben mit Plastigage-Messstreifen bestimmen.

Sollwert	*0,043 – 0,066 mm*
Verschleissgrenze	*0,08 mm*

Auswahl der Pleuellagerschalen

⚠ Lagerschalen immer im Satz wechseln.

👁 **Bild 246:** Grössenkennzeichnung der Hubzapfen sind an linker Kurbelwange angebracht und werden gemäss **Bild 247** zugeordnet.

- **Bild 248:** Grössenkennzeichnung der Hubzapfen-Grundbohrung ist am Pleuel-Lagerdeckel vermerkt.

Auswahlbeispiel für Pleuel

Pleuelstangen-Grundbohrung Grösse 5
Hubzapfen Grösse 3
5 – 3 = 2 (→ schwarze Lagerschale)

- Lagerschalen-Nummern werden Farben zugeordnet (an Lagerschalen-Stirnseite angebracht):
  - -1 – violett
  - 0 – weiss
  - 1 – blau
  - 2 – schwarz
  - 3 – braun
- Kurbelwellenlagerschalen sind zusätzlich rosa gekennzeichnet (alo braun/rosa usw).
- Braune Lagerschale findet nur als Kurbelwellenlager Verwendung.

14.3 Montage

Kurbelwelle

- **Bild 249:** Falls Lagerschalen demontiert (Kurbelwellen- und Pleuellagerschalen), Schalen so einsetzen, dass Nasen in Nut eingreifen.
- Motoröl beidseitig auf Laufflächen auftragen.
- Kurbelwelle in obere Gehäusehälfte einsetzen.

Kolben und Pleuel

- Kolbenringe mit Markierung nach oben weisend an Kolben montieren. Dabei Ringe nicht weiter als unbedingt nötig aufweiten, da sie leicht brechen.
- **Bild 250:** Kolbenringstösse gleichmässig am Kolbenumfang verteilen.
- Pleuelaugen des Kolbens mit MoS_2-Fett schmieren und Kolbenbolzen einschieben.
- **Bild 251:** Kolben so an Pleuel montieren, dass Pfeil auf Kolbenboden nach oben weist, wenn Y-Markierung auf Pleuel nach links weist.

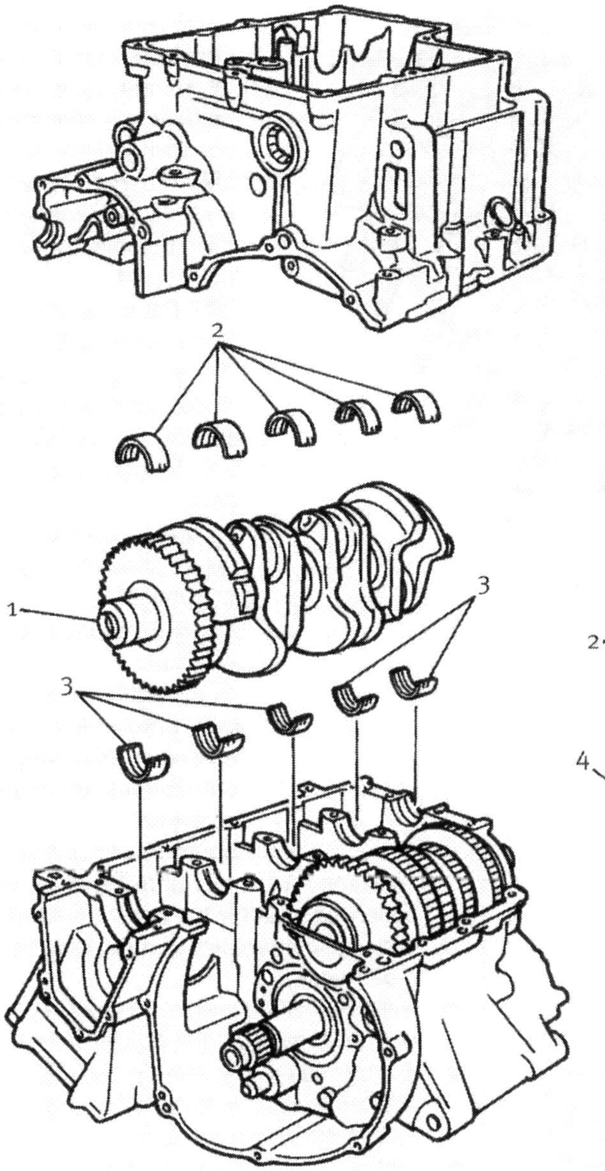

◄ Bild 249
Kurbelwelle montieren
1 Kurbelwelle
2 Untere Hauptlagerschale
3 Obere Hauptlagerschale

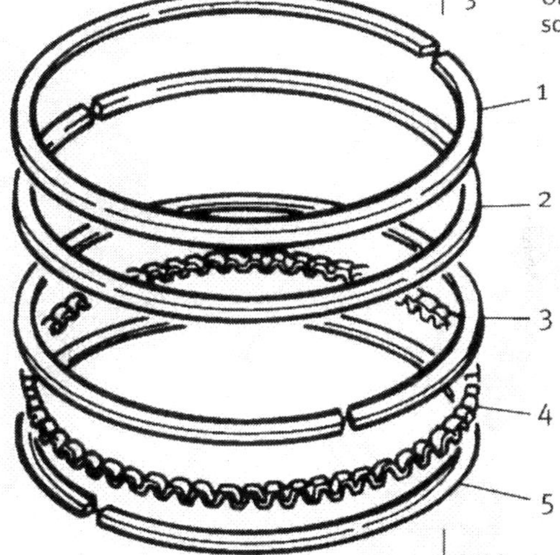

Bild 250
Kolbenringversatz
1 Oberer Ring
2 Zweiter Ring
3 Stützring für Ölring
4 Expansionsring
5 Stützring für Ölring

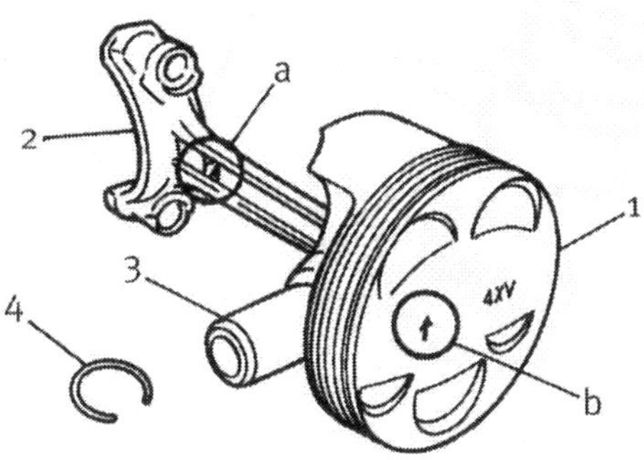

Bild 251
Kolben an Pleuel montieren
1 Kolben
2 Pleuelstange
3 Kolbenbolzen
4 Sicherungsring
a Y-Markierung
b Pfeil

⚠ Kolben mit Pfeil in Fahrtrichtung (zur Auslassseite) weisend montieren.

■ *Neue* Kolbenbolzen-Sicherungsringe einsetzen.

■ **Bild 234:** Pleuel und Kolben »von oben« in Zylinder einschieben. Dabei handelsüblichen Ringspanner verwenden oder Ringe von Hand zusammenpferchen.

⚠ Dichtfläche – insbesondere den Bereich um Zylinderbohrung – nicht beschädigen.

⚠ Darauf achten, das die herunterfahrende Pleuelstange mit ihrem Gewindebolzen den Hubzapfen nicht zerschrammt.

■ MoS_2-Öl auf Hubzapfen auftragen.

■ Öl auf Gewindebolzen der Pleuelstange und Sitzfläche der Mutter auftragen.

■ **Bild 252:** Lagerschalen, Lagerdeckel und Pleuel an ursprünglichen Hubzapfen mit korrektem Anzugsmoment der Muttern (36 Nm) montieren.

■ Pleuelschrauben so anbringen, dass Schraubenköpfe korrekt in Lagerdeckel einpassen (gegebenenfalls mit Hämmerchen vorsichtig eintreiben).

👁 **Bild 253:** Pleuel so an Kurbelwelle montieren, dass Pleuelmarke »Y« nach links weist.

👁 Darauf achten, dass Buchstabenhälften an Pleuelstange und Lagerdeckel zueinander passen.

■ MoS_2-Fett auf Gewinde und Muttersitzfläche auftragen.

■ Kurbelzapfen und Pleuellagerflächen mit Motoröl balsamieren.

⚠ Muttern anziehen (36 Nm).

⚠ Pleuelmuttern ohne Unterbrechung und gleichmässig auf das vorgeschriebenes Anzugsmoment anziehen!

Ab 20 Nm Anzugskraft Vorgang nicht mehr unterbrechen. Andernfalls muss Mutter bis unter 20 Nm Anzugskraft gelöst werden und Vorgang wiederholt werden.

⚠ Falls Winkel/Anzugsmoment überschritten wurde, Schraube und Mutter erneuern.

■ Lagerschalen in Kurbelgehäuse einsetzen (Nasen greifen in Nuten ein). Lagerflächen mit Motoröl balsamieren.

■ Getriebe montieren und Motorgehäuse schliessen.

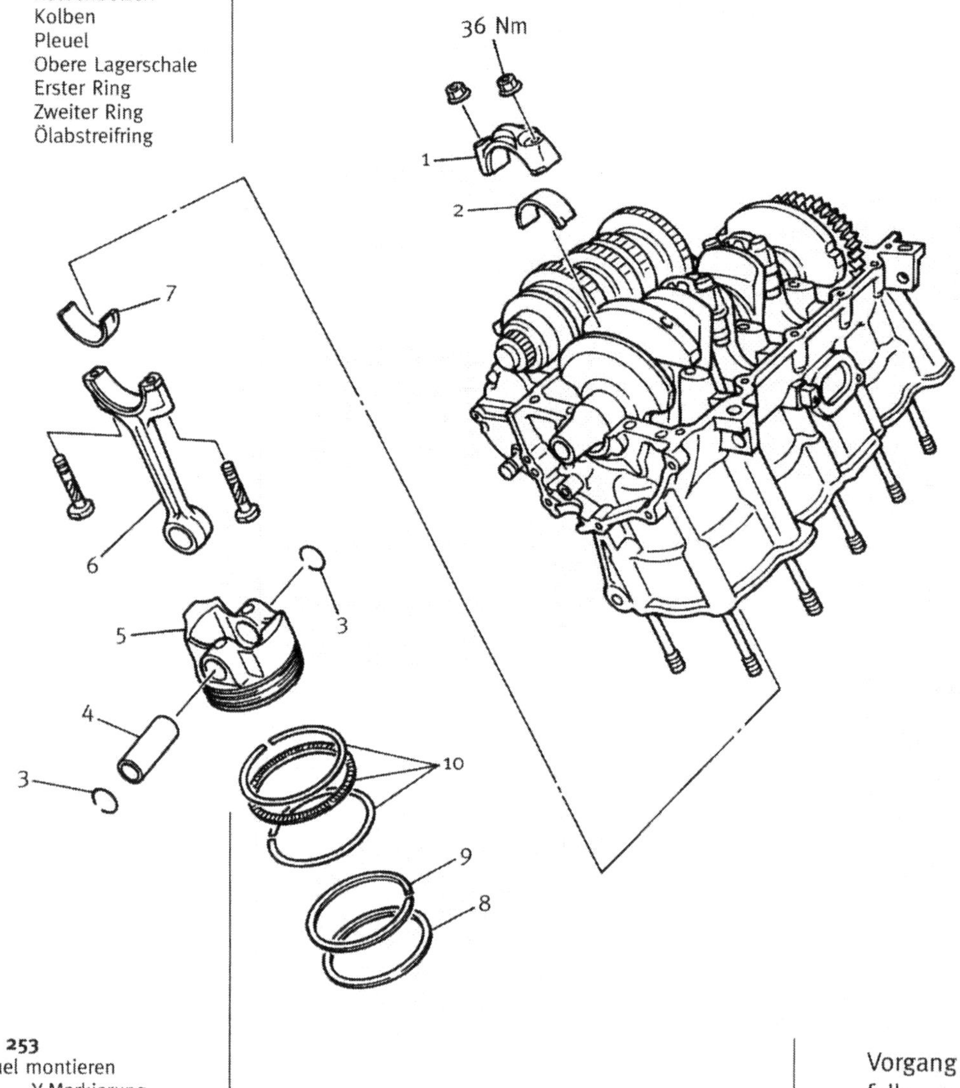

Bild 252
Kolben und Pleuel
Anzugsmoment
1 Lagerdeckel
2 Untere Lagerschale
3 Kolbenbolzen-Sicherungsring
4 Kolbenbolzen
5 Kolben
6 Pleuel
7 Obere Lagerschale
8 Erster Ring
9 Zweiter Ring
10 Ölabstreifring

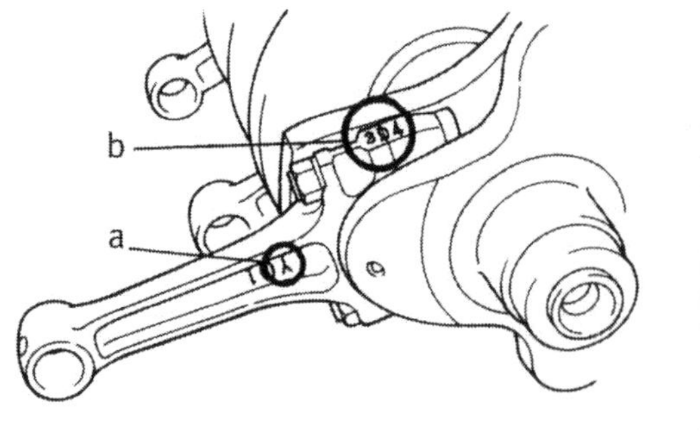

Bild 253
Pleuel montieren
a Y-Markierung
b Buchstabe

Getriebe

15.1 Ausbau

- Nebenwelle entnehmen.
- **Bild 254** und **Bild 255 :** Lagerschild-schrauben (TORX T30) ausdrehen und mit passenden Schrauben Lagerschild abdrücken, bis sich Hauptwelle aus Gehäuse löst.
- **Bild 256:** Getriebewellen können leicht mit Seegerringzange und kleinem Schraubendreher zerlegt werden.
- **Bild 257:** Gegebenenfalls Lager/Zahnrad mit handelsüblichem Abzieher von Welle abziehen.
- Einzelteile in Reihenfolge des Ausbaus aufbewahren und notieren.
- ⚠ Seeger- und Sicherungsringe sind Einwegartikel – einmal ausgebaut wandern sie zum Schrott. Nur Neuteile verbauen!
- **Bild 258:** Arretierungsschrauben herausdrehen und Schaltgabelschienen herausziehen. Schaltgabeln entnehmen.
- Schaltwalze entnehmen.

15.2 Prüfen und Vermessen

- Schaltgabeln, Schaltwalze und Zahnräder auf Ausbrüche in der Härteschicht, Anlaufverfärbungen (Ölmangel und Überhitzung) oder übermässigen Verschleiss untersuchen.
- Mitnehmer-Zapfen und -Bohrungen der Zahnräder dürfen keine Beschädigung aufweisen.
- ⚠ Zahnräder nur paarweise erneuern!
- **Bild 259:** Schiene der Schaltgabeln über Richtplatte oder Glasplatte rollen und so Verbiegung/Schlag prüfen.
- ⚠ Niemals versuchen verbogene Schaltgabeln gerade zu richten, sondern ersetzen.

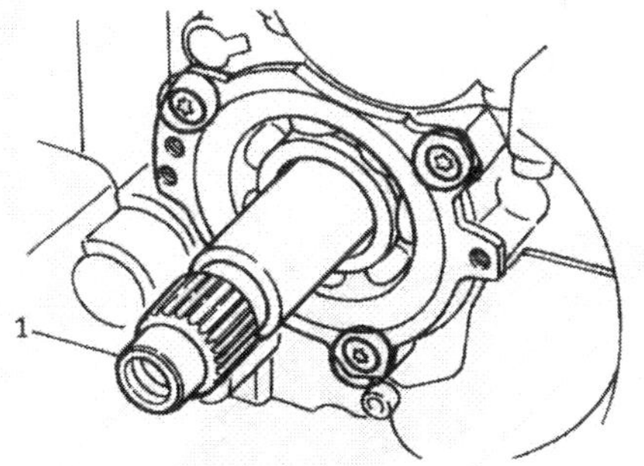

Bild 254
Lagerschildschrauben
1 Hauptwelle

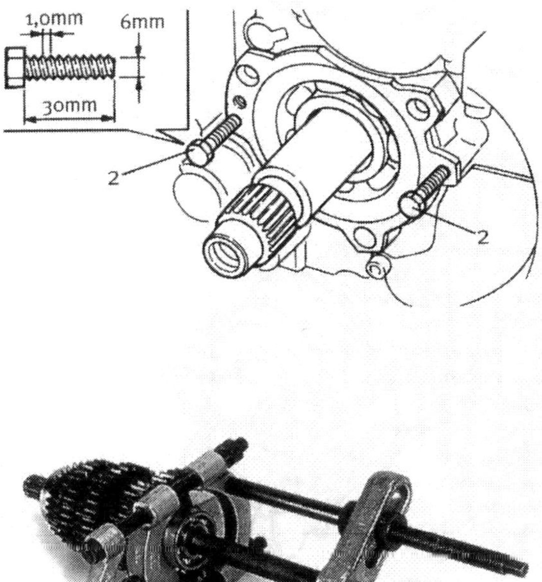

◄ Bild 255
Lagerschild und Lager abdrücken

Bild 256
Getriebewellen mit Seegerringzange und kleinem Schraubendreher zerlegen

◄ Bild 257
Zahnrad/Lager mit handelsüblichem Abzieher von Welle abziehen

Vorsicht! ⚠
Aufgepasst! 👁

15.3 Montage

- **Bild 258:** Schaltwalze und -gabeln einsetzen. Schienen einschieben.
- Befestigungsschrauben der Arretierungsbleche mit flüssiger Schraubensicherung eindrehen (10 Nm).
- ⚠ Neue Lagerschildschrauben verwenden!
- **Bild 260** und **Bild 261:** Getriebewellen lassen sich leicht mit Seegerringzange und kleinem Schraubendreher vormontieren.
- ⚠ **Bild 262:** Darauf achten, dass Spreng- und Seegerringe (nur Neuteile verbauen!) einwandfrei in ihren Nuten sitzen und Stossfugen nicht freistehen.
- 👁 **Bild 263:** Scharfe Kanten der Seegerringe weisen gegen Druckrichtung der Zahnräder.
- Reichlich Motoröl beigeben.
- 👁 Zahnräder auf Leichtgängigkeit (Drehbarkeit) und Bewegungsfreiheit (Verschieben) auf Welle prüfen.
- Fixierringe einsetzen. Wellen komplett vormontiert einsetzen.

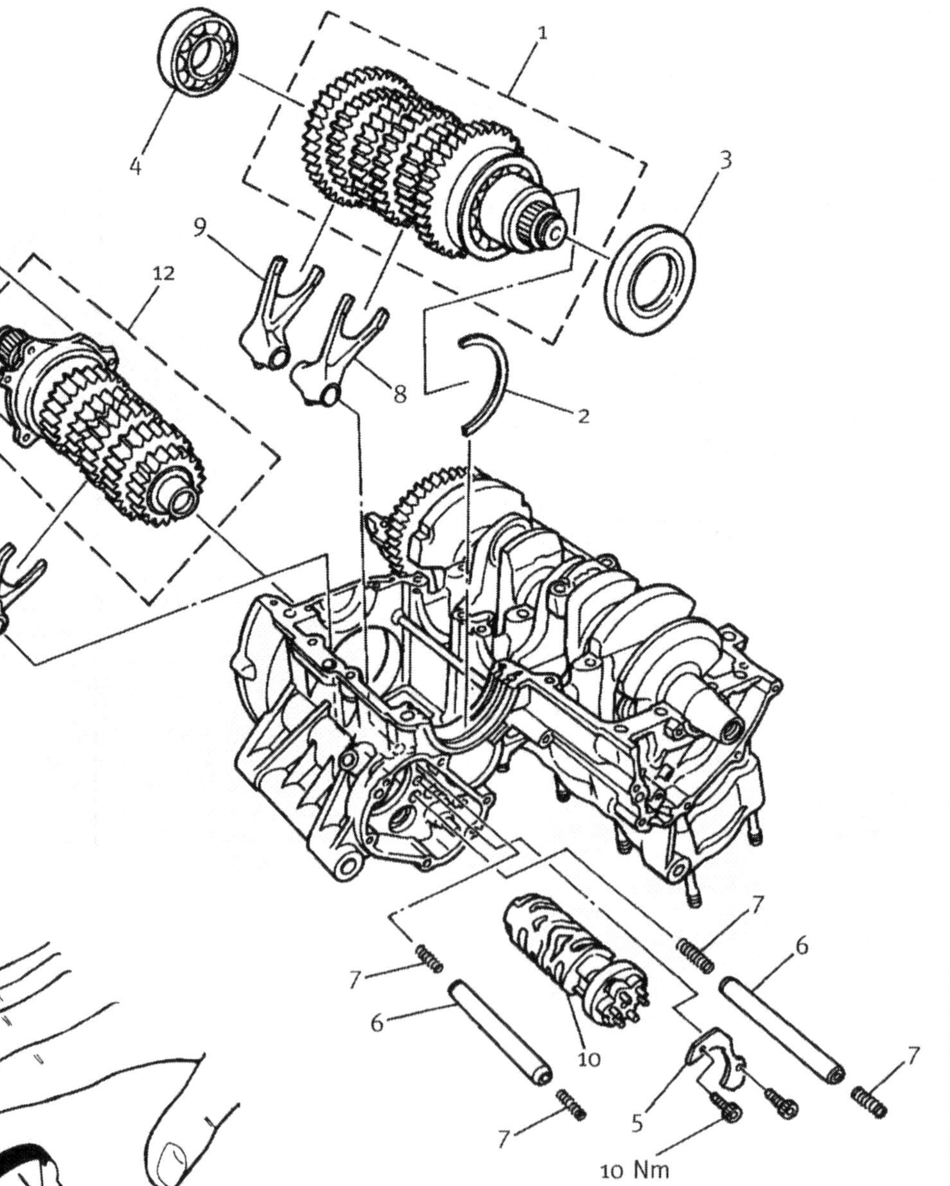

Bild 258
Getriebe aus- und einbauen
Anzugsmomente

1 Nebenwelle
2 Sicherungsring
3 Wellendichtring
4 Lager
5 Sicherungsblech
6 Schaltgabelschiene
7 Feder
8 Schaltgabel L
9 Schaltgabel R
10 Schaltwalze
11 Schaltgabel C
12 Hauptwelle

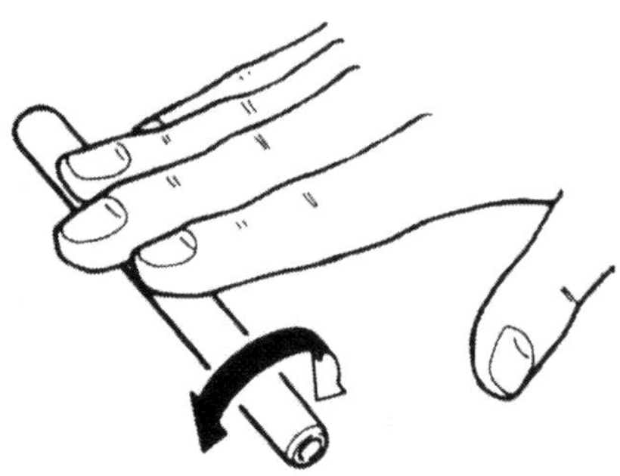

Bild 259
Schaltgabelschienen auf ebenem Untergrund prüfen

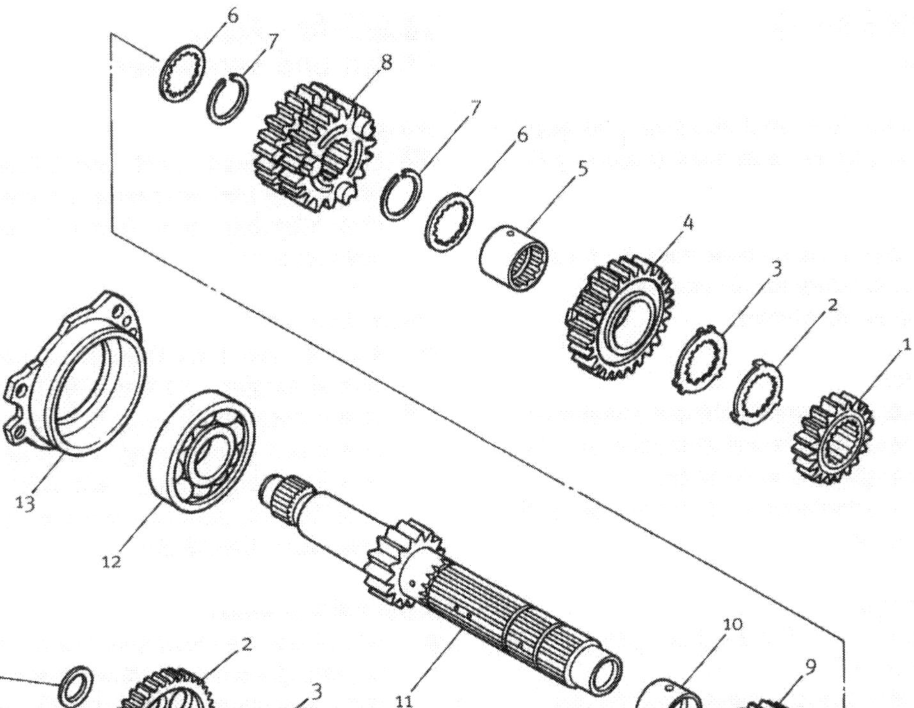

Bild 260
Hauptwelle

1 Zahnrad 2.Gang
2 Sicherungszahnscheibe
3 Sicherungszahnscheibe
4 Zahnrad 6.Gang
5 Distanzstück
6 Zahnscheibe
7 Sicherungsring
8 Zahnrad 3./4.Gang
9 Zahnrad 5.Gang
10 Distanzhülse
11 Hauptwelle/ Zahnrad 1.Gang
12 Lager
13 Lagergehäuse

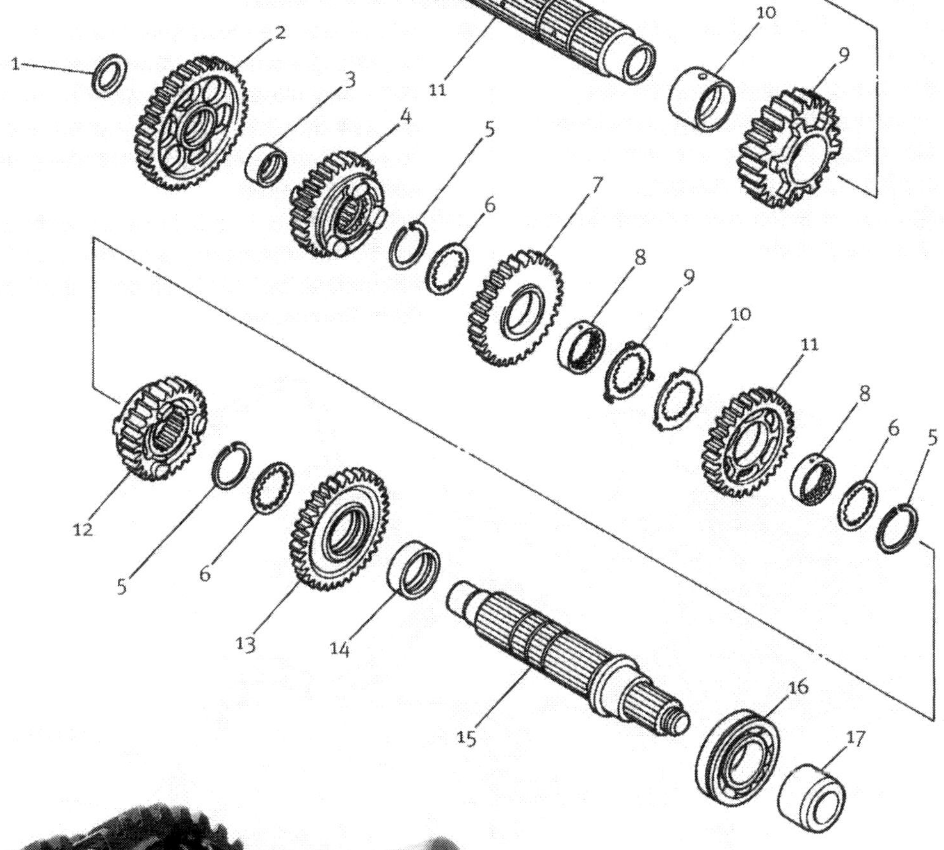

Bild 261
Nebenwelle

1 Scheibe
2 Zahnrad 1.Gang
3 Distanzstück
4 Zahnrad 5.Gang
5 Sicherungsring
6 Scheibe
7 Zahnrad 3.Gang
8 Distanzstück
9 Sicherungszahnscheibe
10 Sicherungszahnscheibe
11 Zahnrad 4.Gang
12 Zahnrad 6.Gang
13 Zahnrad 2.Gang
14 Distanzstück
15 Nebenwelle
16 Lager
17 Distanzstück

◄ **Bild 262**
Stossfugen sollen nicht freistehen

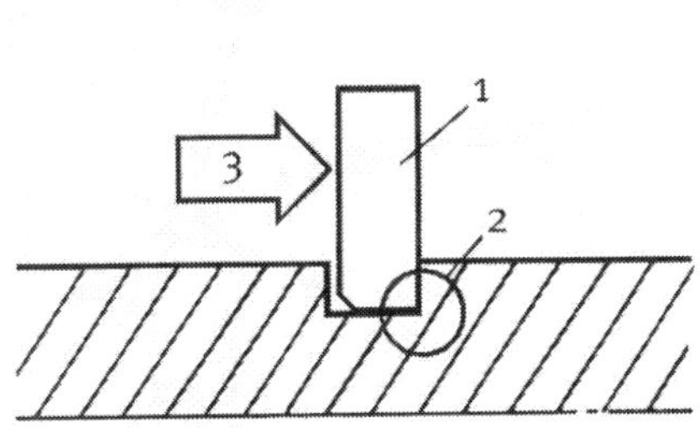

Bild 263
Seegerring-Montage

1 Welle
2 Scharfe Kante
3 Druckrichtung

Kühlsystem

16.1 Ausbau

- **Bild 264:** Kühlmittel ablassen und gegebenenfalls Kühler ausbauen (*Kapitel 3.6*).

Ölkühler

- **Bild 265:** Sicherungsblechlasche flachbiegen und Schraube ③ ausdrehen.
- Ölkühler abnehmen.

Thermostat

- **Bild 48:** Thermostatgehäuse abnehmen.
- **Bild 266:** Zwei Deckelschrauben am Thermostatgehäuse ausdrehen.
- Deckel abnehmen und Thermostatventil entnehmen.

Wasserpumpe

- Ölwanne und -Pumpe ausbauen (*Kapitel 12*).
- **Bild 267:** Befestigungsschrauben des Pumpendeckel samt Dichtung ausdrehen.
- **Bild 268:** Wellendichtung von innen herausklopfen (Lager von aussen).
- **Bild 269:** Gummipuffer mit kleinem Schraubendreher aushebeln.

16.2 Prüfen und Vermessen

Wasserpumpe

Lager, Flügelrad, Dicht- und O-Ringe auf Abnutzung und Beschädigung untersuchen. Gegebenenfalls Pumpe komplett auswechseln.

Thermostatventil

- **Bild 270:** Ventil mit Thermometer in Wasserbad hängen und Wasserbad erwärmen.

Ventil muss bei 71° – 85°C beginnen zu öffnen und muss bei 95 °C voll geöffnet sein (Ventilhub 8 mm). Falls Wert nicht erreicht wird, Ventil austauschen (keine Reparaturmöglichkeit).

Lüftermotor-Schalter

- Anschlüsse des Schalters (auch Thermoschalter genannt) an Widerstandsmessgerät anschliessen und nach Prinzip in **Bild 270** Schalter in Ölbad (damit auch Temperaturen über 100°C simuliert werden können) hängen.

Schalter muss in der Erwärmungsfase bei 105 °C auf Durchgang schalten, und in der Abkühlfase bei 98 °C wieder unterbrechen (kein Durchgang).

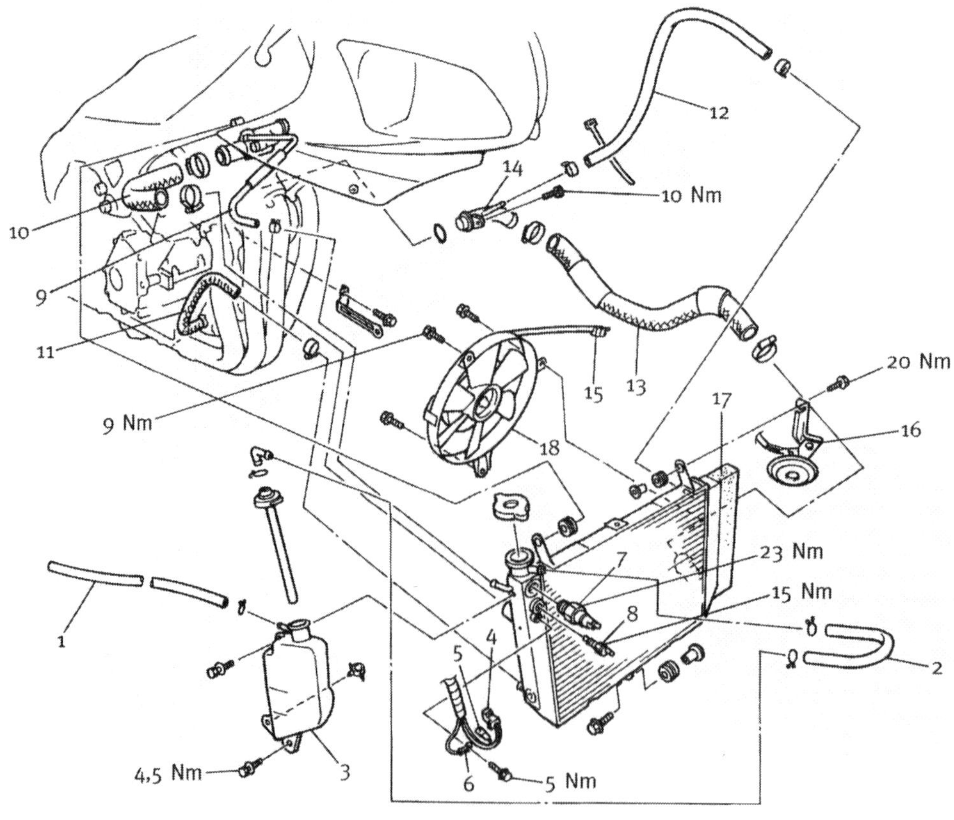

Bild 264
Kühler aus- und einbauen
1 Ausgleichsbehälter-Belüftungsschlauch
2 Ausgleichsbehälter-schlauch
3 Ausgleichsbehälter
4 Lüftermotorstecker
5 Thermosensor-Stecker
6 Massekabel
7 Thermoschalter (Lüftermotor)
8 Thermosensor
9 Thermostat-Entlüftungsschlauch
10 Kühler-Zulauf-schlauch
11 Ölkühler-Ablauf-schlauch
12 Wasserpumpen-Entlüftungsschlauch
13 Kühler-Ablauf-schlauch
14 Wasserpumpen-Zulaufrohr
15 Lüftermotorstecker
16 Hupenhalterung
17 Kühler
18 Lüftermotor

Lüftermotor

Stecker vom Lüfterschalter abziehen mit Überbrückungskabel schwarze Kabel des Lüftermotors direkt an Batterie verbinden. Falls Lüftermotor dann arbeitet, kann ausser einem defekten Lüftermotor-Schalter auch noch ein Defekt oder Fehler in der Leitung oder dem Stecker vorliegen.

Thermosensor

- Anschlüsse des Sensors an Widerstandsmessgerät anschliessen und nach Prinzip in **Bild 270** Sensor in Wasserbad hängen.

Sensor muss bei 80 °C → 47,5 – 56,8 Ω aufweisen, und bei 100 °C → 16,5 – 20,5 Ω.

16.3 Montage – **Bild 267** bis **Bild 269**

Wasserpumpe

- **Bild 271:** Dichtung von innen eintreiben (Lager von aussen).
- Ringdichtung mit Kühlmittel benetzen und eintreiben.

⚠ Ringdichtung darf keinesfalls mit Öl oder Fett in Berührung kommen.

- **Bild 272:** Gummipuffer mit Kühlmittel benetzen und einsetzen.
- **Bild 273:** Rechtwinkligkeit der Welle am Flügelrad prüfen, gegebenenfalls ausrichten.
- **Bild 267:** Befestigungsschrauben des Pumpendeckel samt Dichtung eindrehen.
- Ölwanne und -Pumpe einbauen (*Kapitel 12*).

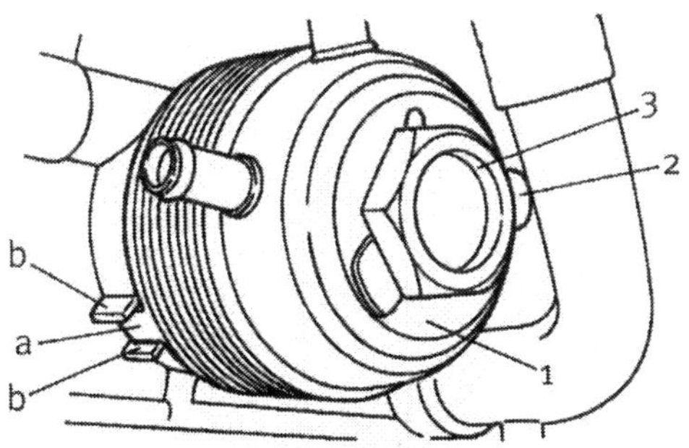

◄ Bild 265
Ölkühler aus- und einbauen
1 Ölkühler
2 Sicherungsblech
3 Schraube
a Nase
b Nut

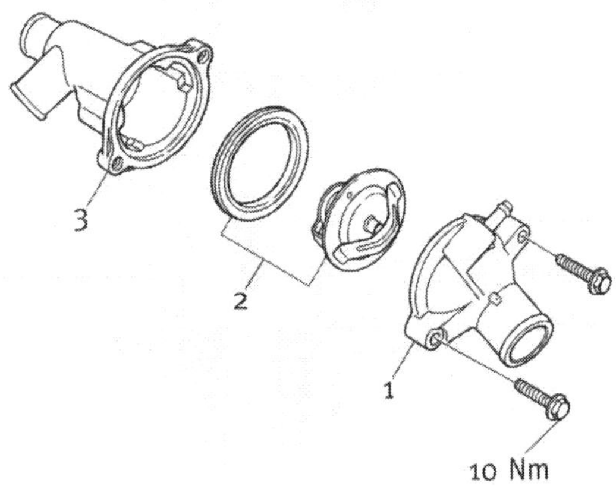

Bild 266
Thermostat
1 Deckel
2 Ventil
3 Gehäuse

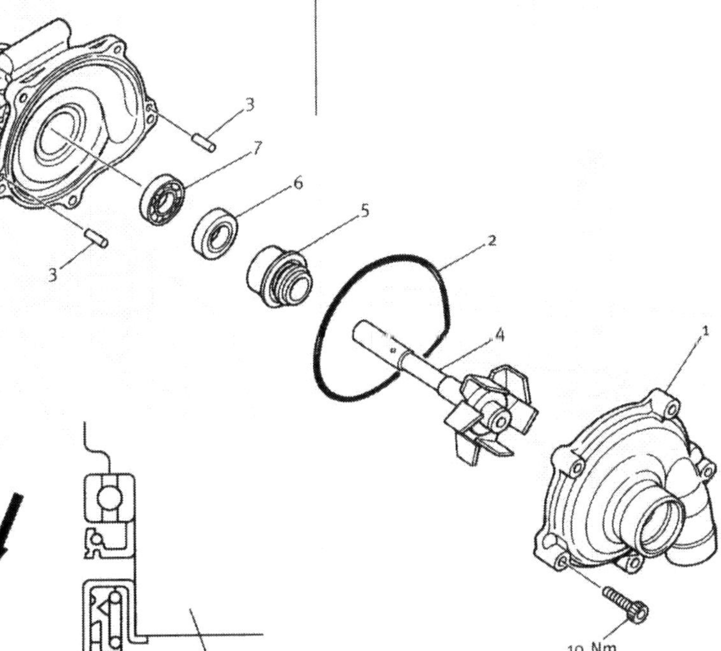

Bild 267
Wasserpumpe
1 Deckel
2 Dichtung
3 Stift
4 Welle
5 Ringdichtung
6 Dichtring
7 Lager

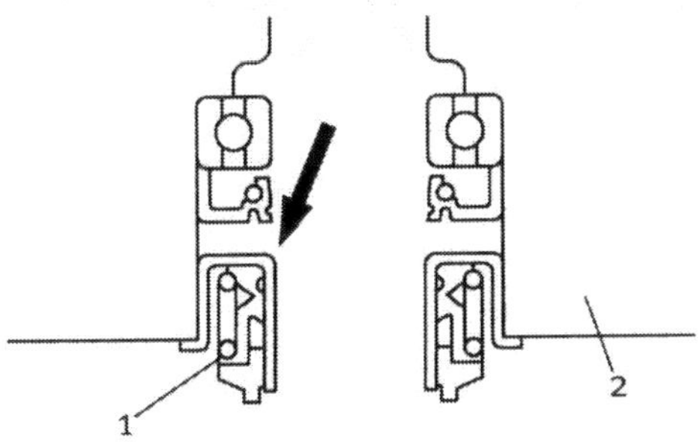

◄ Bild 268
Wellendichtung von innen herausklopfen
1 Dichtring
2 Gehäse

Vorsicht! ⚠
Aufgepasst!

Bild 269
Gummipuffer ① und Sitz ②

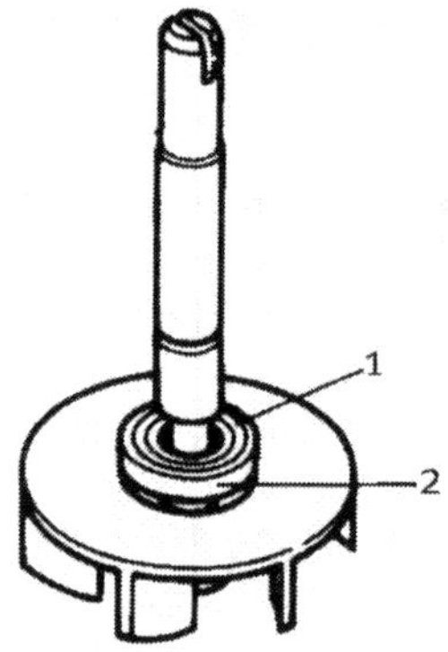

Bild 270
Thermostatventil im Wasserbad prüfen
1 Thermometer
2 Ventil

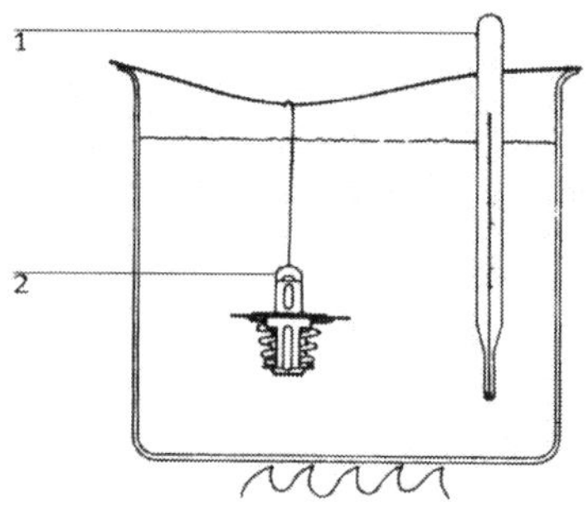

Bild 271
Ringdichtung mit Kühlmittel benetzen und eintreiben
1 Dichtung
2 Gehäuse

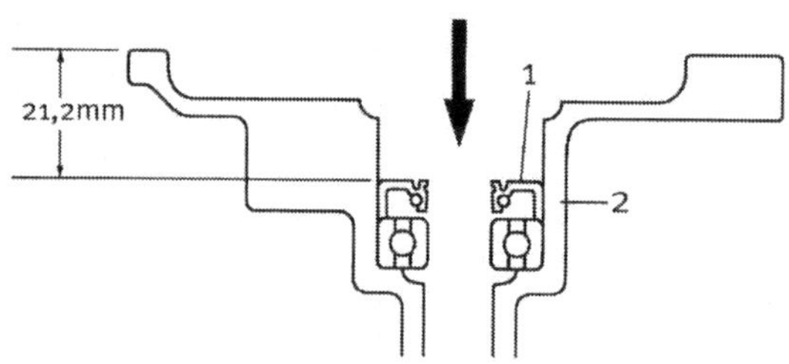

Bild 272 ➤
Gummipuffer mit Kühlmittel benetzen und einsetzen
1 Sitz
2 Gummipuffer

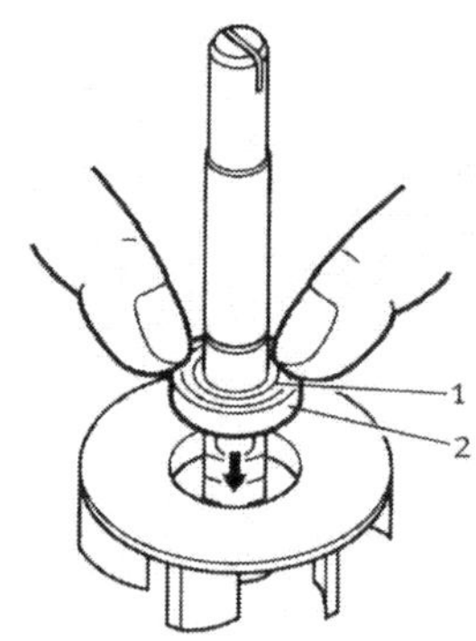

Bild 273
Rechtwinkligkeit der Welle am Flügelrad prüfen
1 Haarlineal
2 Flügelrad

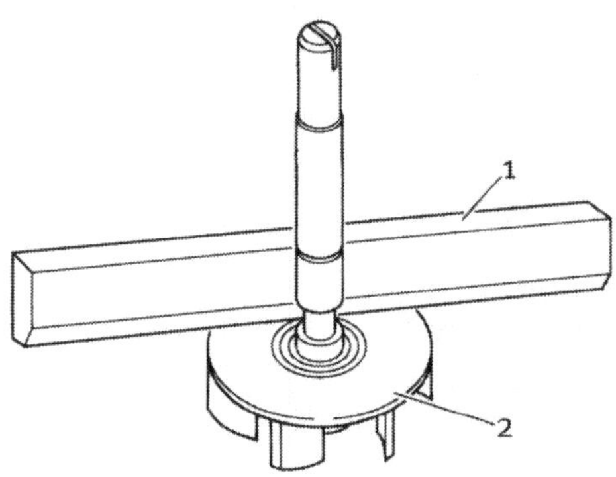

Bild 274 ➤
Thermostatventil einsetzen
1 Gehäuse
2 Ventil
a Bypass-Bohrung

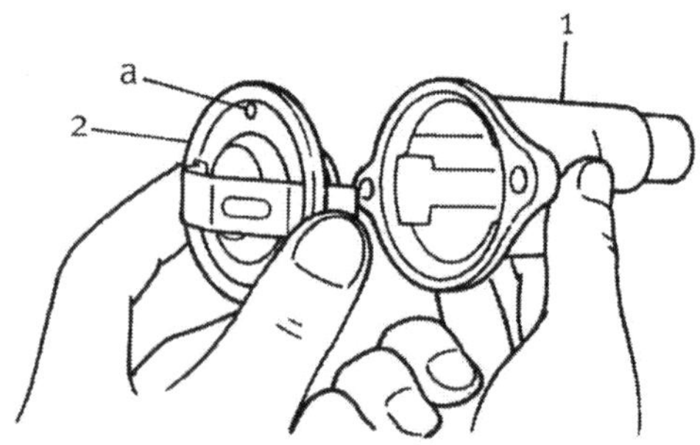

Thermostatventil

- **Bild 274:** Thermostatventil so in Gehäuse einsetzen, dass Bypass-Bohrung (zum Entlüften) nach oben weisst.
- Rohre mit neuen O-Ringen anbringen.
- (Aufgepasst!) Schlauchschellen nach Montage auf korrekten Sitz kontrollieren.
- System befüllen und entlüften (*Kapitel 3.6*).

Ölkühler

- Flanschflächen säubern.
- **Bild 275:** O-Ring dünn einölen und sauber in Nut einpassen.
- **Bild 265:** Ölkühler so anbringen, dass Nase in Nut eingreift.
- **Bild 265:** Schraube ③ eindrehen (35 Nm) und neue Sicherungsblechlasche sauber an Schraube anlegen.

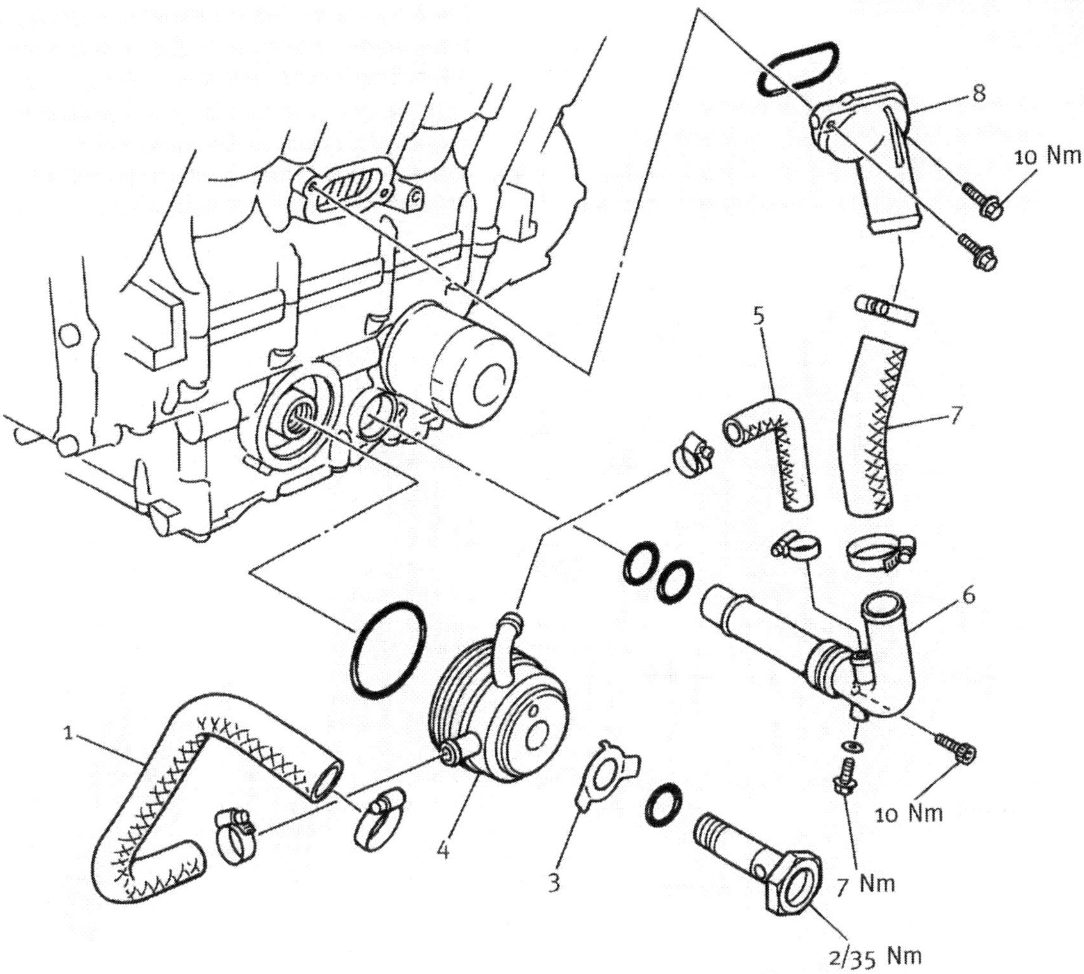

Bild 275
Ölkühler
Anzugsmomente
1 Ablaufschlauch
2 Schraube
3 Sicherungsblech
4 Ölkühler
5 Zulaufschlauch
6 Wasserpumpen-Ablaufrohr
7 Sammlerschlauch
8 Sammler

Bremsen

17.1 Ausbau

⚠ *Es wurde zwar schon in Kapitel 3 erwähnt, trotzdem hier nochmals die Warnung: Wer wenig Durchblick in die Funktion einzelner Bremsbauteile hat, soll die Finger von dieser überlebenswichtigen Baugruppe lassen und lieber einen absoluten Spezialisten mit deren Betreuung beauftragen. Die Bremse muss jederzeit hundertprozentig in Ordnung sein!*

- Arbeitschritte gelten gleichermassen für Vorderrad- und Hinterradbremse.

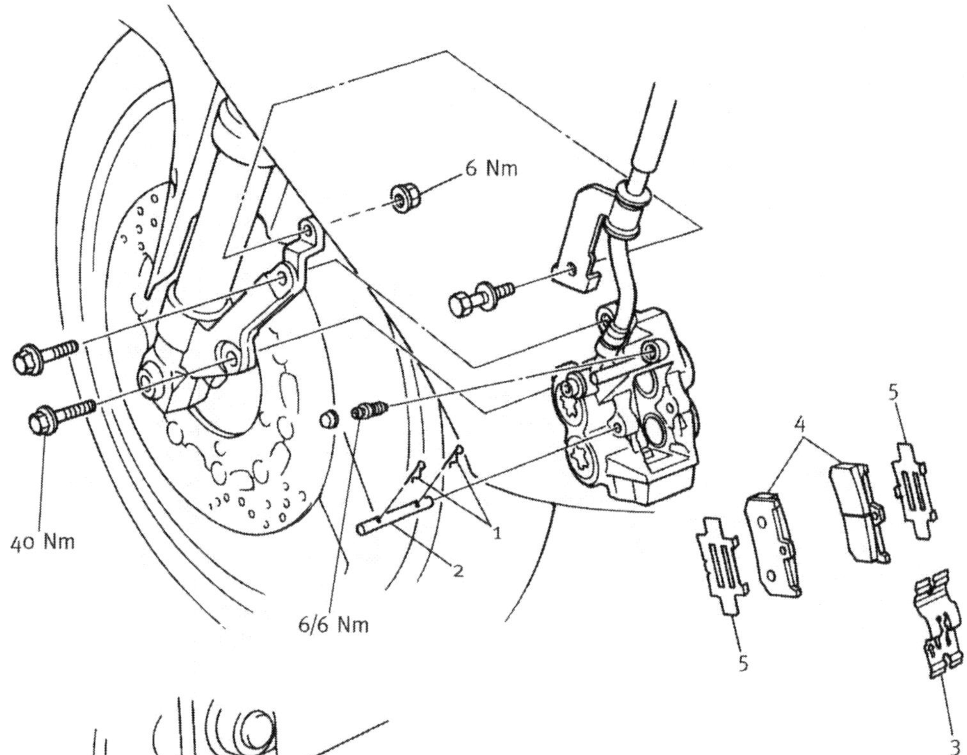

Bild 276
Bremssattel vorn
Anzugsmomente
1 Sicherungssplint
2 Belagstift
3 Belagfeder
4 Bremsbelag
5 Federblech
6 Entlüfter

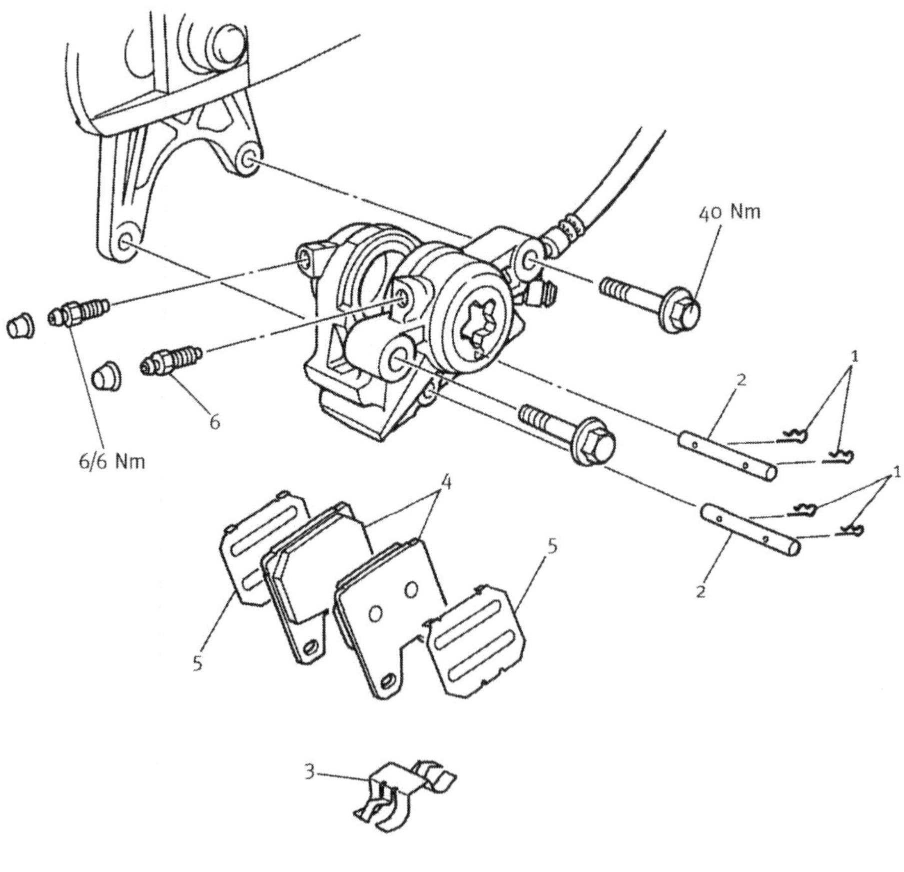

Bild 277
Bremssattel hinten
Anzugsmomente
1 Sicherungssplint
2 Belagstift
3 Belagfeder
4 Bremsbelag
5 Federblech
6 Entlüfter

- ⚠ Für sicheren Stand der Maschine sorgen.
- ■ Bremsflüssigkeit ablassen (*Kapitel 3.11*).
- TIPP Bremsschlauch schon am montierten Sattel entfernen und Bremsflüssigkeit geduldig in Auffanggefäss austropfen lassen. Ein paar Tröpfchen, die da immer noch raustropfen, können schon grossen Lackschaden anrichten!
- ⚠ Verkleckerte Bremsflüssigkeit von lackierten Flächen sofort abwischen!
- ■ Bremsflüssigkeit aus Vorratsbehälter absaugen (z.B. mit Einwegspritze aus Apotheke). Im Folgenden wird von »trockener« Bremsanlage ausgegangen!
- ■ **Bild 276** und **Bild 277:** <u>*Bremssattel*</u> vom Träger bzw. Gabel abnehmen.
- ■ **Bild 278:** Druckluft in das Bremsschlauch-Anschlussgewinde blasen, um Kolben herauszustossen.
- ⚠ Dabei Lappen in Belagschacht legen, um Kolben weich aufzufangen.
- ⚠ Druckluft vorsichtig dosieren, Mündung der Blaspistole nicht zu dicht an Einlassöffnung halten!
- ■ Die Kolbendichtringe hineindrücken und mit Schraubendreher heraushebeln, wobei diese zerstört werden.
- ⚠ Vorsicht beim Entfernen der Dichtringe, Kolbengleitflächen nicht beschädigen!
- ■ Falls die Bremsscheibe gewechselt werden muss, Rad ausbauen (*siehe folgende Kapitel*) und Befestigungsschrauben ausdrehen. Bremsscheibe abnehmen.
- ⚠ Beim Zerlegen der <u>*Handpumpe*</u> gelten natürlich dieselben Vorsichtsmassnahmen in puncto Bremsflüssigkeit.
- ■ Bremslichtanschluss trennen.
- ■ **Bild 279**: Bremshebel abnehmen, Gehäusebefestigung lösen und Pumpe von Lenker abnehmen.
- ■ **Bild 280** und **Bild 281:** Staubkappe mit zarter Spitz-zange »herauspopeln« und Seegerring mit entsprechender Zange entfernen. Dabei Kolben gegen Feder eindrücken.
- ■ Kolben und Feder entnehmen.
- ⚠ Beim Zerlegen der <u>*Fusspumpe*</u> gelten natürlich dieselben Vorsichtsmassnahmen in puncto Bremsflüssigkeit.
- ■ **Bild 282**: Befestigungsschrauben lockern und Hydraulikanschluss abnehmen.
- ■ Schlauchanschluss (Zulauf vom Ausgleichsbehälter) trennen.
- ■ Pumpe nach Ausdrehen der Befestigungsschrauben vom Rastenhalter abnehmen.
- ■ **Bild 283:** Staubkappe mit zarter Spitzzange »herauspopeln« und Seegerring mit entsprechender Zange entfernen. Dabei Kolben gegen Feder eindrücken. Kolben und Feder entnehmen.

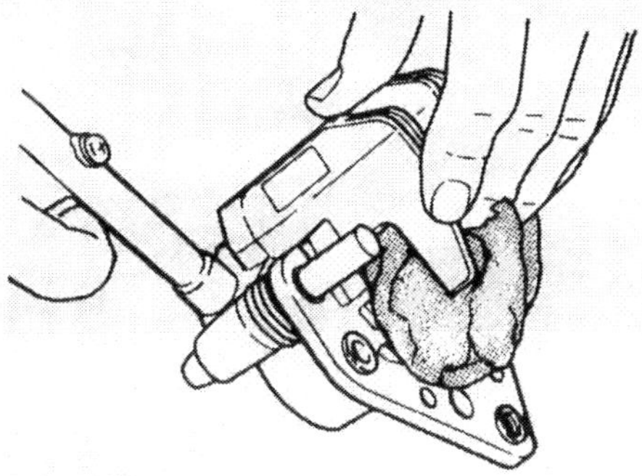

Bild 278
Bremskolben mit Druckluft ausdrücken

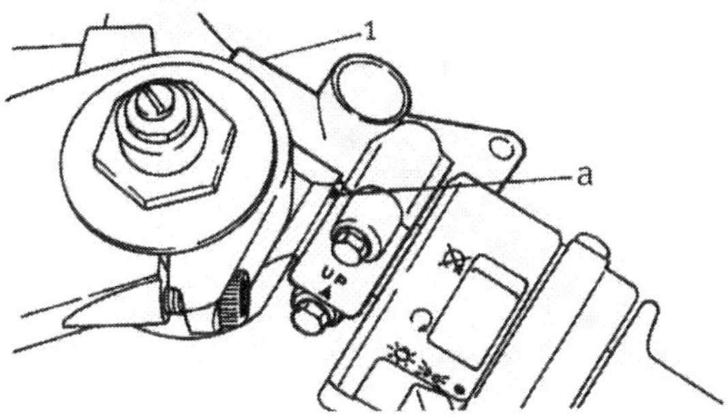

Bild 279
Handpumpe vom Lenker abnehmen/montieren
1 Handpumpe
a Markierung

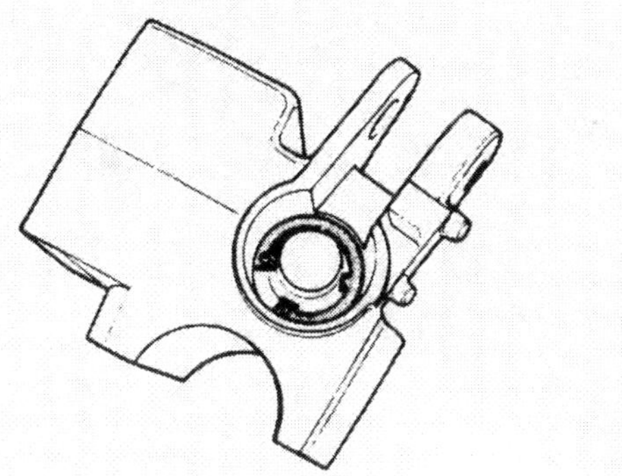

Bild 280
Seegerring mit entsprechender Zange entfernen

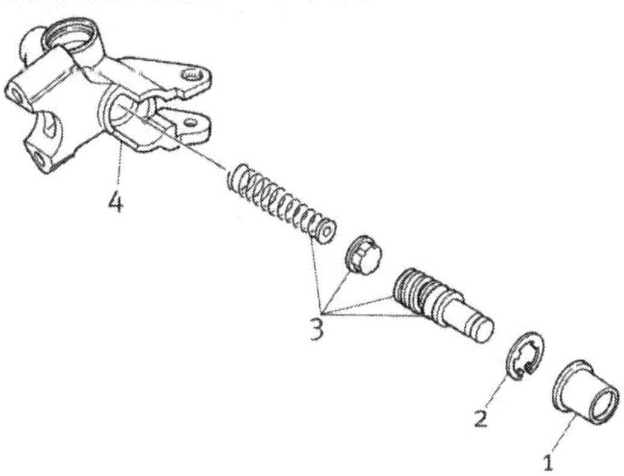

Bild 281
Handpumpe
1 Staubkappe
2 Sicherungsring
3 Kolbensatz mit Feder
4 Zylinder

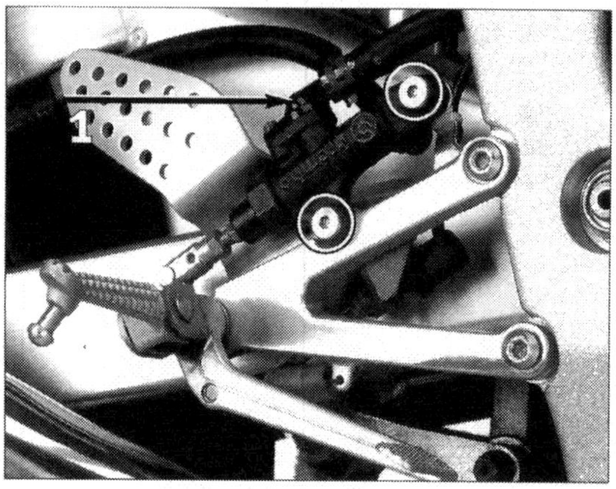

Bild 282
Fusspumpe
Kreise Befestigungsschrauben
1 Zulaufschlauch

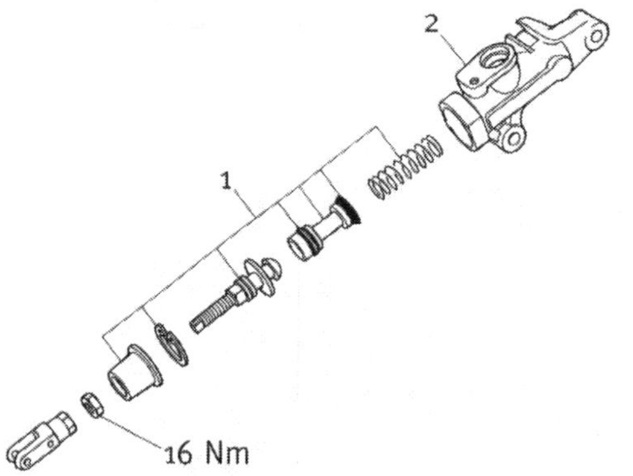

Bild 283
Fusspumpe
Anzugsmoment
1 Kolbensatz
2 Zylinder

Bild 284
Bremsscheibendicke an mehreren Stellen messen

17.2 Prüfen und Vermessen

⚠ Verschmutzte Bremsklötze reduzieren die Bremswirkung, deshalb wegwerfen.

■ Verschmierte Bremsscheiben mit hochwertigem Entfettungsmittel reinigen.

Verzug an ausgebauter Bremsscheibe auf Richtplatte mit Fühlerlehre oder Messuhr messen (*Verschleissgrenze 0,30 mm*).

Bild 284: Dicke der Bremsscheibe an mehreren Stellen mit Mikrometer kontrollieren.
Verschleissgrenze
YAMAHA macht keine Angaben zur Verschleissgrenze, aber Werkstatterfahrung lässt das Erneueren der Bremsscheiben spätestens ab 0,5 mm unter Neumass ratsam erscheinen. (Scheibendicke vorn: 4 mm/hinten: 5 mm.)

⚠ Eine unterschiedlich dicke Bremsscheibe verursacht Bremsrubbeln (→ schlechte Dosierbarkeit; zu dünne Bremsscheiben können die Wärme nicht mehr aufnehmen und verziehen).

Pumpenzylinder und -kolben dürfen keine Riefen oder Kratzer aufweisen.

Innen- und Aussendurchmesser von Kolben und Zylindern messen (sofern mit solchem feinem Innendurchmesser-Messwerkzeug ausgerüstet!) und bei Erreichen der Verschleissgrenzen Pumpe bzw. Sattel komplett ersetzen (*Verschleissgrenzen siehe Technische Daten ab Seite 130*).

Kolben und Zylinder der Bremssättel auf Riefen, Kratzer oder sonstige Beschädigungen untersuchen.

Dichtmanschetten (oder Kolbenringe) der Bremskolben (Hand- und Fusspumpe) und Sattelzylinder müssen in einwandfreiem Zustand sein. Ausgebaute Dichtringe grundsätzlich durch Neuteile verwenden!

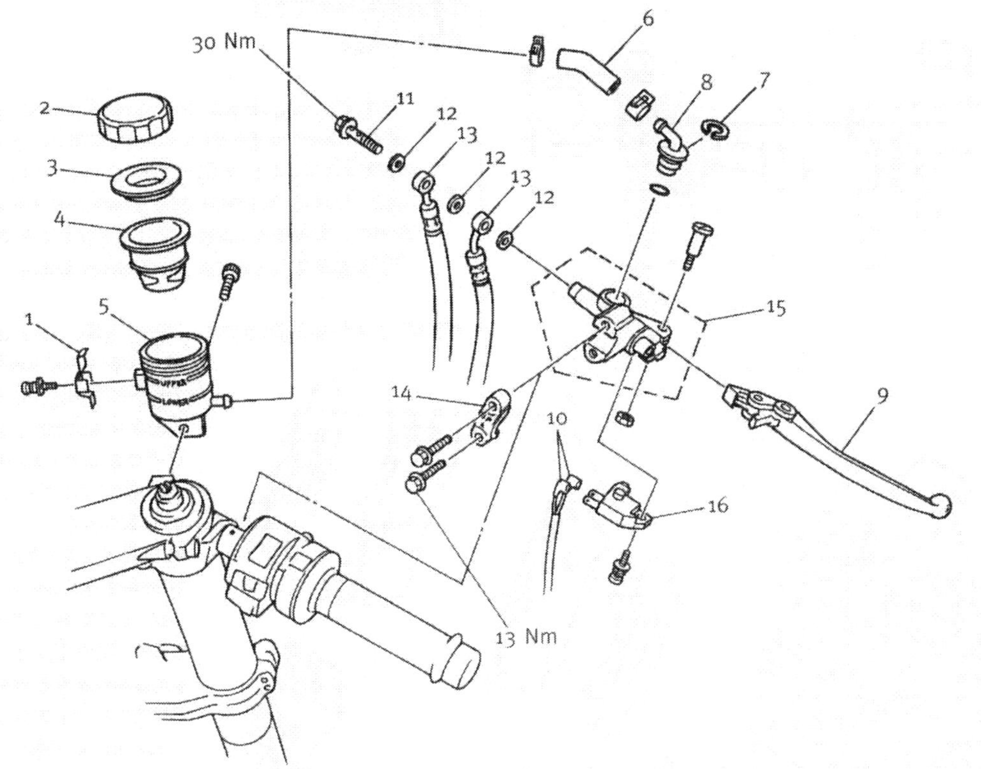

Bild 285
Handpumpe
Anzugsmomente

1 Deckelsicherung
2 Deckel
3 Membranhalterung
4 Membran
5 Behälter
6 Schlauch
7 Sicherungsring
8 Schlauchanschluss
9 Hebel
10 Stecker
11 Hohlschraube
12 Kupferscheibe
13 Schlauch
14 Halter
15 Pumpe
16 Bremslichtschalter

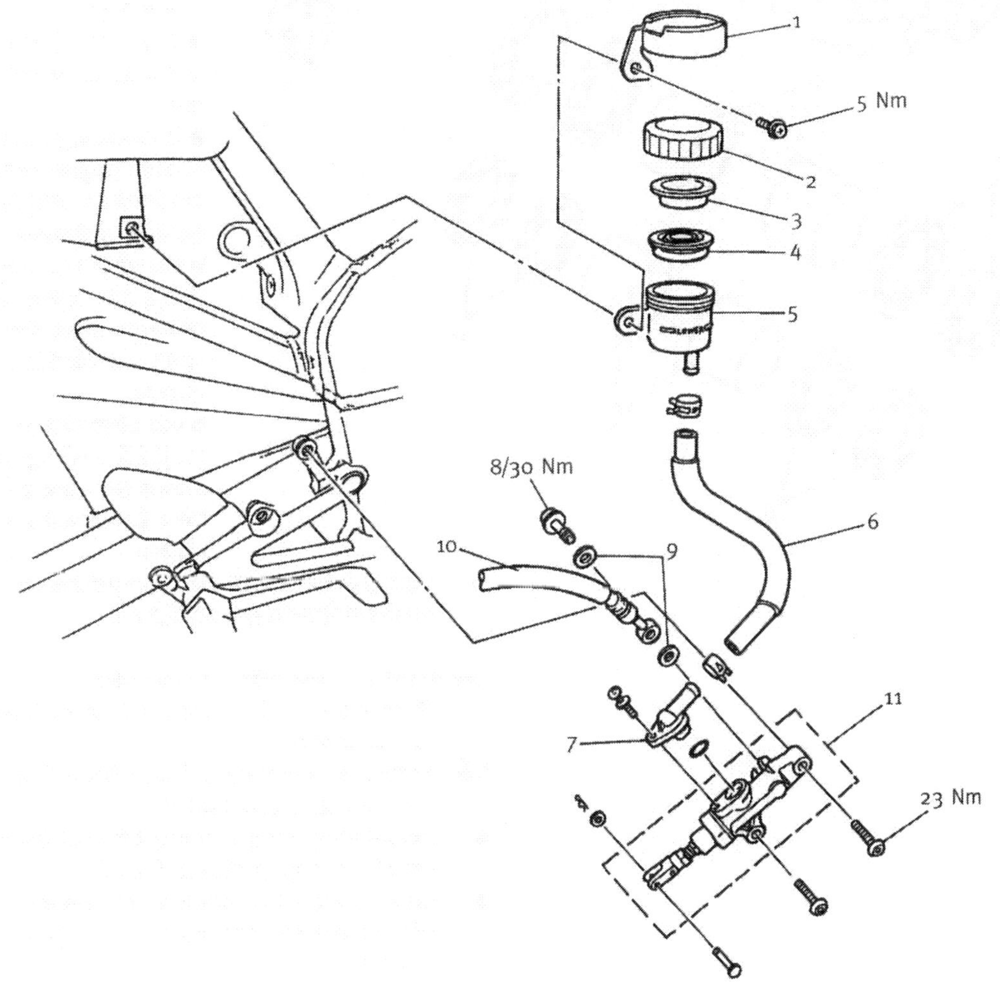

Bild 286
Fusspumpe
Anzugsmomente

1 Deckelsicherung
2 Deckel
3 Membranhalterung
4 Membran
5 Behälter
6 Schlauch
7 Schlauchanschluss
8 Hohlschraube
9 Kupferscheibe
10 Schlauch
11 Pumpe

Bild 287
Bremsschläuche anbringen

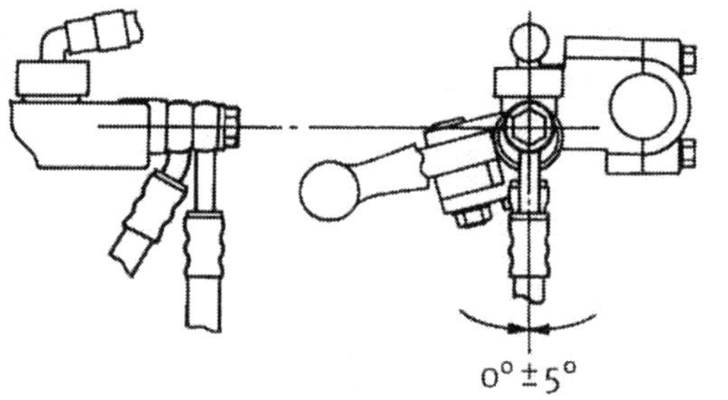

17.3 Montage

⚠ Einmal ausgebaut, müssen Kolben- und Staubdichtringe des Bremssattels grundsätzlich durch neue ersetzt werden.

⚠ Vor Zusammenbau alle Teile der hydraulischen Bremsanlage mit sauberer Bremsflüssigkeit reinigen und anfeuchten.

Hand- und Fusspumpe – **Bilder 285** *und* **286**

- Feder und Kolben in Zylinder einsetzen. Darauf achten, dass O-Ring perfekt in seiner Nut sitzt und nicht verklemmt.
- Feder und Kolben in Bremszylinder einsetzen. Darauf achten, dass Dichtlippen nicht umgewendet werden. Feder so einsetzen, dass ihr breites Ende innen liegt.
- Druckstangenkopf leicht gefettet montieren.
- Druckstange bzw. Kolben gegen Feder eindrücken und Seegerring einsetzen.
- **Bild 279:** Handpumpe so am Lenker anbringen, dass Klemmspalt mit Markierung fluchtet.
- **Bild 287:** Bremsschläuche wie gezeigt anbringen und auf freie Beweglichkeit prüfen.
- Übrige Arbeitsschritte in umgekehrter Ausbaureihenfolge ausführen.

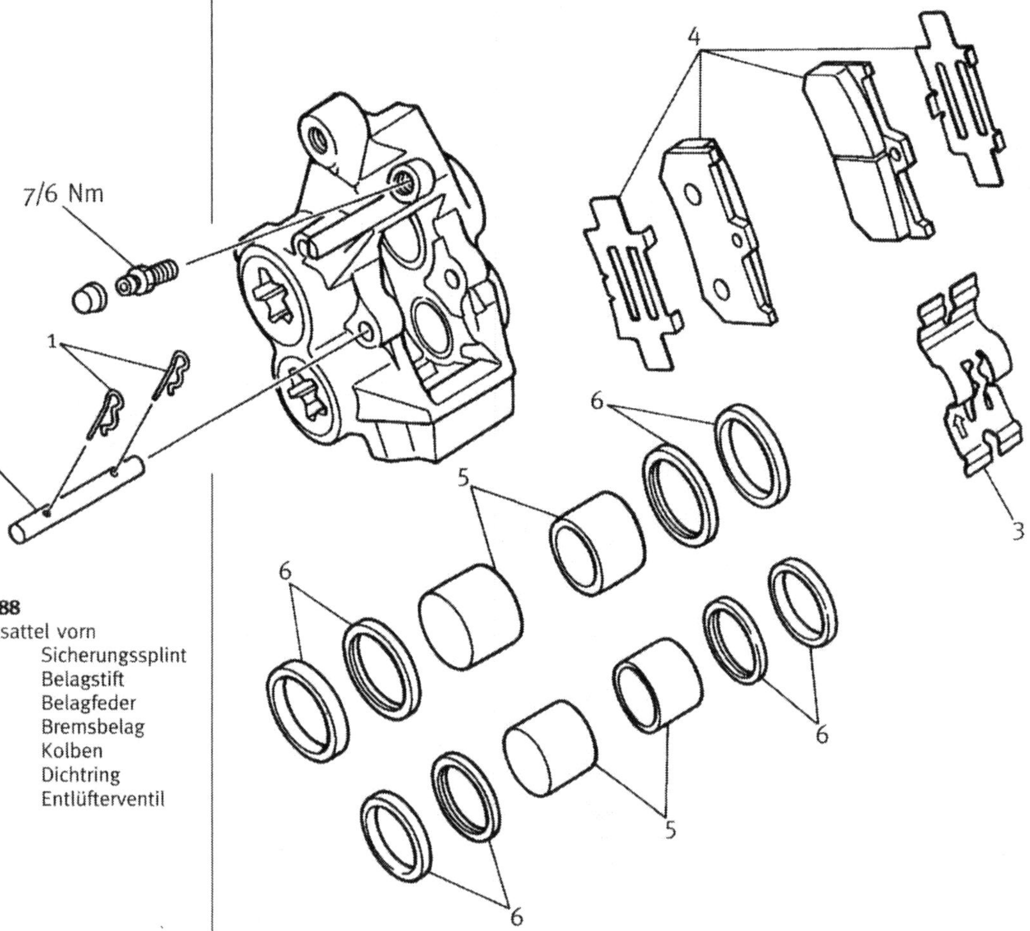

Bild 288
Bremssattel vorn
1 Sicherungssplint
2 Belagstift
3 Belagfeder
4 Bremsbelag
5 Kolben
6 Dichtring
7 Entlüfterventil

Bremssattel – **Bild 288** *und* **Bild 289**

⚠ Dichtringe vor Einsetzen mit Bremsflüssigkeit schmieren.

Kolben so einbauen, dass offene Seite auf Bremsbeläge gerichtet ist.

- Belagfeder, Beläge, Haltestift und Bremssattel anbringen (*Kapitel 3.13*).
- Bremsschlauchverbindung mit neuen Dichtscheiben anbringen und anziehen (30 Nm).

- **Bild 290:** Hydrauliksystem nach dargestelltem Schema befüllen. Dabei muss Schlauch vom Entlüftungsventil in Behälter mit Bremsflüssigkeit enden (damit keine Luft »rückwärts« wieder angesaugt wird).
- Anlage entlüften (*Kapitel 3.12*).

⚠ Vor Teilnahme am Verkehr (öffentlichem oder privatem auf abgesperrter Strecke) *unbedingt* trockene Funktionsprobe der Bremse durchführen. Erst wenn Druckpunkt und Bremswirkung deutlich spürbar sind, ist Bremse betriebsbereit.

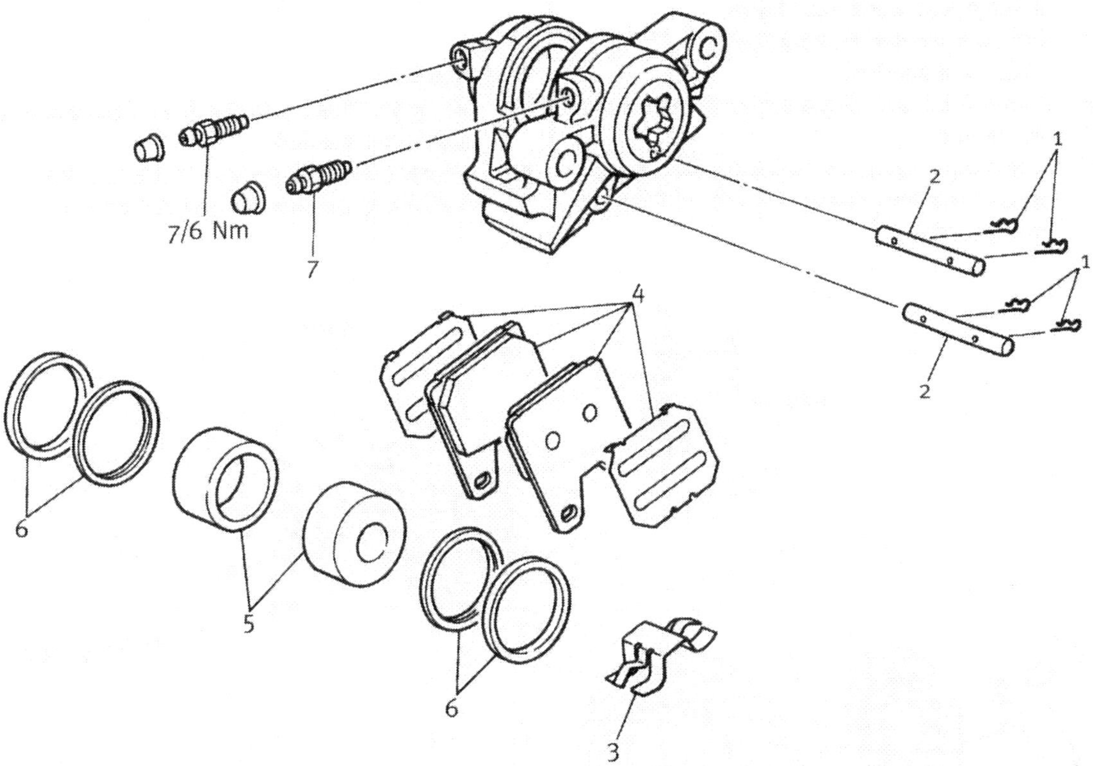

Bild 289
Bremssattel hinten
1 Sicherungssplint
2 Belagstift
3 Belagfeder
4 Bremsbelag
5 Kolben
6 Dichtring
7 Entlüfterventil

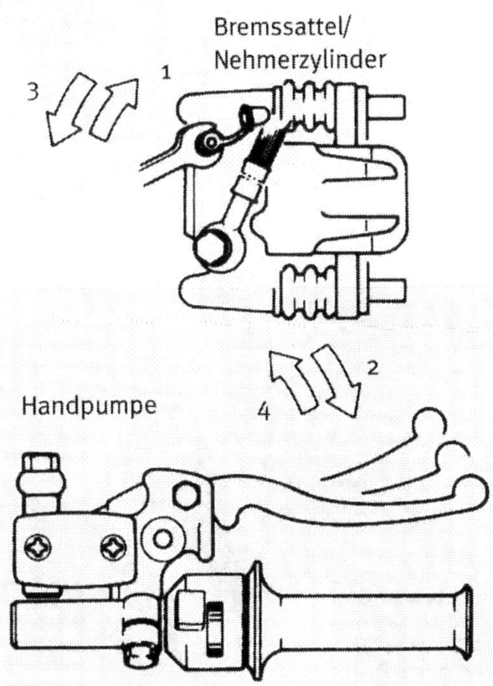

Bild 290
»Trockene« Bremshydraulik-Anlage befüllen
1 Entlüftungsventil öffnen
2 Hebel betätigen
3 Entlüftungsventil schliessen
4 Hebel herauslassen

Frontpartie

18.1 Ausbau

Laufrad

- Für sicheren Stand der Maschine sorgen und mit Kiste o.Ä. so unterbauen, dass Vorderrad freisteht und Motorrad nicht unversehens nach vorn kippt.
- ⚠ Radlager nur bei Beschädigung oder Verschleiss ausbauen.
- Bremssättel und Bremsschlauch-Halterung abnehmen.
- ⚠ Bremssättel nicht am Schlauch baumeln lassen, sondern Zug-entlastend aufhängen und sichern.
- **Bild 291:** Klemmschraube lockern und Achse ausdrehen. Achse nach rechts herausziehen und Rad entnehmen.
- Gegebenenfalls Bremsscheibe nach Ausdrehen von sechs Innensechskantschrauben abnehmen.
- Radlager austreiben (*Kapitel 19.1*).

Teleskopgabel

- ⚠ Die Gabel muss zum Wechsel des Gabelöls ausgebaut werden.
- **Bild 292:** Befestigungsschrauben an Radabdeckung ausdrehen und abnehmen.

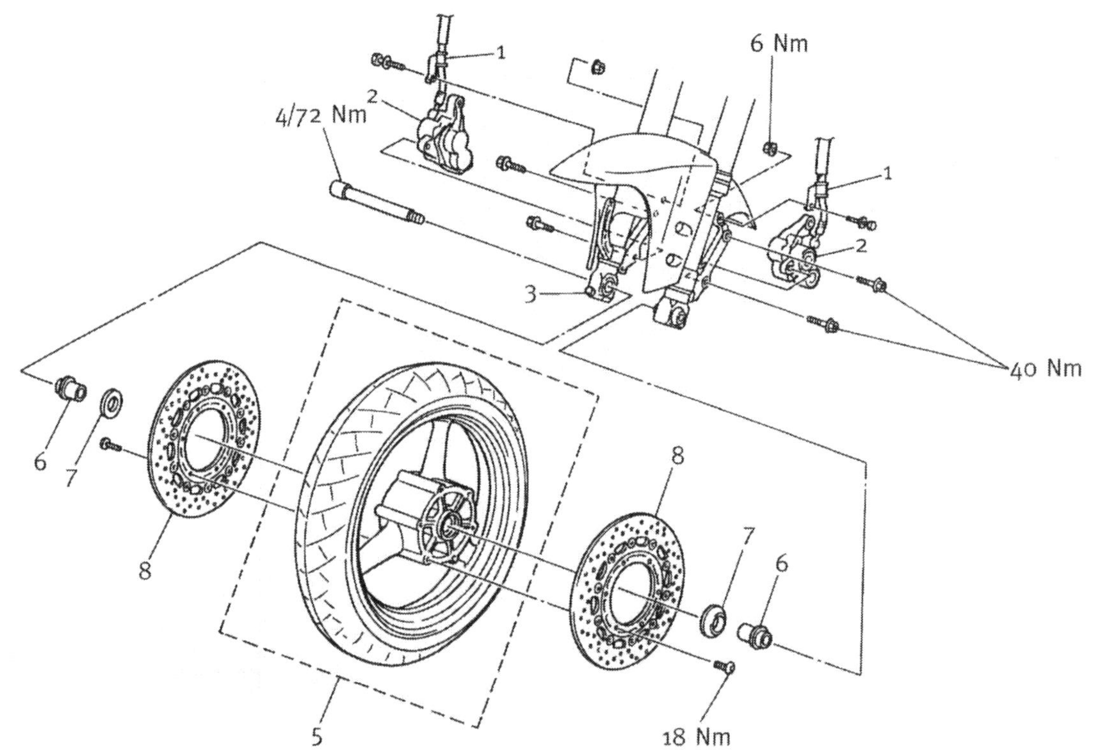

Bild 291
Vorderrad aus- und einbauen
Anzugsmomente
1 Bremsschlauch-Halter
2 Bremssattel
3 Achsklemmschraube
4 Achse
5 Vorderrad
6 Distanzhülse
7 Stabschutz
8 Bremsscheibe

Bild 292
Befestigungsschrauben der Radabdeckung

Bild 293 ➤
Untere Gabelklemmschrauben

TIPP Vor Lösen der Gabelbrücken-Klemmschrauben obere Gabelverschlussschraube lockern (noch nicht ganz ausdrehen).

- **Bild 107:** Klemmschrauben der Lenkerstummel und Gabelbrücke lockern.
- **Bild 293:** Gabelklemmschrauben unten lockern und Gabelbeine nach unten herausführen.
- **Bild 294:** Obere Gabelverschlussschraube ① aus Standrohr herausschrauben. Distanzstück mit Gabelfederspanner eindrücken und Dämpferstangenhalter zwischen Distanzstück und Gegenmutter einschieben.
- Gegenmutter lockern und Verschlussschraube von Dämpferstange losdrehen. Dabei mit Halter Feder eindrücken. Feder steht unter Druck!
- Gegenmutter, Distanzstück und Feder entnehmen.
- Gabel umdrehen und Gabelöl in Auffanggefäss auspumpen.
- **Bild 295:** Staubmanschette, Sicherungsfederring, Dichtring und Scheibe mit passendem Schraubendreher aushebeln.
- **Bild 296:** Untere Gabelverschlussschraube ausdrehen. Dabei Dämpferpatrone mit YAMAHA-Spezialwerkzeug 90890-01423 gegenhalten.
- Dämpferpatrone aus Tauchrohr herausschütteln. Dämpferpatrone kann nicht zerlegt werden.
- Standrohr mit kräftigem Ruck aus Tauchrohr herausziehen (Ziehhammer-Prinzip).

Lenkkopflager

⚠ Lagerschalen nur bei Beschädigung oder Verschleiss ausbauen.

- Obere Gabelbrücke wie zur Spielkorrektur ausbauen (*Kapitel 3.18*).
- Einstellmutter ganz ausdrehen und untere Gabelbrücke/Gabelschaftrohr nach unten entnehmen.
- **Bild 297:** Lagerschalen oben und unten im Lenkkopf mit entsprechend langem und kräftigem Dorn von oben bzw. unten mit Stahlhammerschlägen schrittweise über Kreuz austreiben.

⚠ Lager nicht verkanten und so Lagersitz aufweiten!

- **Bild 298:** Unteren Laufring mit Hammer und Meissel vom Sitz treiben.

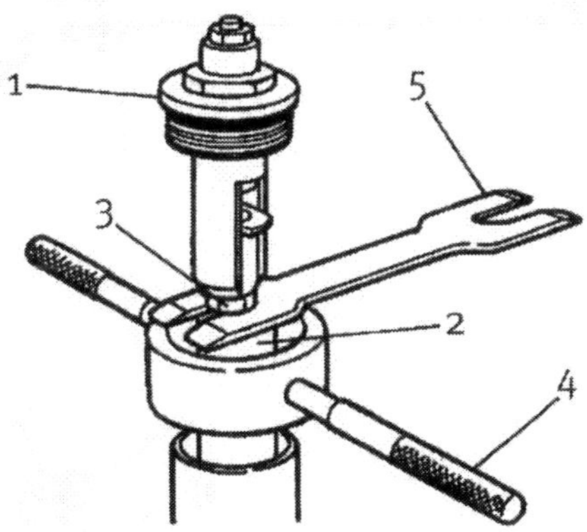

Bild 294
Obere Gabelverschlussschraube ausbauen
1 Verschlussschraube
2 Distanzstück
3 Gegenmutter
4 Gabelfederspanner
5 Dämpferstangenhalter

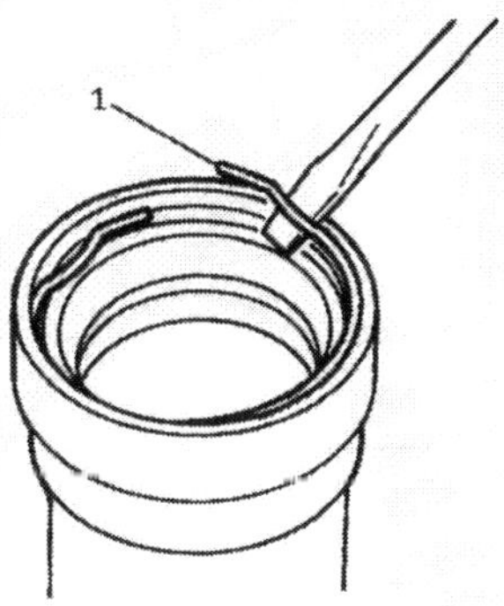

◄ Bild 295
Sicherungsfederring ① aushebeln

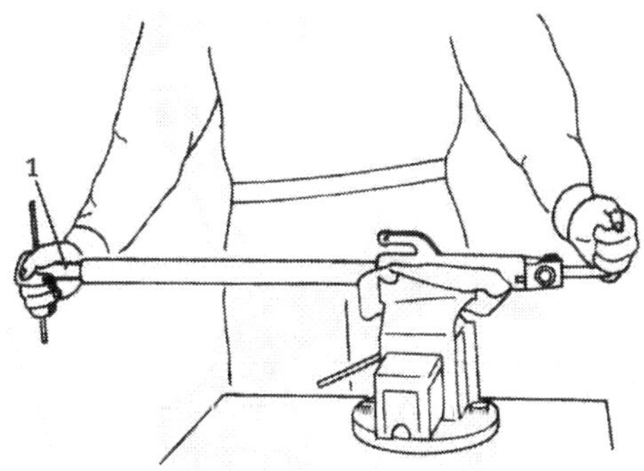

Bild 296
Untere Gabelverschlussschraube (Innensechskant SW 6) ausdrehen

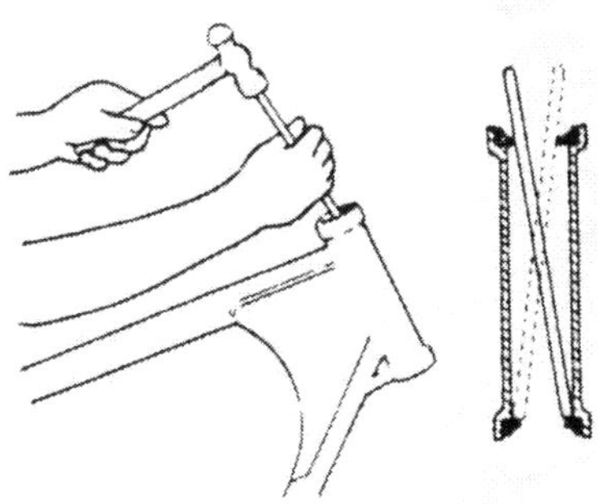

◄ Bild 297
Lagerlaufring austreiben
1 Treibdorn

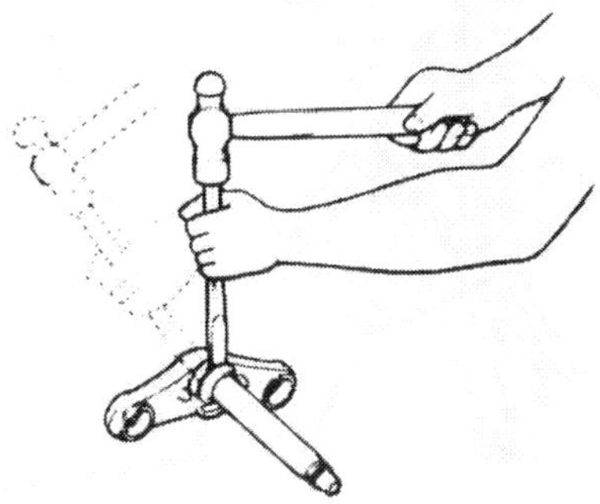

Bild 298
Lagerlaufring mit Meissel austreiben

Bild 299
Improvisierte Felgenschlag-Messung

18.2 Prüfen und Vermessen

Laufrad

Räder auf Zentrierständer lagern, Seiten- und Höhenschlag mit Messuhr prüfen (Verschleissgrenze jeweils 2,0 mm). Unrund laufende Räder richten lassen.

Bild 299: Auf Zentrierständer auch Unwucht des Rades feststellen (einen solchen Stützbock kann man leicht improvisieren oder selbst herstellen. Ein stabiler Schraubstock reicht oft schon aus, um die verschraubte Radachse einzuspannen).

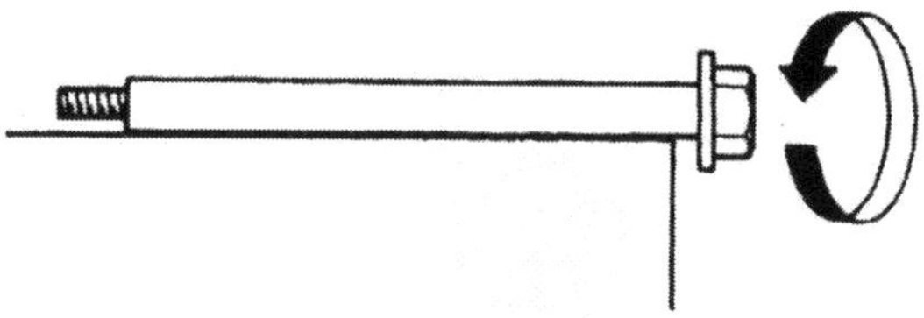

Bild 300
Achsschlag auf Richtplatte prüfen

Bild 301 ➤
Radlager von Hand prüfen

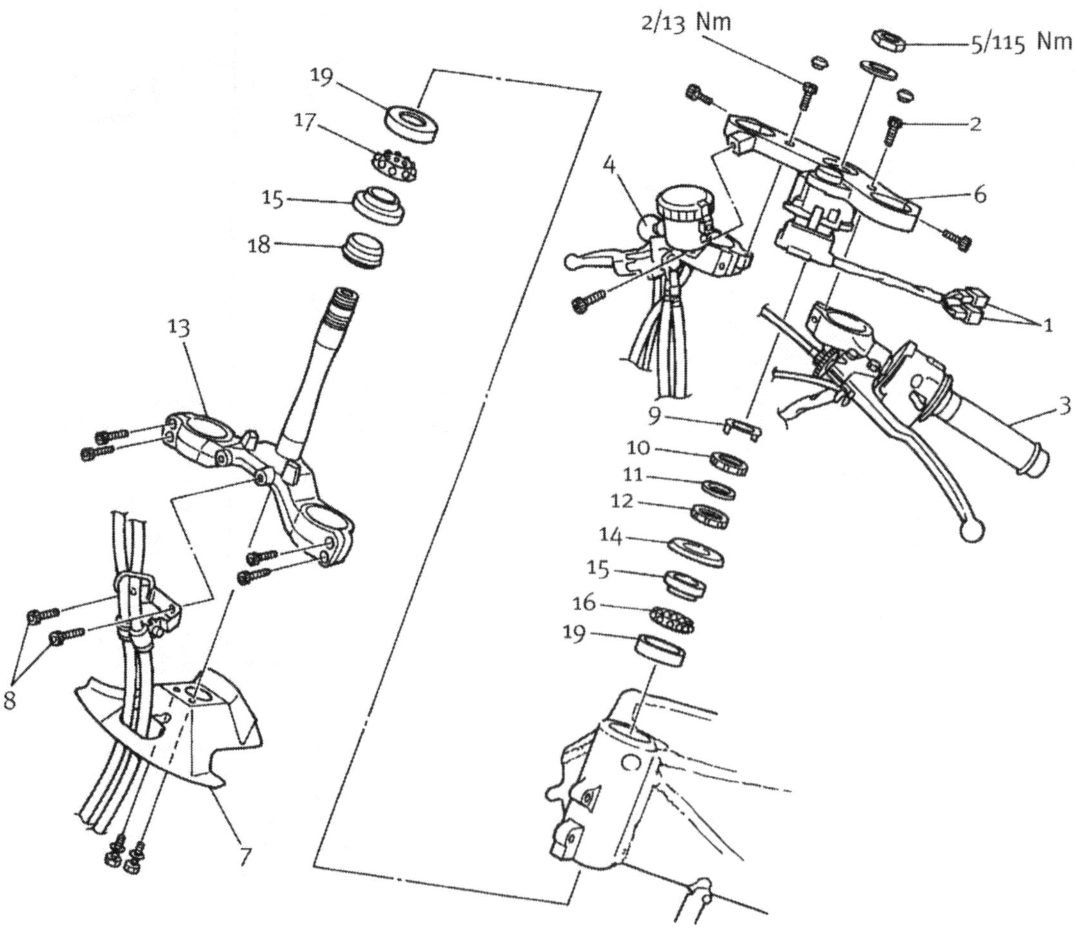

Bild 302
Lenkkopf
Anzugsmomente

1 Zündschloss-Stecker
2 Fixierschraube (Lenkerstummel)
3 Lenkerstummel links
4 Lenkerstummel rechts
5 Lenkkopfmutter
6 Obere Gabelbrücke
7 Blense (untere Gabelbrücke)
8 Schraube (Bremsschlauch-Halter)
9 Sicherungsscheibe
10 Gegenmutter
11 Gummischeibe
12 Einstellmutter
13 Untere Gabelbrücke
14 Lagerdeckel
15 Innenlaufring
16 Lager oben
17 Lager unten
18 Staubschutzmanschette
19 Aussenlaufring

TIPP Fingerzeig
Exakt messen

Wuchtung des Rades nach jedem Reifenwechsel prüfen. Manche Reifenhersteller markieren leichteste Stelle des Reifens mit Farbpunkt. Dieser muss genau in Höhe des Ventils stehen.

■ An Vorderradfelge nicht mehr als 60 Gramm Wuchtgewichte anbringen.

Bild 300: Radachse über Richtplatte rollen und so Verzug feststellen. Bei Verzug Achse erneuern.

⚠ Niemals versuchen, Achse gerade zu richten.

Bild 301: Innenlaufringe der Radlager mit Finger auf einwandfreien und geräuschlosen Lauf prüfen. Aussenlaufring muss fest in Nabe sitzen.

Teleskopgabel und Lenkkopflager

Gabelstandrohre in Prismenblöcke legen und mit Messuhr auf Schlag prüfen. Dabei beachten, dass tatsächlicher Schlag der Hälfte des angezeigten Wertes entspricht!

■ Ab 0,1 mm Schlag Fachwerkstatt zu Rate ziehen, ob Standrohr wieder gerichtet werden kann.

Freie Länge der Gabelfeder messen. *Verschleissgrenze 255 mm*

Bauteile auf Kratzer, Riefen oder anormalen Verschleiss untersuchen. Gleitbuchsen müssen ausgewechselt werden, wenn Beschichtung über mehr als Dreiviertel der Oberfläche abgenutzt ist.

Konuslaufringe des Lenkkopflagers auswechseln, wenn sie beschädigt sind oder Druckstellen und Vertiefungen aufweisen.

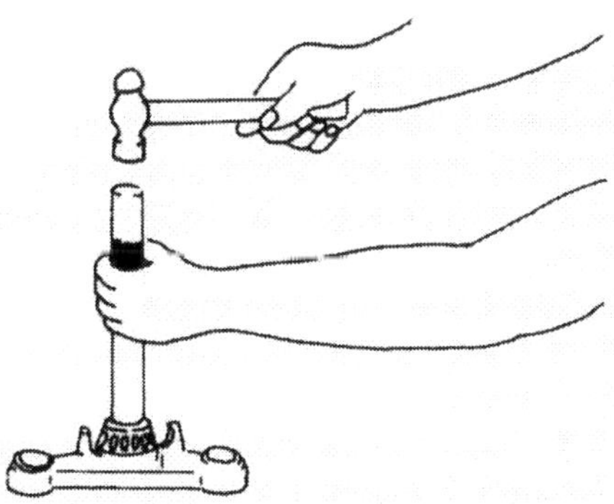

18.3 Montage

Lenkkopflager – **Bild 302**

■ **Bild 303:** Unteren Kegellaufring samt Staubdichtung auf Lenkerschaftrohr mit passendem Rohrstück auftreiben, bis er rundum satt aufsitzt.

TIPP Erwärmen des Laufrings auf ca. 100°C erleichtert sein Aufschieben.

■ **Bild 304:** Lagerschalen in Lenkkopflagersitz mit passendem Rundmaterial eintreiben. Besser mit Gewindestange und passenden Scheiben einziehen.

⚠ Darauf achten, dass Lagerschalen nicht verkanten und so Lagersitze aufweiten.

■ Lagerlaufkörper gefettet in ursprüngliche Lagerschale einsetzen.

■ Untere Gabelbrücke bzw. Lenkschaftrohr von unten in Lenkkopf einführen.

■ Oberen Lagerlaufkörper gefettet in Lagerschale einsetzen.

■ Lagerdeckel auflegen und Einstellmutter anziehen (40 – 44 Nm), damit sich Lagerschalen setzen.
Anschliessend wieder um $\frac{1}{4}$–$\frac{1}{2}$ Umdrehung lösen und wieder anziehen, bis Lager spielfrei und leichtgängig ist (*Kapitel 3.18*).

■ **Bild 305:** Obere Gabelbrücke samt Lenkkopfmutter montieren. Dabei Gabelstandrohre provisorisch einsetzen.

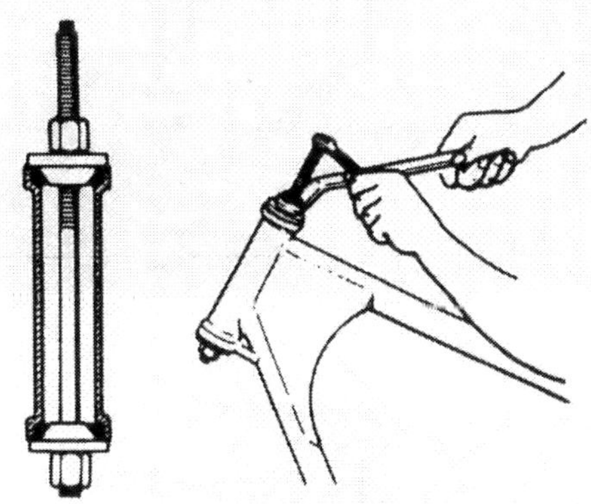

◄ **Bild 303**
Lagerschale auftreiben

Bild 304
Lagerschalen einziehen

Vorsicht! ⚠
Aufgepasst! 👁

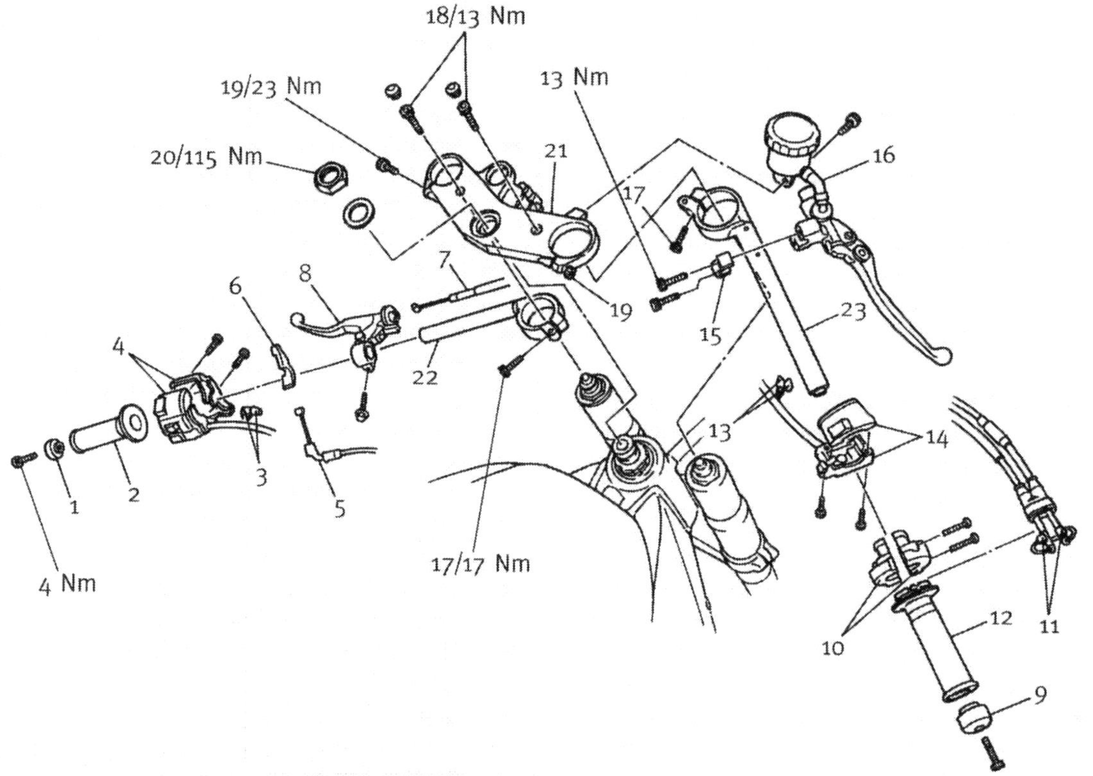

Bild 305
Lenkerstummel und obere Gabelbrücke
Anzugsmomente

1 Lenkergewicht links
2 Griffgummi
3 Kupplungsschalter-Stecker
4 Lenkerschalter links
5 Chokeseilzug
6 Chokehebel
7 Kupplungsseilzug
8 Kupplungshebel
9 Lenkergewicht rechts
10 Gasdrehgriff-Gehäuse
11 Gasseilzug
12 Gasrehgriff
13 Bremslichtschalter-Stecker
14 Lenkerschalter rechts
15 Klemmstück/Handpumpe
16 Handpumpe
17 Lenkerstummel-Klemmschraube
18 Fixierschraube (Lenkerstummel)
19 Klemmschraube (obere Gabelbrücke)
20 Lenkkopfmutter
21 Obere Gabelbrücke
22 Lenkerstummel links
23 Lenkerstummel rechts

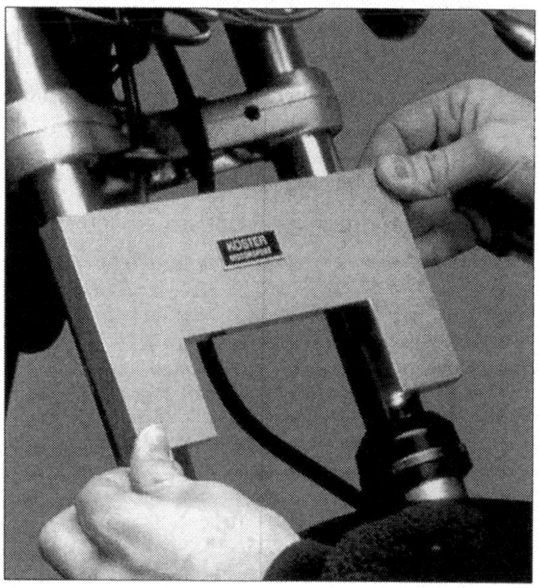

Bild 306
Standrohr-Parallelität mit geschliffener Platte prüfen

👁 **Bild 306:** Bei angelegter Gabelbrückenklemmung mit geschliffener Platte Parallelität der Standrohre prüfen (Platte darf auf beide Standrohre aufgelegt nicht kippeln). Gegebenenfalls Standrohre vor endgültigem Festziehen der Klemmung ausrichten (nach Montage der Gabelinnereien).

- **Bild 307** bis **Bild 311:** Lenkerschalter, Gasdrehgriff und Hebel (Kupplung und Bremse) so montieren, dass Zapfen in Bohrung eingreift bzw. Klemmspalt mit Körnerpunkt fluchtet.

Teleskopgabel – **Bild 312**

⚠ Grundsätzlich sollen die Gleitbuchsen, Wellendichtringe und Staubschutz-Manschetten nach Zerlegen der Gabel erneuert werden.

- Dämpferpatrone von oben durch Standrohr stecken und langsam hinunter gleiten lassen.
- **Bild 296:** Untere Gabelverschluss-Schraube mit flüssiger Schraubensicherung versehen und mit Kupferdichtring eindrehen (40 Nm). Falls sich Dämpferkolbenstange mitdreht, mit YAMAHA-Spezialwerkzeug und langer Verlängerung gegenhalten.
- **Bild 313:** Zum Schutz der Dichtlippen des Wellendichtrings einen Plastikbeutel über Gabelrohr stülpen.

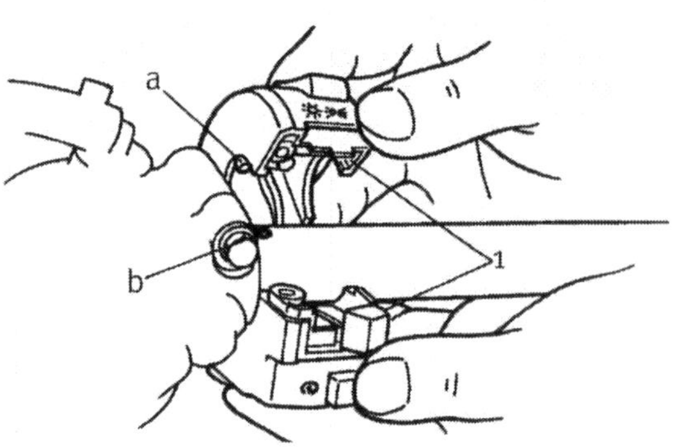

Bild 307
Lenkerschalter rechts ①
a Zapfen
b Bohrung

TIPP Fingerzeig
Exakt messen

- **Bild 314:** Staubdichtung, Federsicherung, Wellendichtring (Beschriftung weist nach aussen) und Gleitrohrbuchse von Hand auf Gabelrohr aufschieben.
- Anschlagring in Nut des Gleitrohrs einsetzen und darauf achten, dass dieser einwandfrei in seiner Nut sitzt. Staubdichtung einsetzen.

TIPP Damit Dämpferstange zum Entlüften der Dämpferpatrone aus Gabelrohr hochgezogen werden kann, Drahtverlängerung an Gegenmutter der Dämpferstange befestigen.

- Standrohr bis zum Anschlag in Tauchrohr einschieben und pro Gabelbein 477 cm^3 Gabelöl einfüllen (YAMAHA-Gabelöl 01).
- Dämpferstange mindestens 10 mal hochziehen und wieder in Gabelrohr einschieben, damit sich das Gabelöl verteilt. Dabei Stange ganz langsam hochziehen und wieder eindrücken! Andernfalls spritzt Gabelöl heraus.
- Gabelrohre mehrmals auf- und abpumpen, bis keine Luftbläschen mehr auftauchen und so Dämpfer entlüften. Dabei nicht mehr als 100 mm Hub zurücklegen, andernfalls kann Luft wieder eindringen. In diesem Fall Dämpferstange nochmals wie oben beschrieben entlüften.
- Ölstand von Oberkante des Standrohrs aus messen.

(Exakt messen) **Bild 315:** Unbedingt darauf achten, dass Ölstand »a« in beiden Gabelbeinen gleich ist (Gabel vollständig zusammengeschoben ohne Feder).

- Gabelfeder in Standrohr einführen (grosser Windungsabstand nach unten weisend). Es folgen Federsitz, Distanzhülse.
- **Bild 316:** Distanzstück mit Gabelfederspanner eindrücken und Halter zwischen Gegenmutter und Distanzstück einschieben.
- **Bild 317:** Gegenmutter auf Mass a auf Dämpferstange eindrehen.
- Obere Verschlussschraube eindrehen und mit Gegenmutter kontern (15 Nm).
- Obere Gabelverschlussschraube mit geöltem neuen O-Ring eindrehen.
- Standrohr unter gleichzeitigem Drehen durch untere und obere Gabelbrücke schieben, bis Standrohre oben bündig mit Gabelbrücke abschliessen.
- **Bild 318:** Untere und obere Gabelklemmschrauben anziehen.
- Radabdeckung montieren.

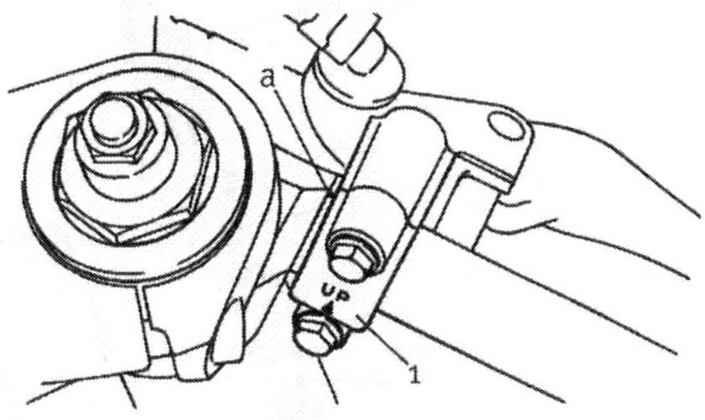

Bild 308
Handpumpe
1 Klemmstück
a Körnerpunkt

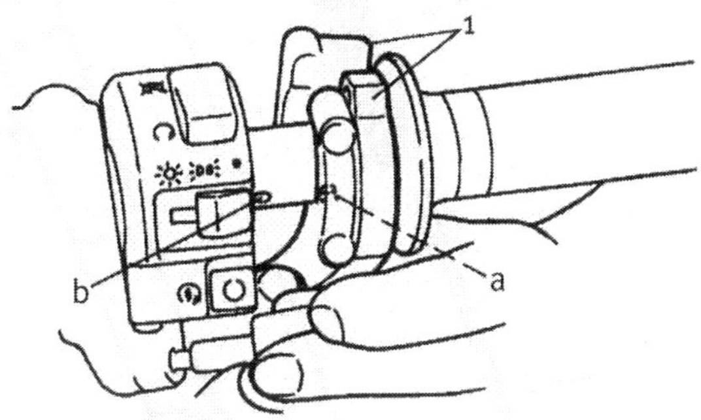

Bild 309
Gasdrehgriff-Gehäuse ①
a Zapfen
b Bohrung

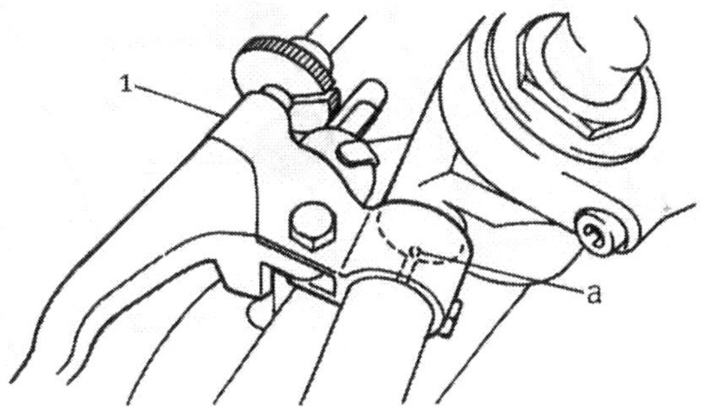

Bild 310
Kupplungshebel ①
a Körnerpunkt

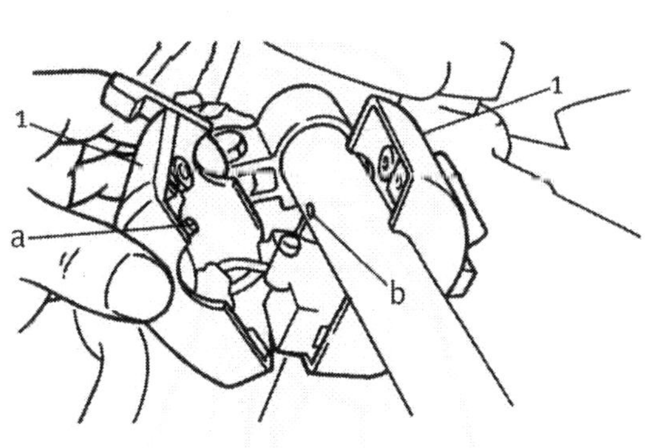

Bild 311
Lenkerschalter links ①
a Zapfen
b Bohrung

Bild 312
Teleskopgabel
Anzugsmomente

1 Verschlussschraube
2 O-Ring
3 Distanzstück
4 Mutter
5 Federsitz
6 Gabelfeder
7 Einstellstange
8 Standrohr
9 Staubschutz-Manschette
10 Sicherungsring
11 Wellendichtring
12 Scheibe
13 Untere Gabelverschlussschraube
14 Kupferscheibe
15 Dämpferpatrone
16 Tauchrohr

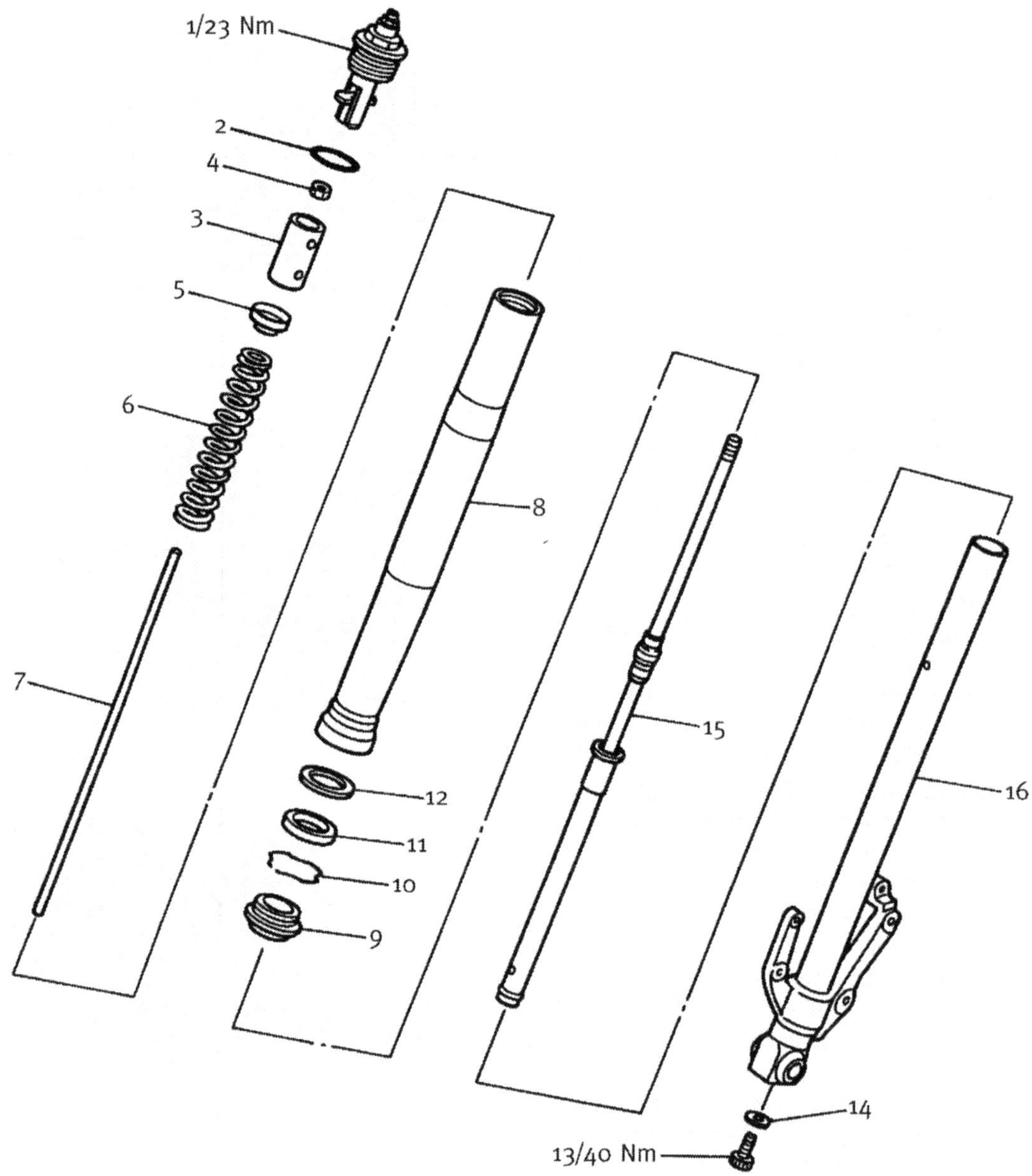

Bild 313
Dichtlippenschutz beim Montieren des Wellendichtrings: Plastikbeutel

Bild 314 ➤
Gabel zusammenbauen

1 Staubschutz-Manschette
2 Sicherungsring
3 Wellendichtring
4 Scheibe

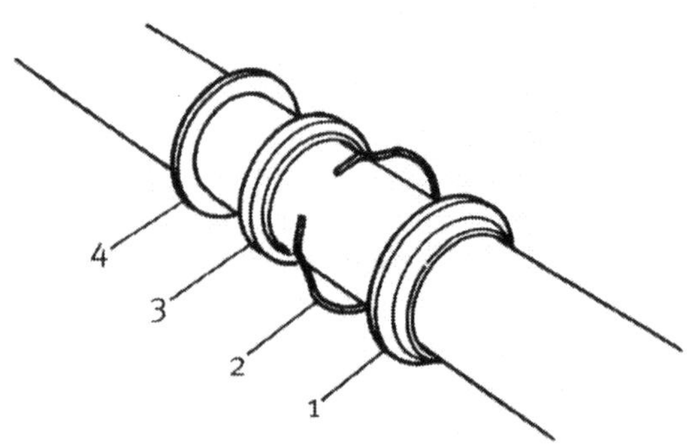

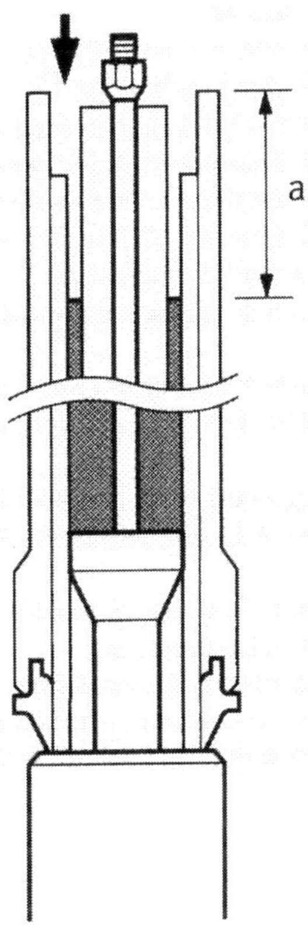

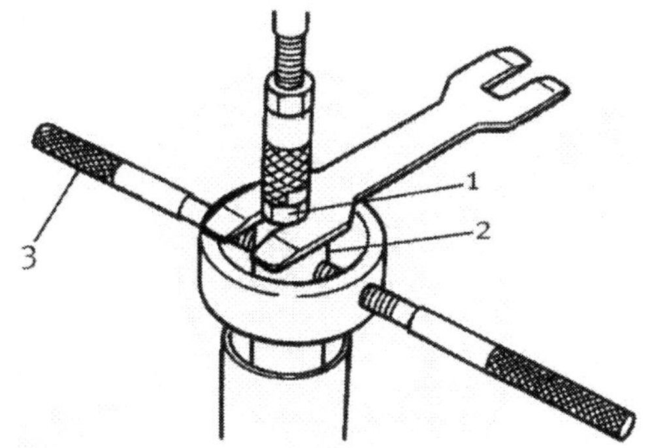

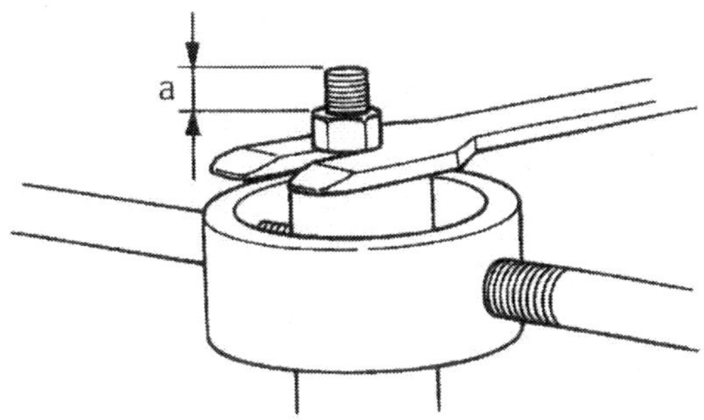

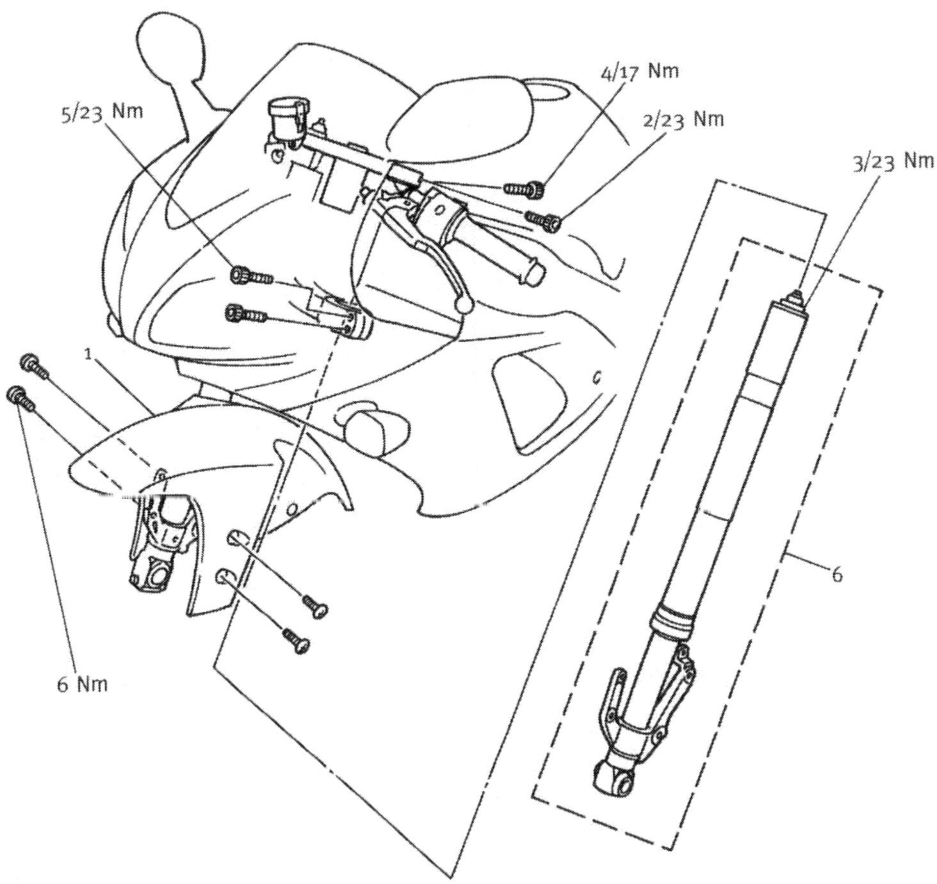

Bild 315
Gabelölstand messen
a 78 mm

Bild 316
Halter zwischen Gegenmutter und Distanzstück einschieben
1 Gegenmutter
2 Distanzstück
3 Gabelfederspanner

Bild 317
Gegenmutter auf Dämpferstange aufdrehen
a 11 mm

Bild 318
Gabel einbauen
Anzugsmomente
1 Radabdeckung
2 Klemmschraube (obere Gabelbrücke)
3 Verschlussschraube
4 Klemmschraube (Lenkerstummel)
5 Klemmschraube (untere Gabelbrücke)
6 Gabelbein

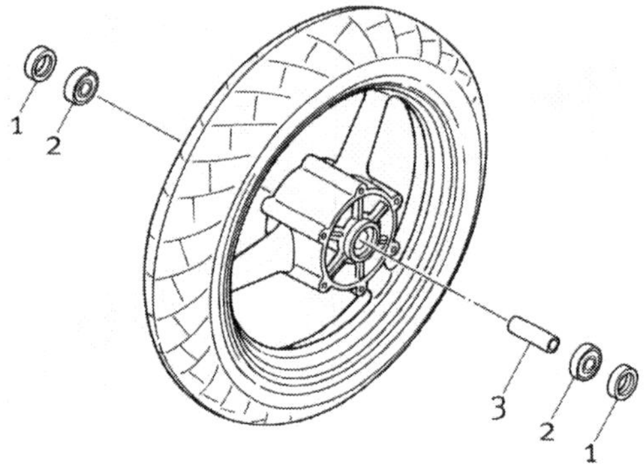

Bild 319
Vorderrad
1 Wellendichtring
2 Radlager
3 Distanzhülse

Laufrad – **Bild 319**

- Lager und Staubdichtungen wie bei *Lenkkopflager* beschrieben einziehen.
- Zuerst linkes Lager (fettgefüllt) einziehen, Distanzhülse einsetzen, dann rechtes Lager einziehen. Gegebenenfalls Lager nur am Aussenring mit passender Nuss oder Rundmaterial nachsetzen.
- Dichtringe mit passender Nuss einschlagen.
- Bremsscheibe montieren. Schrauben mit flüssiger Schraubensicherung anziehen (18 Nm).
- Bremsscheibe mit hochwertigem Entfettungsmittel (Bremsscheibenreiniger) reinigen.
- **Bild 291:** Rad mit Distanzhülsen zwischen Gabelbeine einsetzen.
- Achse mit 72 Nm anziehen, dann Gabel eintauchen, damit sich Achse setzt. Klemmschrauben anziehen (20 Nm).

Heckpartie

19.1 Ausbau

- Motorrad auf Kiste o.Ä. stabil so untermauern, dass Hinterrad freikommt.

Hinterrad

- **Bild 320:** Achsmutter ausdrehen, Hinterrad anheben und Achse herausziehen. Auf Distanzhülse achten!
- Antriebskette auf grösstmöglichen Durchhang einstellen (Rad ganz nach vorn drücken).
- Kette von Kettenrad abnehmen, und Hinterrad aus Schwinge herausführen.
- **Bild 321:** Kettenblatt-Träger von Hand abnehmen.
- Zum Entfernen des Kettenblatts sechs Muttern ausdrehen.
- Wellendichtringe mit Schraubendreher o.Ä. aushebeln.

TIPP Zum Austreiben der Radlager Radnabe bzw. Abtriebflansch auf elektrischer Kochplatte anwärmen. Einmal ausgebaut, gehören Radlager auf den Schrott!

- Distanzhülse zwischen den Radlagern aushebeln.
- **Bild 322:** Lager mit 10 mm-Dorn und Stahlhammer schrittweise über Kreuz austreiben.
- Nach Ausbau eines Lagers Distanzhülse entnehmen und das gegenüberliegende Lager austreiben.

Federbein

- **Bild 323:** Umlenkhebel von Schwinge und Federbein abnehmen. Dabei Schwinge abstützen, damit sie nicht auf Anschlag »knallt«.
- **Bild 324:** Obere Befestigungsschraube ausdrehen und Federbein abnehmen.

Bild 320
Achsmutter hinten (150 Nm)

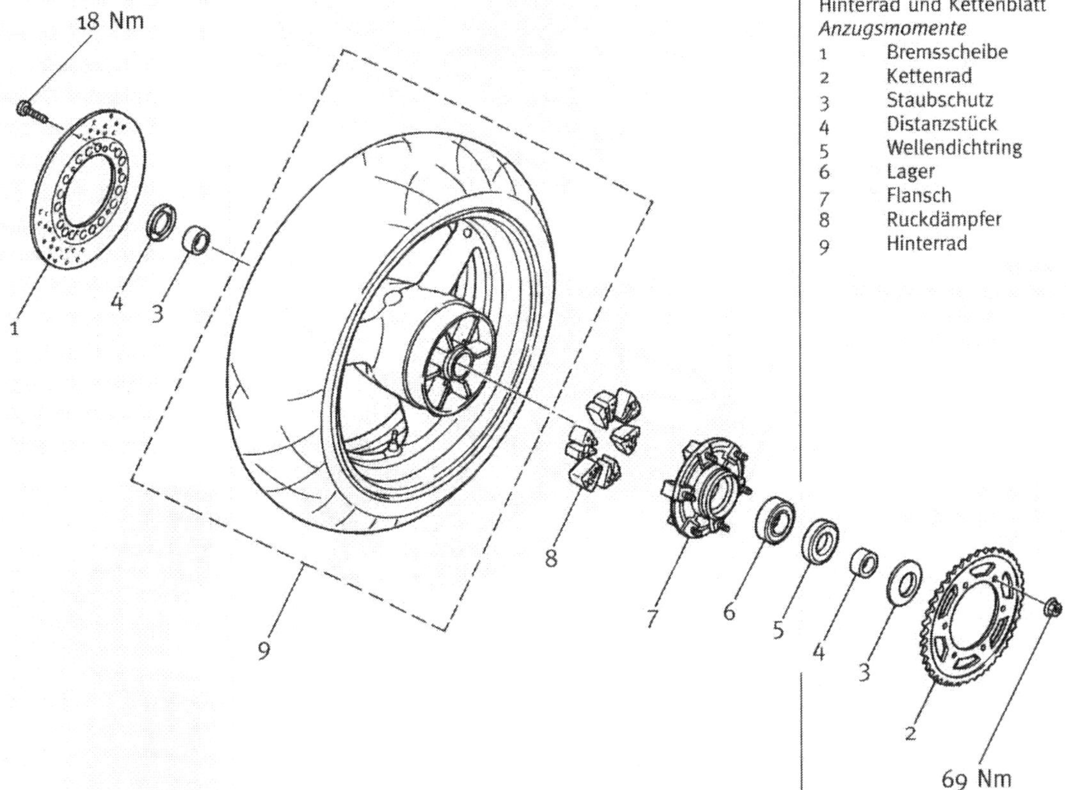

Bild 321
Hinterrad und Kettenblatt
Anzugsmomente

1 Bremsscheibe
2 Kettenrad
3 Staubschutz
4 Distanzstück
5 Wellendichtring
6 Lager
7 Flansch
8 Ruckdämpfer
9 Hinterrad

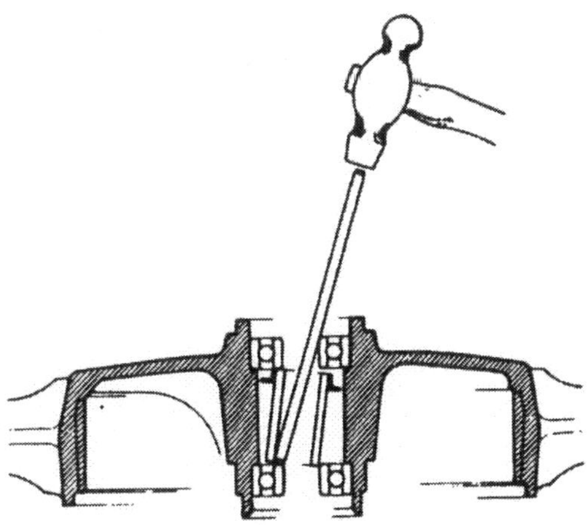

Bild 322
Radlager austreiben (Prinzipdarstellung)

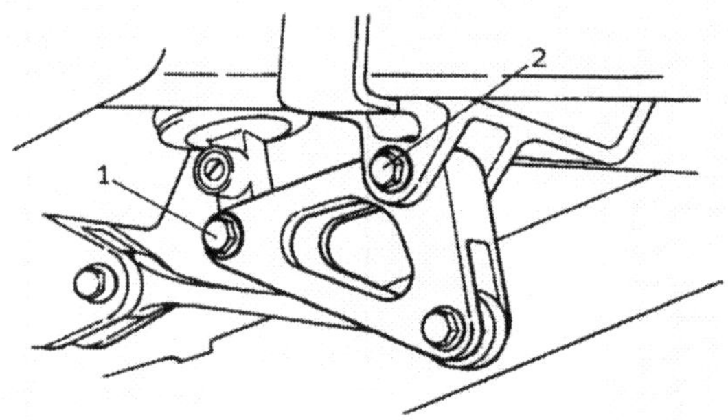

Bild 323
Umlenkhebel von Schwinge und Federbein abnehmen
1 Federbein
2 Schwinge

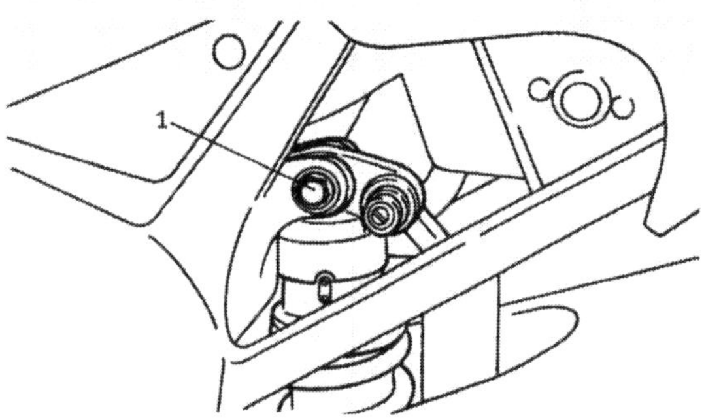

Bild 324
Obere Federbeinbefestigung ①

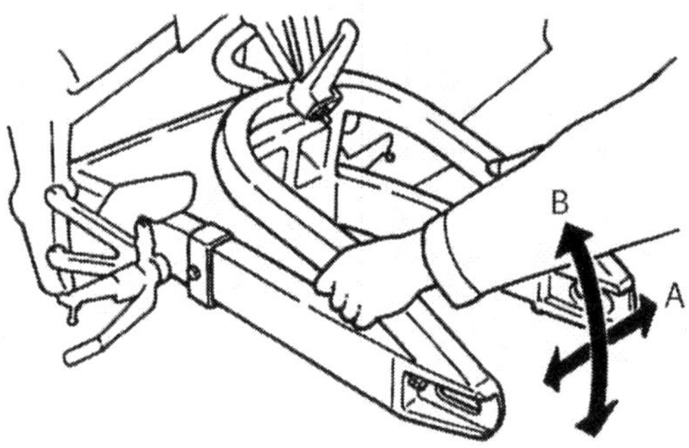

Bild 325
Schwingenlagerung prüfen
A Axialspiel
B Vertikalbewegung

⚠ Stossdämpfer enthält hochkomprimiertes Stickstoffgas und Öl! Das unter hohem Druck stehende Federbein kann bei unsachgemässer Beseitigung schwere Verletzungen verursachen! Beseitigung eines verschlissenen Federbeines ist Sache der YAMAHA-Werkstatt. Auf keinen Fall einfach zum Schrott werfen!

Schwinge

⚠ **Bild 325:** In diesem Montagezustand (nackt ohne Rad und Federbein/Federhebelei) Spiel der Schwingenlagerung am Schwingenende prüfen (max. 1 mm Spiel am Schwingenende).

- **Bild 326:** Achsmutter ausdrehen.
- Falls Achse schwergängig, auf die über mindestens 5 Gewindegänge aufgeschraubte Mutter kurzen trockenen Schlag mit dem Gummihammer geben und so Schwingachse lösen.
- Achse nach links herausziehen und Schwinge entnehmen.

⚠ Auf Verbleib der Distanzbuchsen und -Scheiben achten – und deren Einbaulage.

- Distanzbuchsen und Staubschutzdeckel lassen sich von Hand entnehmen. Lagerkäfige mit passendem Abzieher nach »Ziehhammer-Prinzip« austreiben, wobei diese zerstört werden.

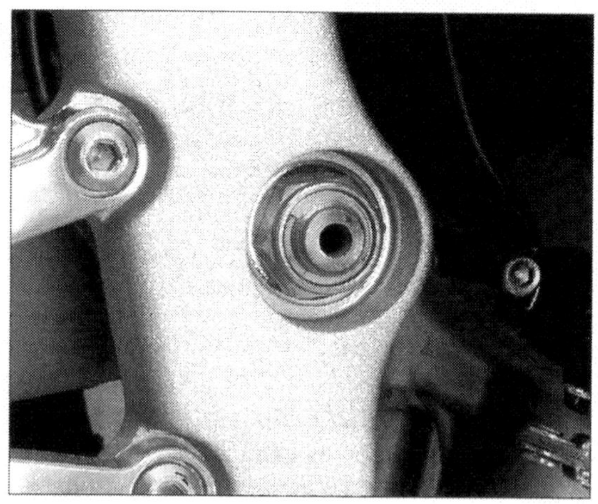

Bild 326 ➤
Schwingachsmutter (125 Nm)

19.2 Prüfen und Vermessen

Felgenschlag wie am Vorderrad beschrieben prüfen (*Kapitel 18.2*).

Schwinge auf Verzug oder Risse prüfen. Schwinge muss sich bei demontiertem Hinterrad und Stossdämpfer ohne Unregelmässigkeiten auf- und abbewegen lassen.

Seitliches Spiel der Schwinge wie im vorhergehenden Kapitelabschnitt beschrieben messen: maximal 1 mm, gemessen am Schwingenende.

Staubdichtungen der Federbeinbefestigung auf Beschädigung überprüfen. Druckdeckel und Buchse dürfen keine Riefen oder Kratzer aufweisen. Lager auf Grübchenbildung und übermässiges Spiel untersuchen.

Stossdämpfer auf Ölaustritt an Dämpferstange untersuchen.

Kettenrad auf Beschädigung und Verschleiss untersuchen.

19.3 Montage

Schwinge – **Bild 327**

- In Fachwerkstatt Nadellager in Schwinge mit passendem Dorn eintreiben lassen.
- Buchsen, Distanzscheiben und Staubdichtungen gefettet einsetzen.
- Schwingachse leicht fetten und von links einschieben. Mutter mit 125 Nm anziehen.

Federhebelei und Federbein

- **Bild 328:** In Fachwerkstatt Nadellager in Umlenkhebel mit passendem Dorn eintreiben.
- Buchsen, Distanzscheiben und Staubdichtungen gefettet einsetzen.
- Federbein einsetzen, obere und untere Befestigungsschrauben eindrehen (40 Nm).

Laufrad – **Bild 329** *und* **Bild 330**

- Lager wie am Vorderrad (*Kapitel 18.3*) mit markierter Seite nach aussen einziehen. Distanzhülse nicht vergessen.
- Kettenblatt anbringen. Sechs Muttern anziehen (69 Nm).
- Dämpfergummis in Radnabe einsetzen und Abtriebsflansch einsetzen.
- Hinterrad einsetzen, Kette auffädeln, Achse leicht gefettet einschieben und Achsmutter locker anlegen.
- Antriebskette einstellen (*Kapitel 3.13*).
- Achsmutter anziehen (150 Nm).

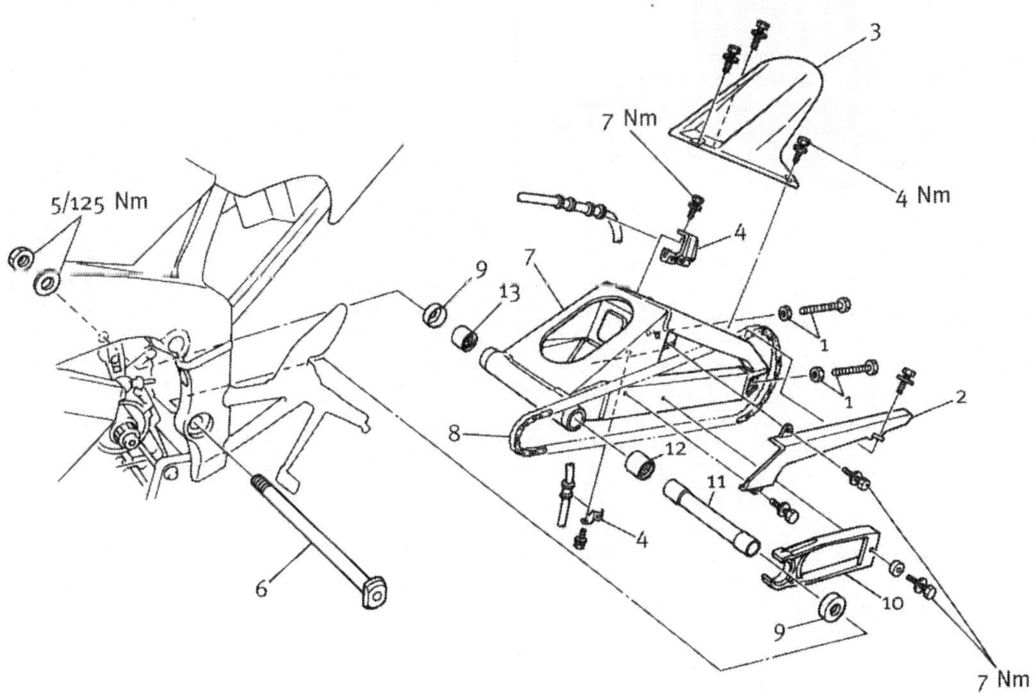

Bild 327
Schwinge
Anzugsmomente
1 Einstellschraube/Gegenmutter
2 Kettenschutz
3 Radabdeckung
4 Bremsschlauch-Halterung
5 Schwingachsmutter/Scheibe
6 Schwingachse
7 Schwinge
8 Antriebskette
9 Staubkappe
10 Kettenführung
11 Distanzstück
12 Lager
13 Lager

Bild 328
Federhebelei
und Federbein
Anzugsmomente
1 Selbstsichernde Mutter/Schraube
2 Selbstsichernde Mutter/Schraube
3 Selbstsichernde Mutter/Schraube/Distanzstück
4 Federbein
5 Distanzstück/Dichtring/Lager
6 Selbstsichernde Mutter/Schraube
7 Umlenkhebel
8 Distanzstück/Dichtring/Lager
9 Selbstsichernde Mutter/Schraube/Distanzstück
10 Zugstange
11 Distanzstück/Dichtring/Lager

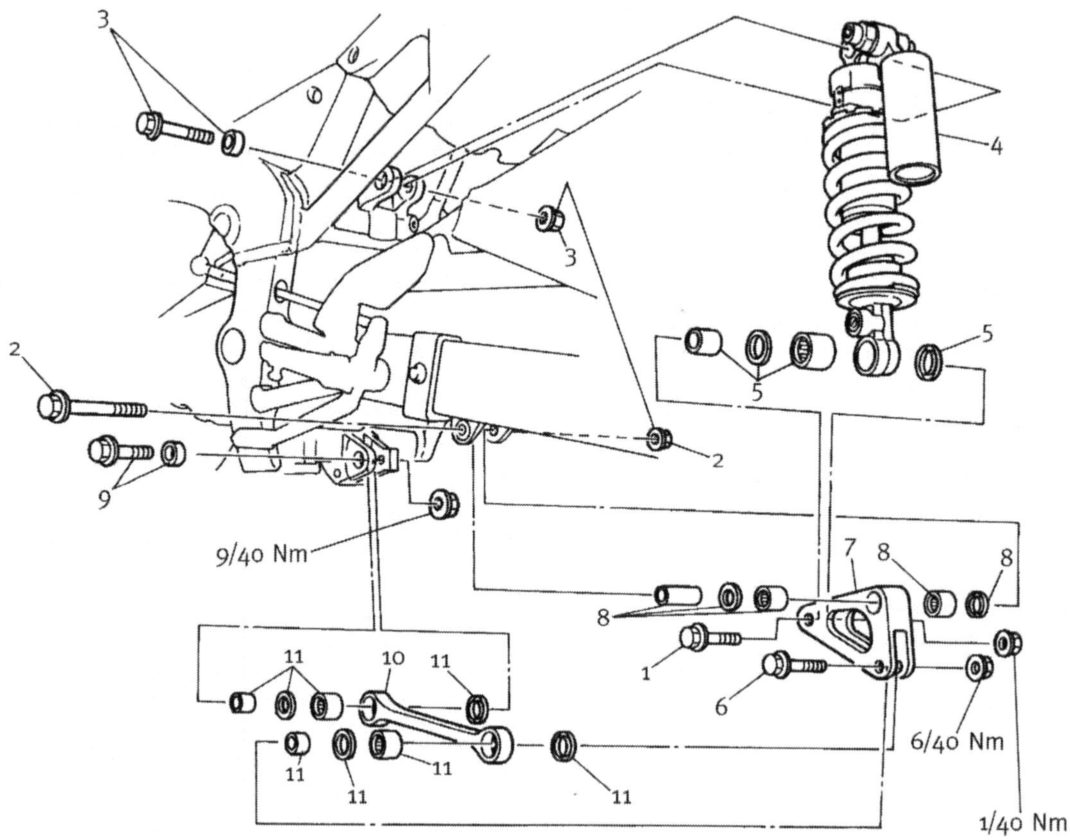

Bild 329
Hinterrad
1 Distanzstück
2 Lager
3 Distanzstück
4 Dichtring
5 Sicherungsring
6 Lager

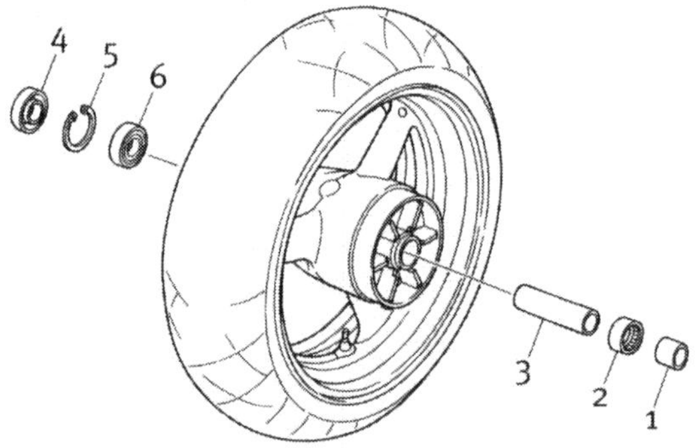

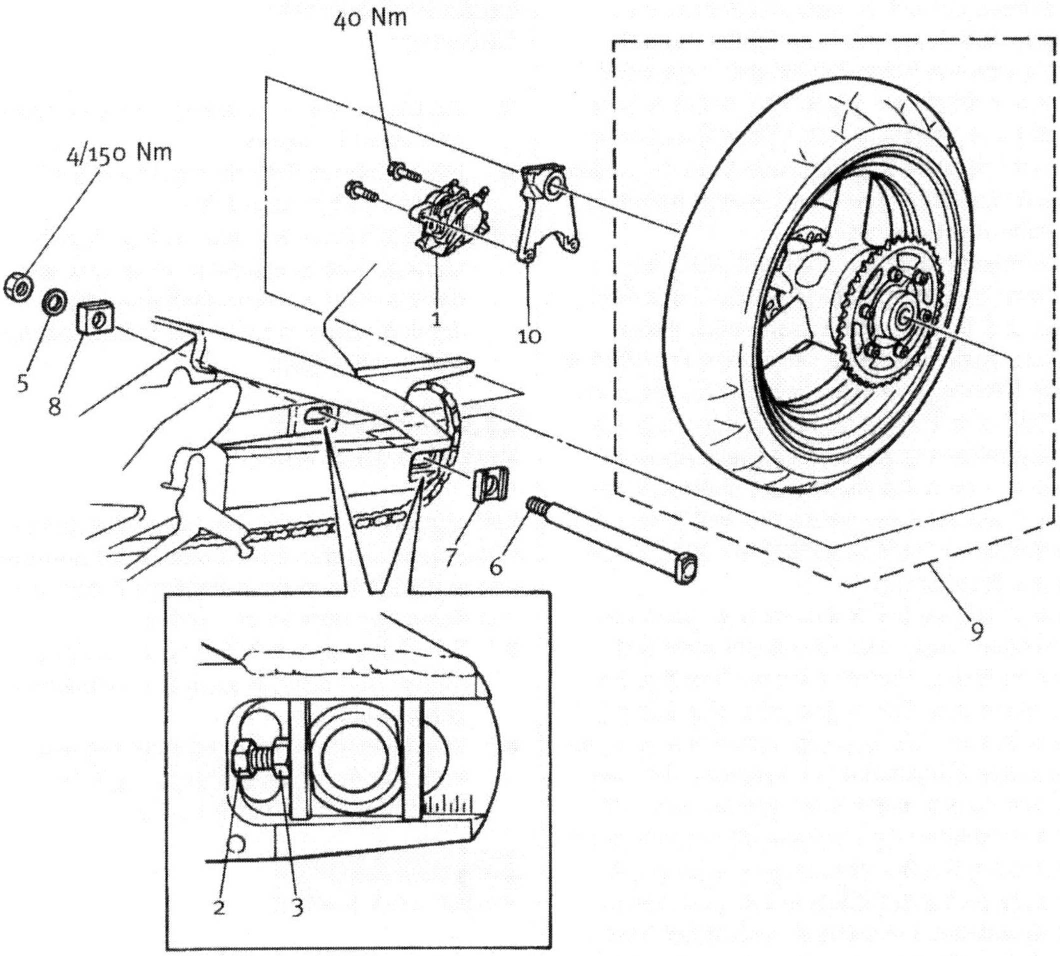

Bild 330
Hinterrad einbauen
Anzugsmomente
1 Bremssattel
2 Gegenmutter
3 Einsteller
4 Achsmutter
5 Scheibe
6 Hinterachse
7 Achsführung
8 Achsführung
9 Hinterrad
10 Bremssattel-Halter

Einwintern

Richtiges Einwintern oder »Einmotten« für längere Zeiträume (etwa ab einem Monat) macht sich auf jeden Fall bezahlt. Und zwar nicht nur durch den Werterhalt der Maschine, sondern es entfallen auch mühseliges Gefummel und Verwünschungen, wenn die Kiste nach dem Winterschlaf ihre Arbeit wieder aufnimmt, als wäre nichts gewesen.

Als Aufbewahrungsort empfiehlt sich eine trockene und gut belüftete Garage oder Ähnliches. Und im Fall einer Garage bitte darauf achten, dass nicht etwa salzhaltige Feuchtigkeit durch Fahrzeuge eingeschleppt wird, die auch bei Streusalz-Einsatz bewegt werden und die Garage mitbenutzen. Eine spezielle Abdeckplane aus dem Zubehörhandel hilft natürlich auch – und zwar der Kasse des Verkäufers. Im geschilderten Idealfall genügt ein altes Bettlaken als Staubschutz.

Anders sieht es bei einem weniger günstigen Abstellplatz aus, etwa ein überdachter Stellplatz im Freien. Hier ist eine hochwertige Abdeckplane natürlich angebracht. Hochwertig heisst in dem Fall, dass die Plane aus einer so genannten Klimamembran aufgebaut ist, welche von aussen nach innen wasser- und luftdicht abschliesst und umgekehrt entsprechend durchlässig ist. Bei Verwendung einer preisgünstigeren Kunststoffplane (oft auch innen mit Baumwolle beschichtet) unbedingt unten so weit geöffnet lassen, dass die Luftzirkulation nicht behindert wird und sich dann auch keine Feuchtigkeitsnester bilden können.

So oder so, bevor die Maschine eingestellt wird, steht penibles Putzen und Abschmieren auf dem Programm. Frisches Motoröl und Ventilspielwartung beim Viertakter runden den letzten Inspektionsgang ab, wo auch nach »schwitzenden« Motordeckeln, angescheuerten Kabeln und »gammeligen« Steckern Ausschau gehalten wird.

20.1 Batterie

- Ausbauen wie in *Kapitel 3.18* beschrieben und »warm« lagern.
- Mit Ladegerät Batterie regelmässig alle 10 bis 14 Tage nachladen.

TIPP Im Zubehörhandel sind auch praktische Ladungserhaltungsgeräte erhältlich, die das zuweilen nervenaufreibende Nachdenken, wann mit wie viel Strom geladen wurde, erübrigen.

20.2 Vergaser und Tank

Der verdunstende Sprit hinterlässt Oxidations-Rückstände, welche feine Düsen oder Bohrungen verstopfen und dann Vergaser-Zerlegung und Reinigung notwendig machen.

- Schwimmerkammer-Ablassschraube aufdrehen und Sprit in geeignetes Auffanggefäss ablassen.
- Unversiegelten Stahlblechtank randvoll auffüllen (Rust never sleeps, sagt der Engländer – und Recht hat er).

20.3 Räder und Reifen

- Reifen etwa 0,5 kg/cm^2 über Normaldruck aufpumpen.
- Wenn möglich Fahrzeug so am Rahmen, Schwinge oder Motor (Gehäuse oder Ölwanne nicht eindrücken!) aufbocken, dass beide Räder frei in der Luft hängen.

20.4 Inbetriebnahme

Wenn alles wie in den Vorkapiteln beschrieben ausgeführt wurde, heisst es – in der Regel – wenn die Sonne wieder richtig 'rauskommt: kontrollieren und starten!

→ Motorölstand
→ Kühlflüssigkeitsstand
→ Reifenluftdruck
→ Beleuchtungseinrichtungen
→ Hebel und Pedale
→ Bremssystem: unter Druck setzen und nach etwa 20 Sekunden System auf Leckage sichtprüfen (besonders die Verbindungselemente). Druckpunkt immer noch deutlich fühlbar?

Kabel und Züge

Für die dauerhafte Funktion der Bowdenzüge, Elektrokabel und Schläuche ist die richtige Verlegung die wichtigste Grundvoraussetzung. Geknickte Züge scheuern durch und brechen, verklemmte Kabel können Kurzschlüsse verursachen. Die folgenden Übersichtszeichnungen helfen, Kabel, Schläuche und Züge exakt zu verlegen.

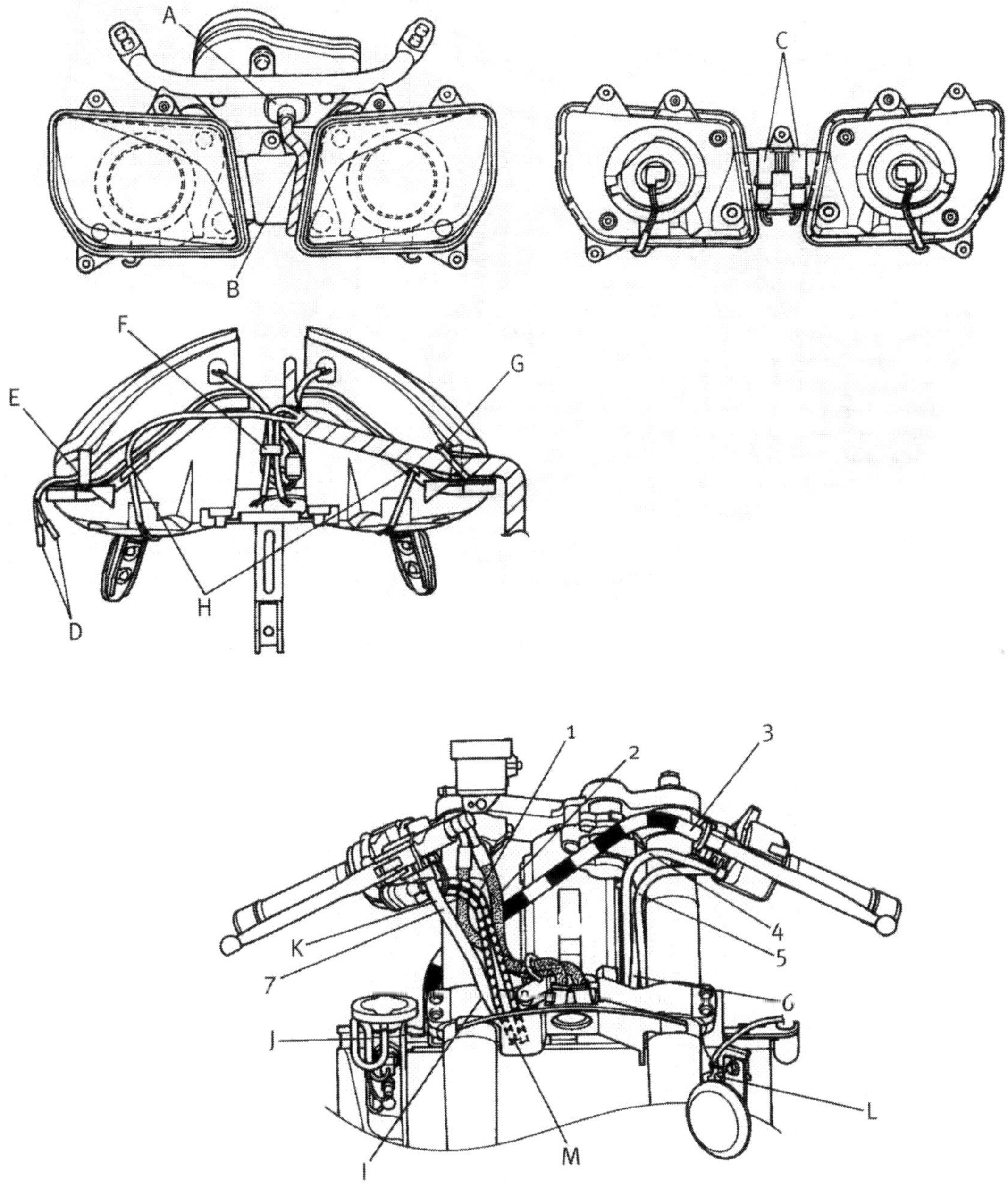

Bild 331
Kabel und Züge
1 Gaszüge
2 Bremsschlauch vorn
3 Kupplungszug
4 Chokezug
5 Lenkerschalterkabel links
6 Zündschlosskabel
7 Lenkerschalterkabel rechts
A Instrumente-Stecker muss richtig eingesteckt und die Gummikappe richtig aufgesetzt werden
B Instrumente-Kabel durch den linken Scheinwerfer führen
C Die Scheinwerfer-Relais an den Scheinwerfer-Steg montieren
D Mit den Blinker-Steckern (vorn rechts) verbinden
E Die Blinkerkabel zwischen Scheinwerfer und Scheinwerfer-Befestigungsvorsprung führen
F Parklichtkabel vorn mit Kabelbinder zusammenbinden
G Kabelbaum mit einem Kabelbinder am Scheinwerfer-Befestigungsvorsprung anbinden
H Scheinwerferkabel durch durch die Kunststoffführung verlegen
I Das Lenkerschalterkabel rechts hinter die Gaszüge führen. Gaszüge und Lenkerschalterkabel rechts dürfen sich nicht kreuzen
J Thermoschalter/ Thermosensor-Nebenkabelbaum vor Kühlerverschlussdeckel verlegen
K Lenkerschalterkabel rechts vor Gaszügen verlegen
L Hupenkabel müssen nach aussen weisen
M Gaszüge und Lenkerschalterkabel rechts zwischen Rahmen und Rahmen-Kunststoffabdeckung, dann zwischen unterer Gabelbrücke und Gabelbrücken-Blende verlegen. Lenkerschalterkabel über Gaszügen verlegen

Bild 332
Kabel und Züge
1 Hinterrad-Bremslichtschalterkabel
2 Aktivkohlebehälter (Kalifornien-Modelle)
3 Auslaufschutzventil (Kalifornien-Modelle)
4 Thermostat-Entlüftungsschlauch
5 Kühler-Zulaufschlauch
6 Ausgleichsbehälter-Entlüftungsschlauch
7 Kupplungsseilzug
8 Pickupkabel
A Schlauch zwischen Auslaufschutzventil und Tank hinter Benzinschlauch verlegen (Kalifornien-Modelle)
B Ausgleichsbehälter-Entlüftungsschlauch über den Steuerkettenspanner verlegen
C Kunststoffclip durch Bohrung in der Rahmen-Kunststoffabdeckung stecken, dann Kabelbaum und Ausgleichsbehälter-Entlüftungsschlauch damit befestigen
D Kupplungsseilzug zwischen Kühlerhalterung und Rahmen und vor dem Thermostat-Entlüftungsschlauch verlegen
E Kupplungsseilzug hinter dem Kühler-Zulaufschlauch verlegen
F Kunststoff-Halteklammer in Bohrung der Ausgleichsbehälter-Zunge stecken

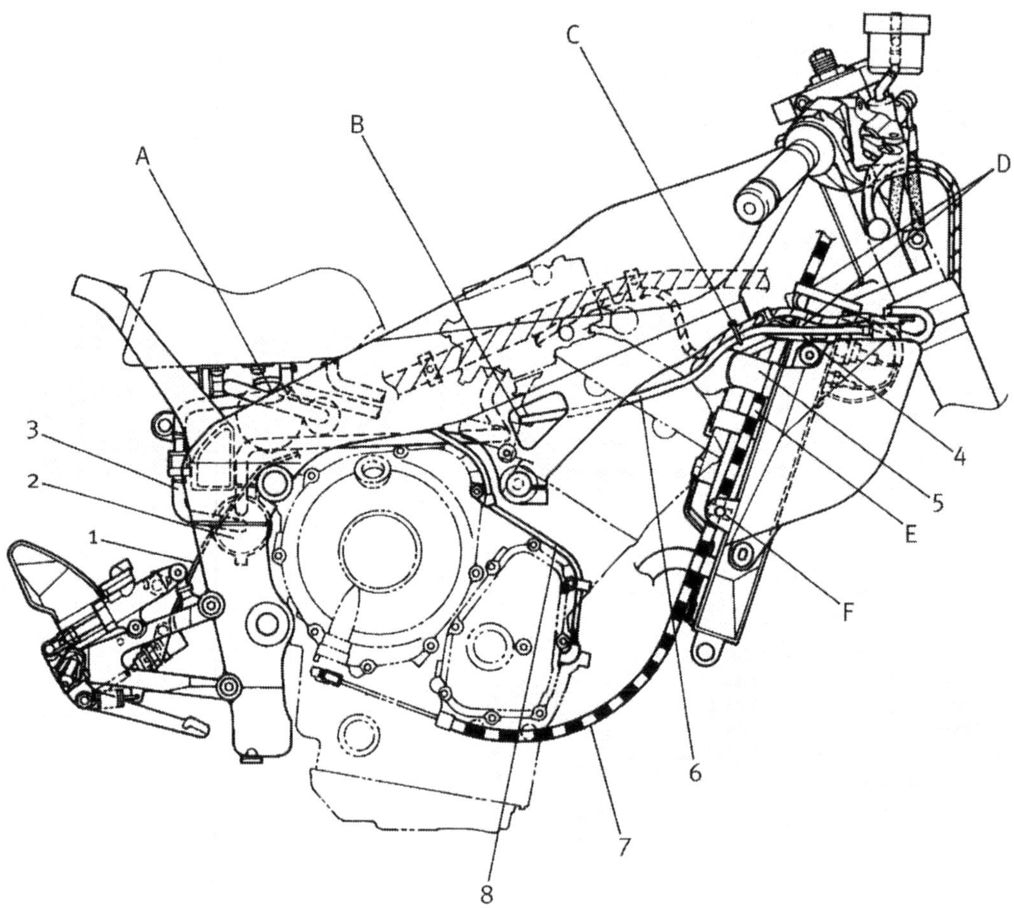

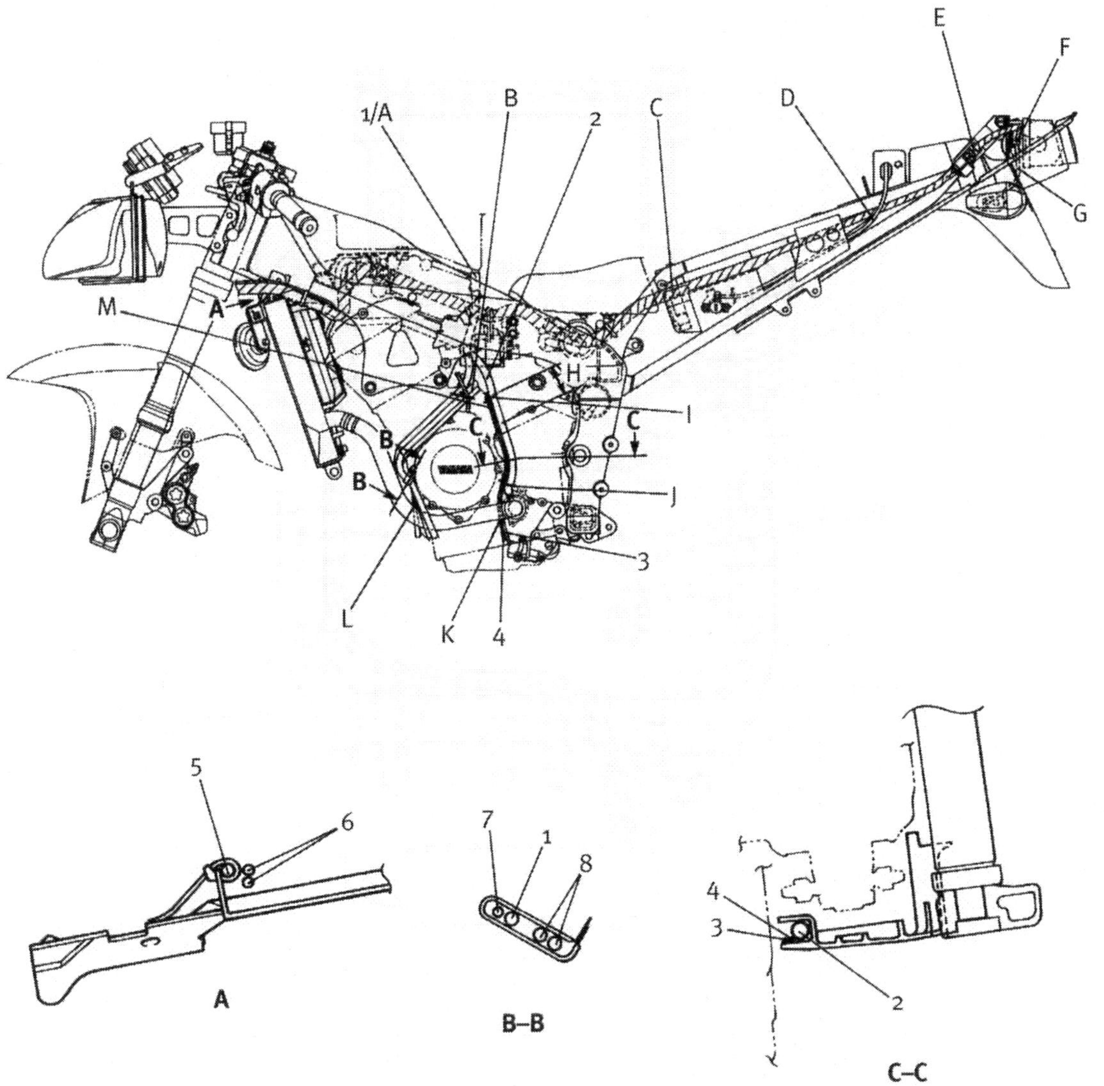

Bild 333
Kabel und Züge

- 1 Luftfiltergehäuse-Entlüftungsschlauch
- 2 Wasserpumpen-Entlüftungsschlauch
- 3 Seitenständer-schalter-Kabel
- 4 Ölstandschalter-Kabel
- 5 Lenkerschalterkabel rechts
- 6 Gasseilzüge
- 7 Ausgleichsbehälter-Belüftungsschlauch
- 8 Tankentlüftungs- und -Überlauf-schlauch
- A Luftfiltergehäuse-Entlüftungsschlauch hinter Kabelbaum verlegen
- B Generatorkabel über die Schläuche und Kabel verlegen und sämtliche Kabel und Schläuche mit Kunststoff-clip zusammenbinden
- C Kabelbaum durch Aussparung der Hinterradabdeckung verlegen
- D Sitzbankschloss-Seilzug über Kabelbaum verlegen
- E Kabelbaum mit Kunststoff-Halteklammer befestigen
- F Blinker hinten links durch die Kunststoff-Halteklammer verlegen
- G Blinkerkabel hinten links durch Bohrung oben in der Radabdeckung führen
- H 50 mm
- I Seitenständer-schalter- und Ölstandgeber-Kabel sowie Wasser-pumpen-Entlüftungs-schlauch mit Kunststoffclip zusammenbinden
- J Wasserpumpen Entlüftungsschlauch und Kunststoffclip dürfen nicht gequetscht werden
- K Kabel ② und ③ hinter den Kühler-Ablaufschlauch verlegen
- L Tank-Überlauf- und -Belüftungsschlauch über den Kühler-Ablaufschlauch verlegen. Luftfilter-gehäuse-Ablass- und Ausgleichs-behälter-Belüf-tungsschlauch hinter Kühler-Ablaufschlauch verlegen. Die Schläuche müssen unterhalb des Kühler-Ablauf-schlauchs münden und dürfen Verklei-dungskiel nicht berühren
- M Seitenständerschal-ter- und Ölstandge-ber-Kabel hinter der Ritzelabdeckung verlegen

Bild 334
Kabel und Züge
1 Tachosensorkabel
2 Aktivkohle-Behälter (Kalifornien-Modelle)
3 Neutralanzeige-schalter-Kabel
4 EXUP-Seilzüge
A EXUP-Seilzüge hinter der Motorhalterung verlegen
B EXUP-Seilzüge mit Kabelbinder zusammenbinden

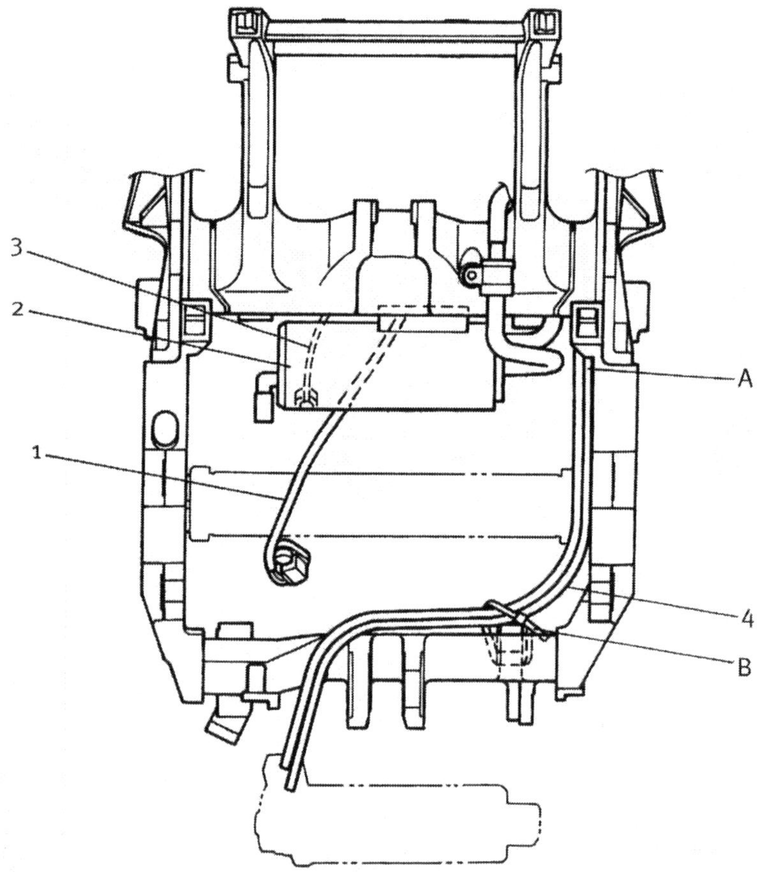

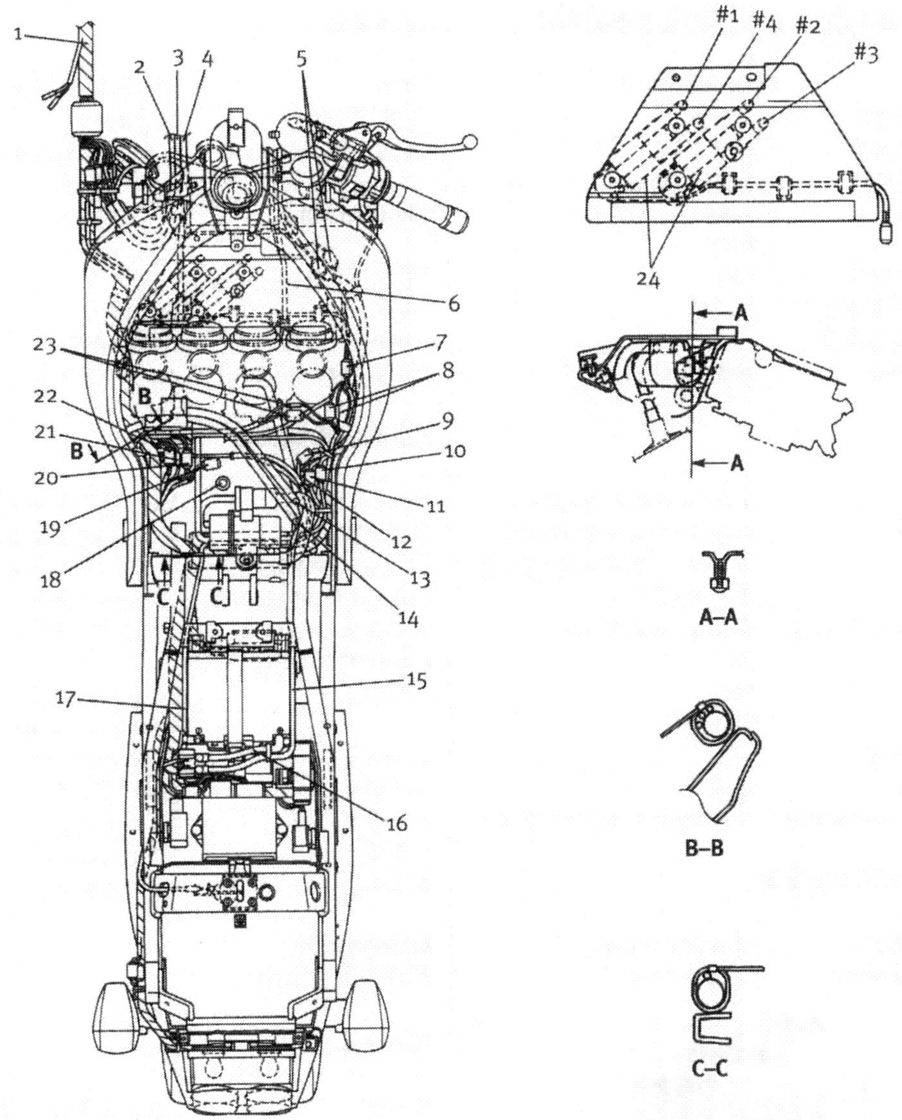

Bild 335
Kabel und Züge

1 Scheinwerfer-Nebenkabelbaum
2 Lenkerschalterkabel links
3 Zündschlosskabel
4 Chokezug
5 Lenkerschalter-stecker rechts
6 Gasseilzüge
7 Zündspulenstecker
8 Pickupstecker
9 Hinterrad-Bremslichtschalter-Stecker
10 Benzinpumpen-stecker
11 Tachosensor-Stecker
12 Neutralschalter-Stecker
13 Tank-Überlauf-schlauch
14 Tankbelüftungs-schlauch
15 Starterkabel
16 Batterie-Pluskabel
17 Baterie-Minuskabel
18 Kurbelgehäuse-Entlüftungsschlauch
19 Benzinstandgeber-Stecker
20 Seitenständer-schalter-Stecker
21 Ölstandschalter-Kabel
22 Generatorstecker
23 EXUP-Servomotor-Stecker
24 Zündspulen

A Hupenkabel straff über Hupen-halterung führen
B Gaszüge und Lenkerschalterkabel rechts dürfen sich nicht kreuzen
C Kabelbaum mit Kunststoff-Halte-klammer befestigen
D Zündspulen-Nebenkabelbaum unter den Drossel-klappensensor führen
E Ausgleichsbehälter-Belüftungsschlauch über Batterie-Minuskabel und Starterkabel führen
F Kabelbaum und Zündspulen-Nebenkabelbaum mit einer Kunst-stoff-Halteklammer zusammenbinden
G Kabelbaum, EXUP-Seilzüge, EXUP-Servomotor-, Benzinpumpen-, Tachosensor- und Neutralanzeige-schalter-Kabel mit Kabelbinder zusammenbinden
H Benzinpumpen-, Neutralanzeigeschal-ter- und Starterkabel sowie Batterie-Minuskabel, EXUP-Seilzüge und den Kabelbaum mit Kabelbinder zusam-menbinden
I Batterie-Pluskabel und Starterkabel mit Kabelbinder zusam-menbinden
J Kabelbaum und Blinkerkabel unter die Heckverklei-dungsbefestigung an der Rücklicht-Halterung verlegen
K Rücklichtstecker und Blinkerkabel zwi-schen Rücklicht und Rücklicht-Halterung stecken
L Massekabelstecker muss sich über Kabel des Ölstand-geber-Relais befinden
M Starterrelaiskabel, Massekabel und Kabelbaum mit Kabelbinder zusam-menbinden
N Batterie-Minuskabel und Kabelbaum mit Kabelbinder zusam-menbinden
O Tank-Überlauf und -Belüftungsschlauch vor dem Kurbel-gehäuse-Entlüftungs-schlauch und unter Benzinschlauch und EXUP-Servomotor verlegen
P Seitenständerschal-ter-, Ölstandschalter- und Generatorkabel mit Kabelbinder zusammenbinden
Q Kabelbaum mit Kunststoff-Halte-klammer am Rah-men befestigen
R Aktivkohlebehälter-Schauch (Kaliforni-en-Modelle) unter EXUP-Servomotor-Kabel und -Seilzü-gen, Batterie-Minus-kabel und Starter-kabel verlegen
S Kunststoff-Halte-klammer in Rahmen-bohrung stecken
T Lüftermotorkabel über Kabelbaum verlegen
U Kabelbaum und Lüftermotorkabel mit Kabelbinder am Rahmen-Blechteil befestigen
V Kabelbinder-Ende muss nach innen weisen
W Unterdruckkammer-Belüftungsschläuche durch Loch und Schlitz in Gummi-matte verlegen
X Zündspulen-Neben-kabelbaum vor Dämpfungsschaum-stoff des Zündspu-lenblechs verlegen, dann die Stecker mit der Kabelseite nach oben auf Zündspu-lenkontakte auf-stecken
Y Gummimatte über Ansaugtricher anbringen
Z Kabelbinder-Ende muss nach innen und nach unten weisen

Technische Daten

Abmessungen und Leergewicht
Einheit: mm

	Spezifikation
Gesamtlänge	2035
Gesamtbreite	695
Gesamthöhe	1095 (1105)
Radstand	1395
Sitzhöhe	815
Bodenfreiheit	140
Wendekreisradius	3400
Fahrzeuggewicht vollgetankt	198 kg (194 kg)

Motor

Typ	4-Takt, wassergekühlt
Ventiltrieb	Kettentrieb und DOHC, Tassenstösselbetätigung der Ventile
Zylinderanordnung	Vierzylinder-Reihe
Bohrung	74
Hub	58
Hubraum	998 cm^3
Verdichtungsverhältnis	11,8 : 1
Kompressionsdruck	14,5 kg/cm^2 bei 400/min

Ölsorte und Viskosität

Ölqualität	
API-Standard	SE oder höher
ACEA-Standard	G4 oder G5

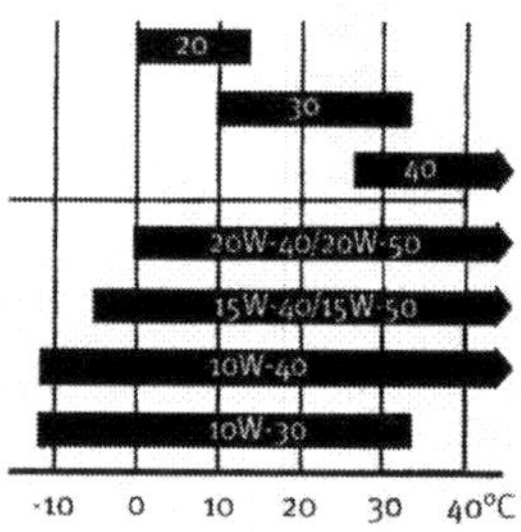

Füllmenge	
nur Ölwechsel	2,7 Liter
mit Filterwechsel	2,9 Liter
Gesamtmenge	3,6 Liter

Kühlsystem

Kühlmittel-Gesamtmenge mit Umlauf	2,55 Liter

Vergaser

Hersteller	MIKUNI
Typ/Anzahl	BDSR40 x 4

Kraftstoff

Sorte	Bleifreies Normalbenzin
Tankinhalt	18 Liter
davon Reserve	5,5 Liter (3,5 Liter)

Zündkerzen

Hersteller/Typ	
NGK	CR9E
NIPPON DENSO	U27ESR-N
Elektrodenabstand	0,7 – 0,8 mm

Kraftübertragung

Kupplungstyp	Mehrscheiben-Ölbad
Getriebe	klauengeschaltet, 6-Gang
Schaltschema	1 - N - 2 - 3 - 4 - 5 - 6
Primäruntersetzung	68/43 (1,581)
Enduntersetzung	43/16 (2,688)
Getriebestufung	
1. Gang	39/15 (2,600) [35/14 (2,500)]
2. Gang	35/19 (1,842)
3. Gang	30/20 (1,500)
4. Gang	28/21 (1,333)
5. Gang	30/25 (1,200)
6. Gang	29/26 (1,115)

Fahrwerk
Einheit: mm

Rahmen

Bauart	unten offener Zentralrohrrahmen
Lenkkopfwinkel	24°
Nachlauf	92 mm

Reifen

Vorderreifengrösse	120/70 ZR 17 (58W)
Hinterreifengrösse	190/50 ZR 17 (73W)
Hersteller/Typ	
METZELER	
vorn	MEZ3Y FRONT
hinten	MEZ3Y
MICHELIN	
vorn	TX15
hinten	TX25
DUNLOP	
vorn	D207FQ
hinten	D207N

Reifenluftdruck

bis 90 kg Zuladung	
vorn	2,50 kg/cm²
hinten	2,50 kg/cm²
über 90 kg Zuladung und Hochgeschwindigkeitsfahrt	
vorn	2,50 kg/cm²
hinten	2,90 kg/cm²

Bremse

Einheit: mm

Vorderradbremse	Hydraulische Doppelscheibenbremse
Hinterradbremse	Hydraulische Einzelscheibenbremse

Federung

Vorderradfederung	Teleskopgabel
Federweg	135 mm
Hinterradfederung	Schwinge mit Umlenkhebelabstützung
Federweg	65 mm
Stossdämpfer	Stickstoff-Dämpfer mit Ausgleichsbehälter

Elektrische Anlage

Zündung	Digitale Transistorzündung
Generator	Drehstrom mit Dauermagnet
Typ/Hersteller	F4T361/MITSUBISHI
Batterie	12 V/10 Ah
Typ	GT12B-4
Glühlampen (alle 12 Volt)	
Scheinwerfer (Fern-/Abblendlicht)	60/55 W x 2
Standlicht	5W x 2
Brems-/Schlussleuchte	21/5 W x 2
Blinkleuchte	21 W x 4
Kennzeichenleuchte	5 W x 2
Instrumentenleuchte	1,4 W x 4

Technische Änderungen vorbehalten

Motor
Einheit: mm

Zylinderkopf

	Standard	*Verschleissgrenze*
Zylinderkopfverzug	–	0,10

Nockenwelle und Zylinderkopf

	Standard	*Verschleissgrenze*
Nockenwellenlager-Durchmesser	24,500 – 24,521	–
Nockenwellenlagerzapfen-Durchmesser	24,437–24,450	–
Lagerspiel	0,050 – 0,084	–
Nockenhöhe A		
EIN	32,5 – 32,6	32,4
AUS	32,95 – 33,05	32,85
Nockengrundkreis B		
EIN	24,95 – 25,05	24,85
AUS	24,95 – 25,05	24,85
Nockenhub C		
EIN	7,45 – 7,65	–
AUS	7,75 – 7,95	–
Nockenwellenschlag		
EIN und AUS	–	0,03
Steuerkettenlänge	130 Glieder	
Steuerkettentyp	RH2015	

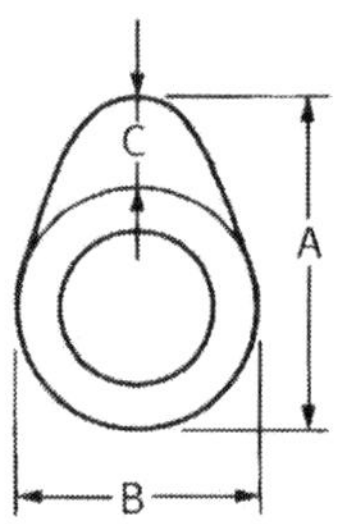

Ventil und Führung

	Standard	*Verschleissgrenze*
Ventilspiel (bei kaltem Motor)		
EIN	0,11 – 0,20	–
AUS	0,21 – 0,30	–
Ventilteller-Durchmesser A		
EIN	22,9 – 23,1	–
AUS	24,4 – 24,6	–
Ventilkegelbreite B		
EIN und AUS	1,76 – 2,90	–
Ventilsitzbreite C		
EIN und AUS	0,9 – 1,1	–
Ventiltellerdicke D		
EIN und AUS	0,5 – 0,9	–
Ventilschaftdurchmesser		
EIN	3,975 – 3,900	3,945
AUS	4,460 – 4,475	4,43
Innendurchmesser der Ventilführung		
EIN	4,000 – 4,012	4,05
AUS	4,500 – 4,512	4,55
Ventilführungsspiel (Schaft/Führung)		
EIN	0,010 – 0,037	0,08
AUS	0,025 – 0,052	0,1
Ventilschaftschlag		
EIN	0,010 – 0,037	0,08
AUS	0,025 – 0,052	0,1

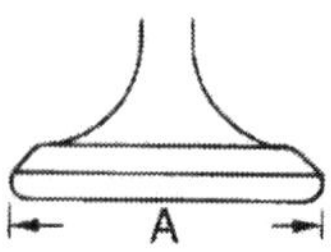

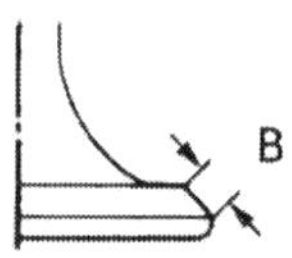

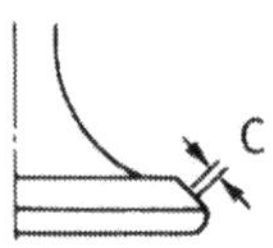

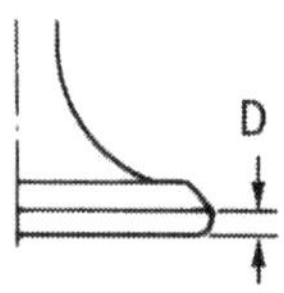

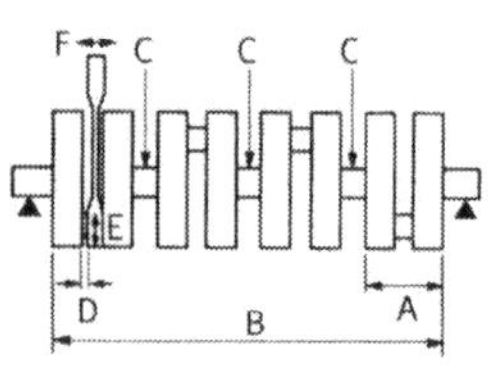

Einheit: mm

	Standard	*Verschleissgrenze*
Ventilfederlänge (unbelastet)		
EIN	38,9	–
AUS	40,67	–
Einbaulänge		
EIN	34,5	–
AUS	35	–
Ventilfederspannung		
EIN	82 – 96 N	–
AUS	110 – 126 N	–

Zylinder

	Standard	*Verschleissgrenze*
Durchmesser	74,00 – 74,01	–
Unrundheit	–	0,05
Konizität	–	0,05

Kolben und Kolbenringe

	Standard	*Verschleissgrenze*
Kolbenlaufspiel	0,03 – 0,055	0,12
Kolbendurchmesser	73,955 – 73,970	–
Messpunkt	5 mm über Unterkante	
Kolbenbolzenversatz	0,5	–
Versatzseite	zum Einlass	
Kolbenbolzen-Bohrungsdurchmesser	17,002 – 17,013	–
Kolbenbolzendurchmesser	16,991 – 17,000	–
Abmessungen		
1. Ring	0,9 x 2,75	–
2. Ring	0,8 x 2,8	–
Ölabstreifring	1,5 x 2,6	–
Kolbenringnutspiel		
1. Ring	0,030 – 0,065	–
2. Ring	0,030 – 0,45	–
Kolbenring-Stossspiel		
1. Ring	0,19 – 0,31	–
2. Ring	0,30 – 0,45	–
Ölabstreifring	0,10 – 0,35	–

Pleuel und Kurbelwelle

	Standard	*Verschleissgrenze*
Pleuellagerspiel	0,016 – 0,040	–
Kurbelbreite A	52,40 – 57,25	–
Wellenbreite B	300,75 – 302,65	–
Schlaggrenze C	–	0,03
Pleuel-Seitenspiel D	0,160 – 0,262	–
Pleuel-Höhenspiel E	0,029 – 0,053	–
Ausweichung am PLeuelkopf F	0,32 – 0,50	0,8
Kurbellagerspiel	0,025 – 0,043	0,08

Kupplung
Einheit: mm

	Standard	*Verschleissgrenze*
Reibscheibendicke (8 Stück)	2,9 – 3,1	2,8
Stahlscheibendicke (7 Stück)	1,9 – 2,1	—
Kupplungsfederlänge (unbelastet)	6,5	—
Kupplungsseil-zugspiel	10 – 15	—

Getriebe

Getriebewellenschlag	—	0,08

Vergaser

Hersteller/Anzahl	MIKUNI/4	
Typ	BDSR40	
Kenn-Nr.	4XV1 00 (5JJ1 00)	
Schwimmerhöhe	4,1 – 5,1	—
Hauptdüse	#130	
Hauptluftdüse		
Vergaser Nr. 1 u. 4	#60	
Vergaser Nr. 2 u. 3	#65	
Leerlaufdüse	#17,5 (#15)	
Leerlaufluftdüse	#120	
Leerlaufbohrung	1,0	—
Düsennadel	6DEY5-53-3	
Nadeldüse	P-O (P-OM)	
Chokedüse		
Nr.1	#35	
Nr.2	0,7	—
Leerlaufgemisch-Einstellschraube (Grundstellung; Umdrehungen heraus)	2 1/2 (3 1/8)	
Ventilsitzgrösse	1,5	—
Drosselklappengrösse	#110	

Schmiersystem
Einheit: mm

	Standard	*Verschleissgrenze*
Ölfilter	Papierfilter-Patrone	
Ölpumpe	Rotorpumpe	
Spitzenspiel	0,09 – 0,15	—
Radialspiel	0,03 – 0,08	—
Ansprechdruck Überdruckventil	180 – 220 kPa	—

Kühlsystem

Kühlerdeckel-Öffnungsdruck	95 – 125 kPa	—
Kühlmittelmenge	2,55 Liter	—
Ausgleichsbehälter	0,45 Liter	—
Wasserpumpe		
Typ	Kreiselpumpe mit einfacher Zulauföffnung	
Übersetzung	68/43 x 28/28 (1,581)	

Fahrwerk
Einheit: mm

Teleskopgabel und Schwinge

	Standard	*Verschleissgrenze*
Federweg vorn	135	—
Freie Länge der Gabelfeder	255	
Distanzhülsenlänge	85	—
Federrate		
K1	7,35 N/mm	—
Federweg		
K1	0 – 135	—
Ölmenge		
je Gabelholm	477 cm³ (482)	—
Füllhöhe	78 (74)	—
Ölsorte	Gabelöl »01« oder gleichwertig	—
Federweg hinten	65	—
Freie Länge der Federbeinfeder	176	—
Einbaulänge	162,5	—
Federrate K1	7,84 N/mm	—
Federweg K1	0 – 65	—
Gas/Luftdruck	1.200 kPa	—
Seiten- und Höhenspiel am Schwingenende	–	1,0

Räder

Vorderrad		
Felgengrösse	17 x MT3,50	—
Max. zulässiger Schlag		
Höhe	—	1,0
Seite	—	0,5
Hinterrad		
Felgengrösse	17 x MT6,00	—
Max. zulässiger Schlag		
Höhe	—	1,0
Seite	—	0,5

Antriebskette

Bauart/Hersteller	50ZVM/DAIDO	—
Kettenglieder	114	—
Durchhang	40 – 50	—

Vorderradbremse

	Standard	*Verschleissgrenze*
Bremsscheiben-Durchmesser	298	—
Bremsscheibendicke	5,0	—
Belagdicke	5,5	0,5
Pumpenzylinder-Durchmesser	14	—
Bremssattelzylinder-Durchmesser	30,2	—
	27	—
Bremsflüssigkeit	DOT 4	—

Hinterradbremse

Bremsscheiben-Durchmesser	245	—
Bremsscheibendicke	5,0	—
Belagdicke	5,0	0,5
Pumpenzylinder-Durchmesser	12,7	—
Bremssattelzylinder-Durchmesser	38,2	—
Bremsflüssigkeit	DOT 4	—

Elektrische Anlage
Ω-Werte bei 20°C

Zündsystem

	Spezifikation
Zündzeitpunkt	5° vor OT bei 1100/min
Frühzündung	55° vor OT bei 5000/min
Transistorzündanlage	
Hersteller	DENSO
Typ	J0313 (TNDF54)
Widerstand der Pickup-Spule	248 – 372 Ω
Zündspule	
Widerstand der Primär-Wicklung	2,53 – 1,87 Ω
Widerstand der Sekundär-Wicklung	12 – 18 kΩ
Zündkerzenstecker	
Typ	Kunstharz
Widerstand	10 kΩ

Ladesystem

	Spezifikation
Generator	
Bauart	Drehstrom
Hersteller	Mitsubishi
Typ	F4T361
Nennleistung	14 V 26 A bei 5000/min
Widerstand der Statorspulen	0,45 – 0,55 Ω
Spannungsregler/Gleichrichter	
Hersteller	SHINDENGEN
Typ	SH650A-12
Bauart	Transistorregler
Regelspannung	14,1 – 14,9 V
Kapazität	18 A
Max. zulässige Spannung	200 V

Startersystem

	Standard	*Verschleissgrenze*
Starter		
Hersteller	Mitsuba (Yamaha)	
Typ	SM-13 (5JJ)	
Bauart	Permanenteingriff	
Ausgangsleistung	0,8 kW (0,75 kW)	
Feldspulenwiderstand	0,025 – 0,035 Ω	
Kohlebürstenlänge	10 mm (9,8)	5 mm (3,65)
Bürstenfederdruck	7,03 – 10,63 N	
Kollektordurchmesser	28 mm (24,5)	27 mm (23,5)
Starterrelais		
Hersteller	Jideco	
Typ	MS5F-631	
Nennstromstärke	100 A	
Wicklungswiderstand	4,18 – 4,62 Ω	

Blinkerrelais

	Spezifikation
Hersteller	Nippon Denso
Typ	FE246BH
Bauart	elektronisch
Blinkfrequenz	60 – 120 Impulse/min

Ölstandgeber

Hersteller	Nippon Denso
Typ	3GM (4XV)

Hupe

	Spezifikation
Hersteller	Nikko
Typ	YF-12
Max. Stromstärke	3 A

Lüftermotor

Hersteller	Toyo Radiator
Typ	4XV

Lüftermotorschalter

Hersteller	Nippon Thermostat
Typ	3LN (5JJ)

Thermosensor

Hersteller	Nippon Seiki
Typ	2YK

Sicherungen

Bauart	Schmelzsicherungen
Hauptsicherung	30 A
Scheinwerfer	20 A
Blinker	20 A
Zündung	15 A
Lüftermotor	7,5 A
Tachometer	7,5 A

Anzugsmomente

Befestigungsart	*Nm*
Sechskantschraube und -mutter, 5 mm	5
Sechskantschraube und -mutter, 6 mm	10
Sechskantschraube und -mutter, 8 mm	15
Sechskantschraube und -mutter, 10 mm	30
Sechskantschraube und -mutter, 12 mm	55

Die unten aufgeführten Anzugsdrehmomente gelten für wichtige Befestigungsteile.
Andere Befestigungsteile sind auf die oben angegebenen Standard-Anzugswerte anzuziehen.

Hinweis
① Motoröl auftragen
② Schraubensicherung auf Gewinde auftragen
③ Molybdändisulfidfett auftragen

Motor

	Nm	Hinweis
Nockenwellen-Lagerdeckel	10	①
Zylinderkopf		
Mutter	50	①
Hutmutter	50	①
Schraube M6	12	
Zündkerze	13	
Zylinderkopfdeckel	12	
Ölkanal-Kontrollbohrung	20	
Zylinderkopf (Auspuffkrümmer)	15	①
Pleueldeckel	36	③
Lichtmaschinenrotor	95	①
Kurbelwellenrand	60	①
Nockenwellenrad	24	③
Steuerkettenspanner-Verschlussschraube	10	
Wasserpumpe		
Zulaufrohr	10	②
Ablaufrohr	10	②
Abtriebszahnrad	15	②
Ölpumpe	10	
Ölkühler	35	①
Ölablassschraube	43	
Ölsiebgehäuse	10	②
Abtriebszahnradabdeckung	10	②
Ölrohr	10	②
Ölfilterbolzen	70	
Ölfilterpatrone	17	①

	Nm	Hinweis
Auspuffkrümmer	20	
Schalldämpfer-Schlauchschelle	20	
Abgaskontrollschrauben	10	
Abdeckung	10	②
Seilzug-Halterung	10	
Auspuffkrümmer-Halterung	20	
Kurbelgehäuse-Zylinderkopf	10	①
Kurbelgehäuse		
M9	32	①
M8	24	①
M6 (2 Stk)	14	①
M6	12	①
Lichtmaschinenrotor-Deckel	12	
Antriebsritzel-Abdeckung	10	
Kupplungsdeckel	12	
Impulsgeberotor-Deckel	12	
Schaltwellen-Deckel	12	
Ölleitblech	10	②
Rotor-Abdeckschraube	15	
Starterritzel-Welle	10	
Starterkupplung	12	②
Kupplungsnabe	70	
Kupplungsfedern	8	
Antriebsritzel	85	
Eingangswellen-Lagergehäuse	12	②
Schaltwalzen-Sicherung	10	②
Schaltwellen-Federanschlag	22	②
Schaltgestängen-Kontermutter	7	
Schaltarm	10	
Statorwicklung	10	
Zündbox	10	
Leerlaufschalter	20	
Impulsgeber	10	②
Temperaturfühler	15	
Thermoschalter	23	

Fahrwerk

Klemmschrauben	23
Lenkopfmutter	115
Lenkerfaust-Klemmschrauben	17
Arretierung	12
Hohlschrauben(Vorderradbremse)	30
Hauptbremszylinder vorn	13
Motorhalterung	
Halterungsschraube vorn,links	40
Halterungsschraube vorn,rechts	55
Halterungsschraube hinten	55
Klemmschrauben	24
Auspuffkrümmerhalterung	24
Schwingenachsmutter	125

Übertragungshebel	40	
Umlenk- u. Übertragungshebel	40	
	Nm	*Hinweis*
Umlenkhebel	40	
Stossdämpfer u. Umlenkhebel	40	
Federbein	40	
Kraftstoffhahn	7	
Kraftstofftank	7	
Kühlflüssigkeits-Ausgleichbehälter	5	
Kühler	5	
Fahrer-Fussrasten-Halterung	28	
Beifahrer-Fussrasten-Halterung	28	
Hauptbremszylinder hinten	23	
Hohlschrauben (Hinterradbremse)	30	
Seitenständer	63	
Vorderachse	72	
Hinterachsmutter	150	
Bremssattel vorn	40	
Teleskopgabel	40	
Bremssattel hinten u. Halterung	28	
Bremsscheibe und Rad	18	
Kettenrad und Mitnehmernabe	69	
Bremssattel u. Entlüftungsschraube	6	
Vorderrad-Klemmschraube	23	

Technische Änderungen vorbehalten

Einbaulage der elektrischen Bauteile

Elektrische Bauteile

1	Kabelbaum
2	Zündschloss
3	Vorderrad-Bremslichtschalter
4	Zündspule
5	Kupplungsschalter
6	EXUP-Servomotor
7	Relais-Einheit
8	Sicherungskasten
9	Blinkrelais
10	Zündbox
11	Starterrelais
12	Hauptsicherung
13	Ölstandgeber-Relais
14	Batterie
15	Gleichrichter/Regler
16	Hinterrad-Bremslichtschalter
17	Neutral-Anzeige-schalter
18	Tachosensor
19	Seitenständer-schalter
20	Statorspulen
21	Ölstandschalter
22	Impulsgeber
23	Lüftermotor
24	Hupe
25	Thermosensor
26	Thermoschalter
27	Scheinwerfer-Relais

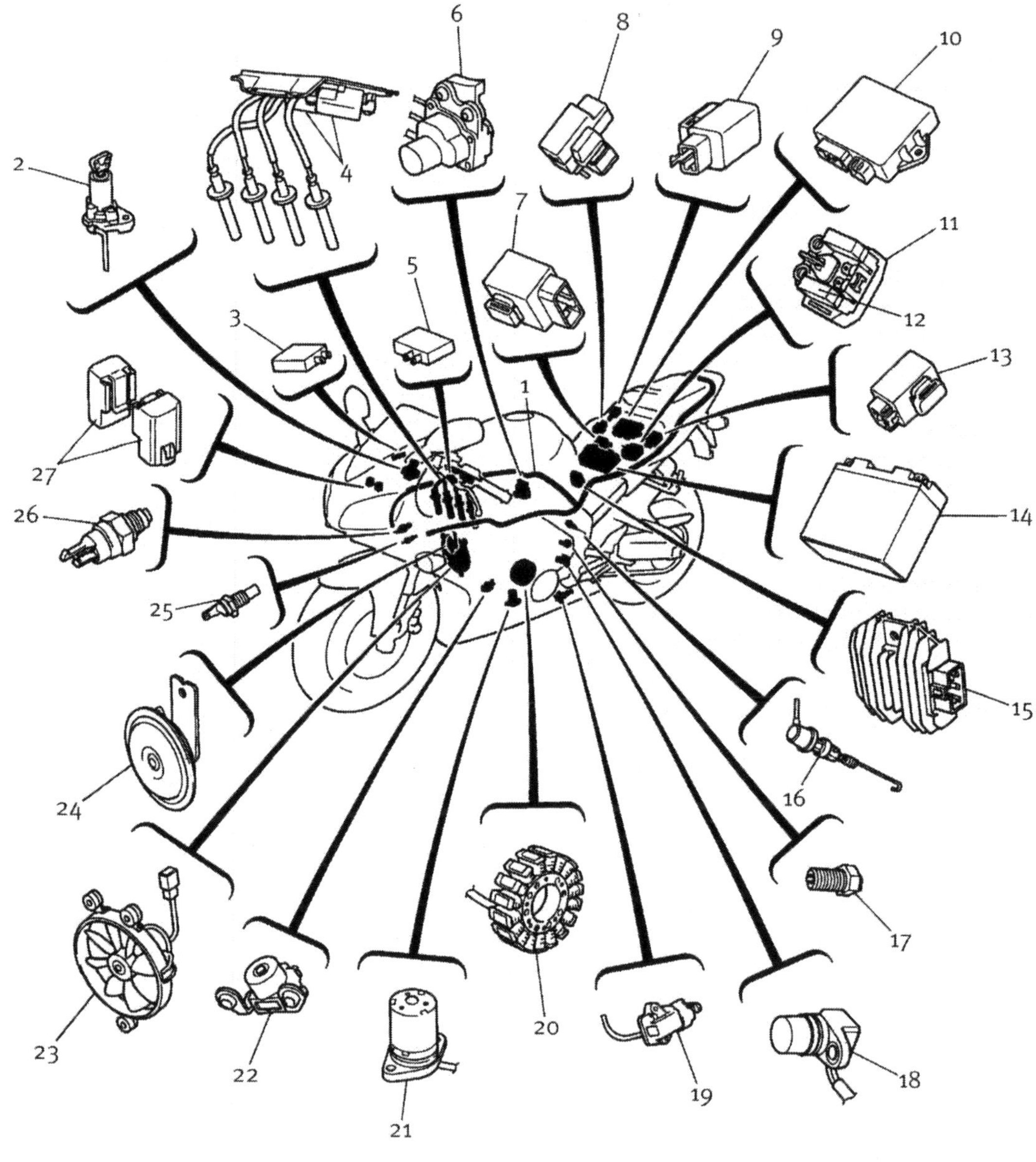

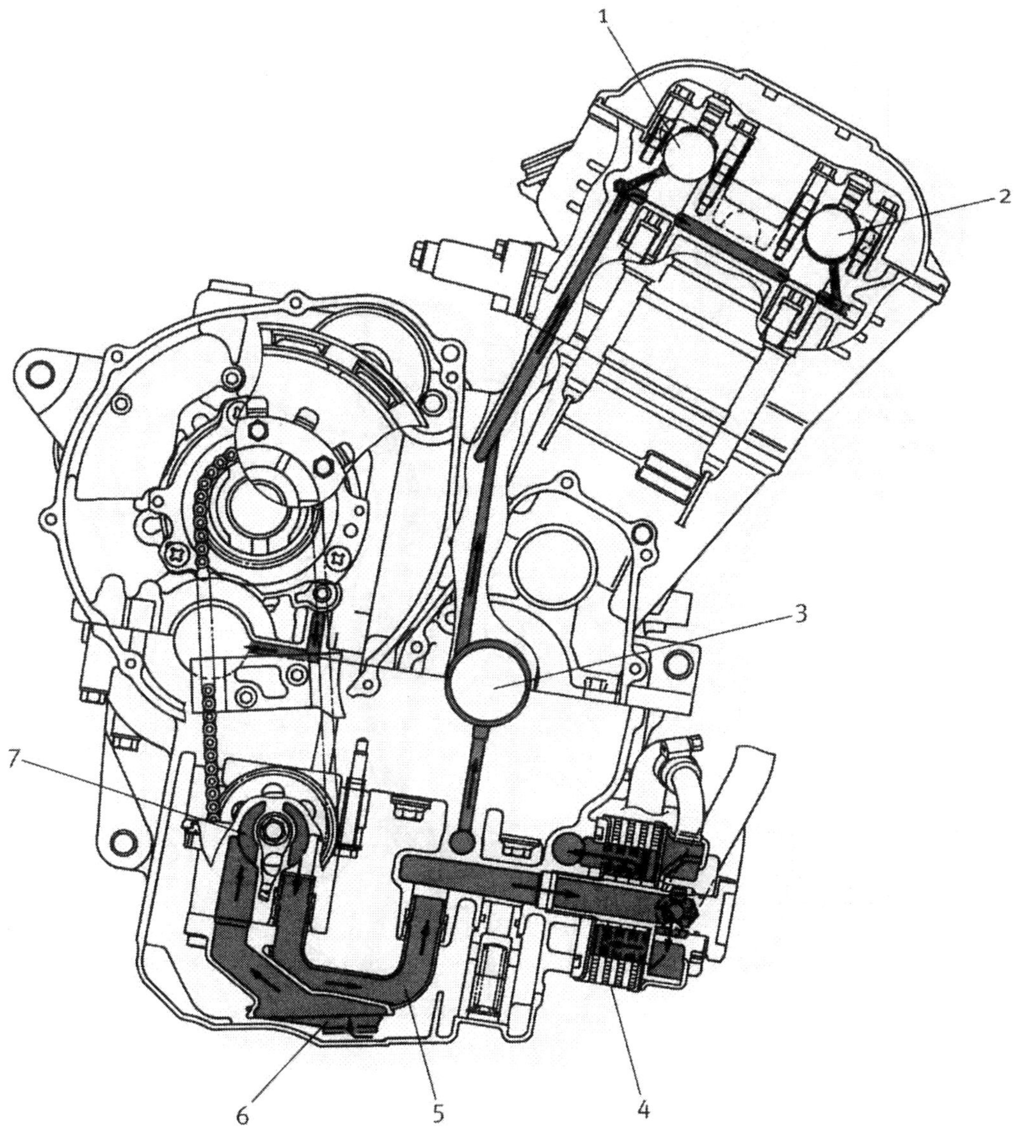

Schmiersystem

1 Einlass-Nockenwelle
2 Auslass-Nockenwelle
3 Kurbelwelle
4 Ölkühler
5 Ölrohr
6 Ölpumpe

Schmiersystem

1 Einlass-Nockenwelle
2 Auslass-Nockenwelle
3 Ölfilter

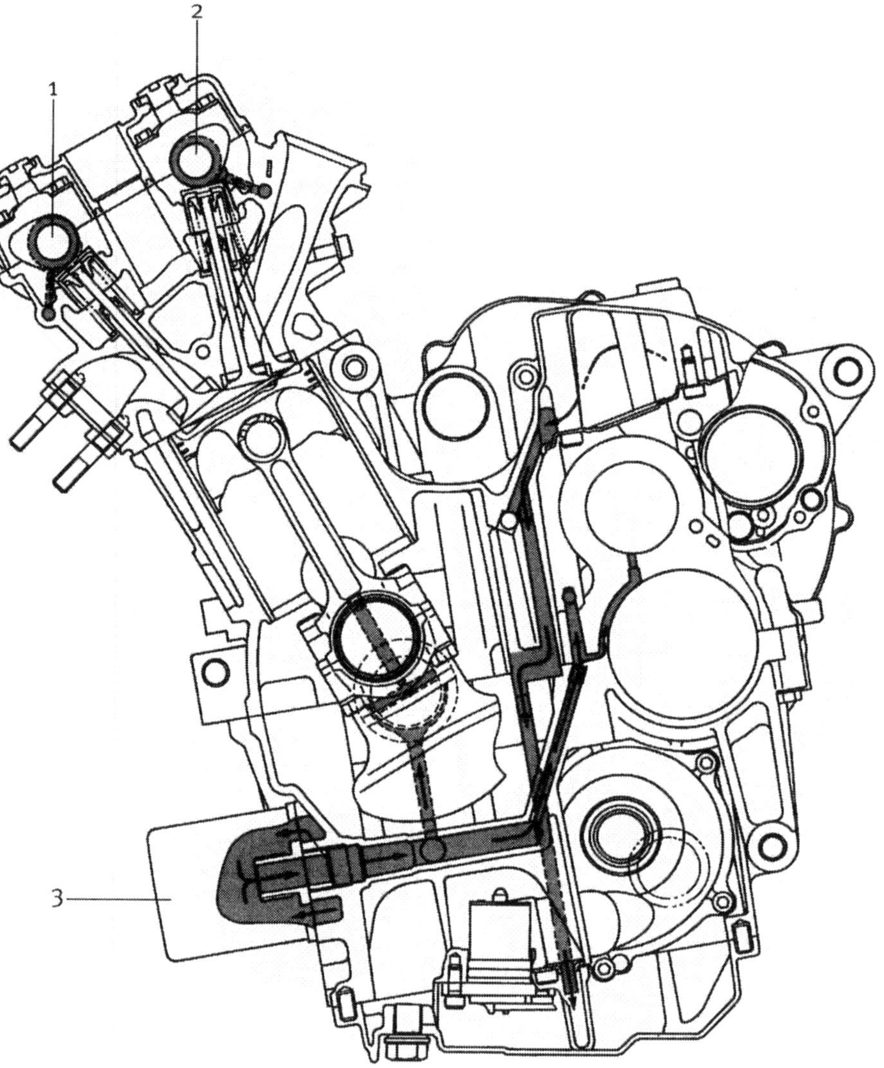

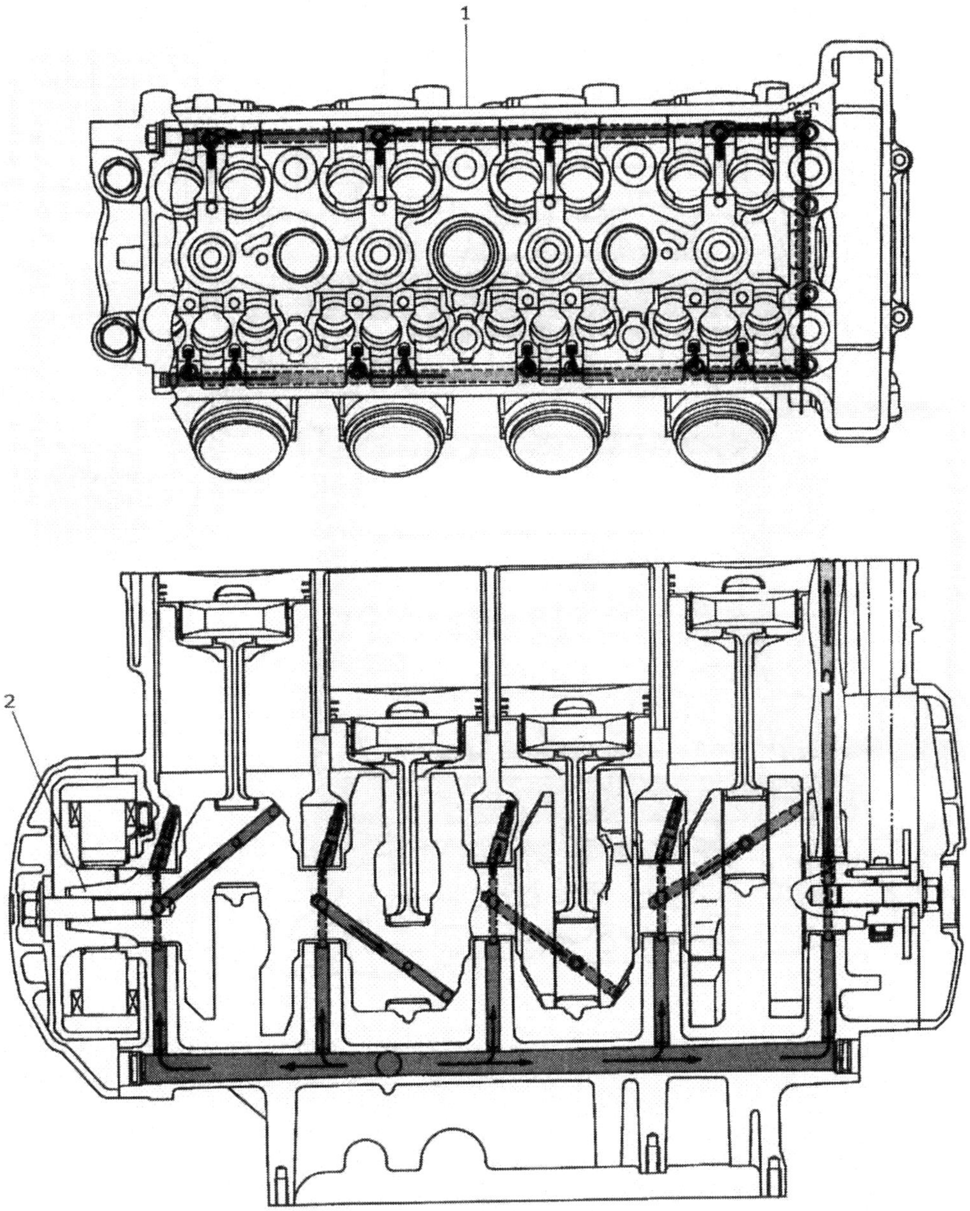

Schmiersystem
1 Zylinderkopf
2 Kurbelwelle

Schmiersystem
1 Hauptwelle
2 Ölzufuhrleitung
3 Nebenwelle

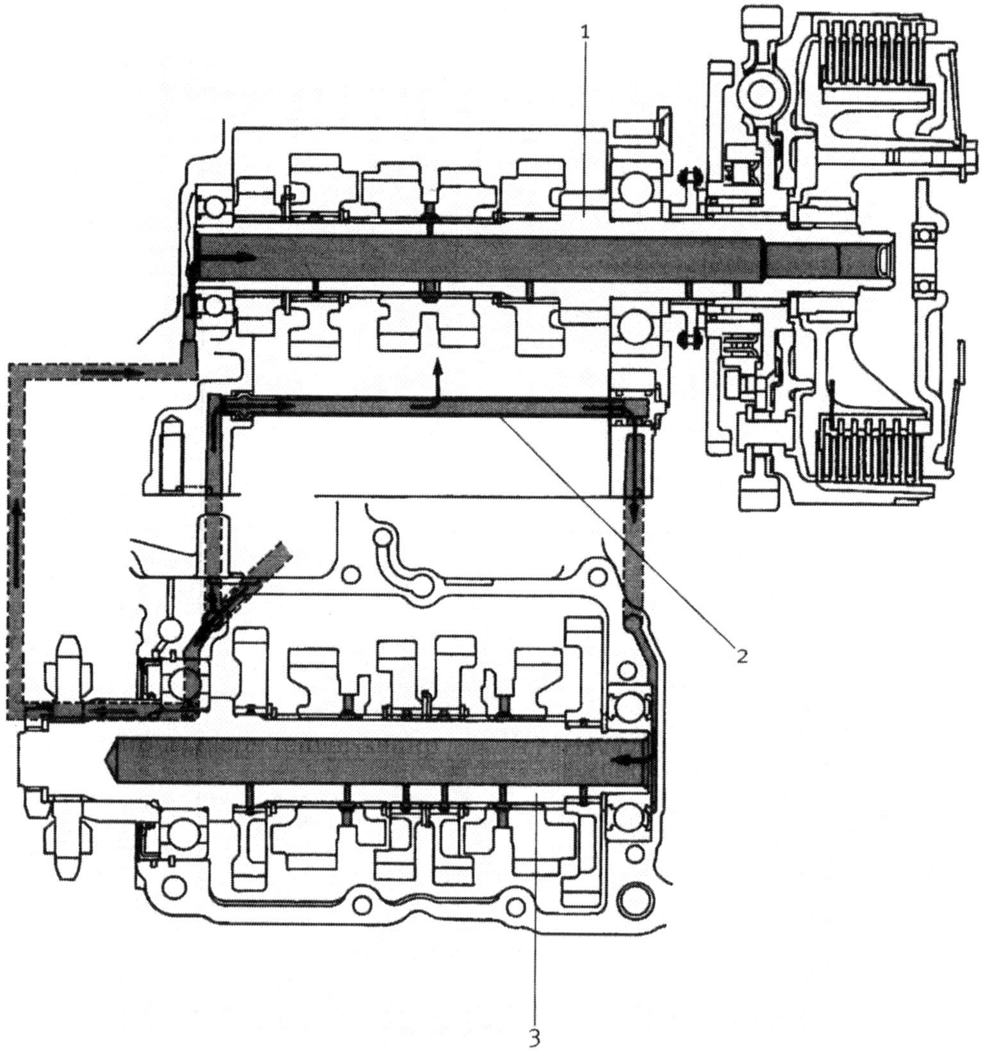

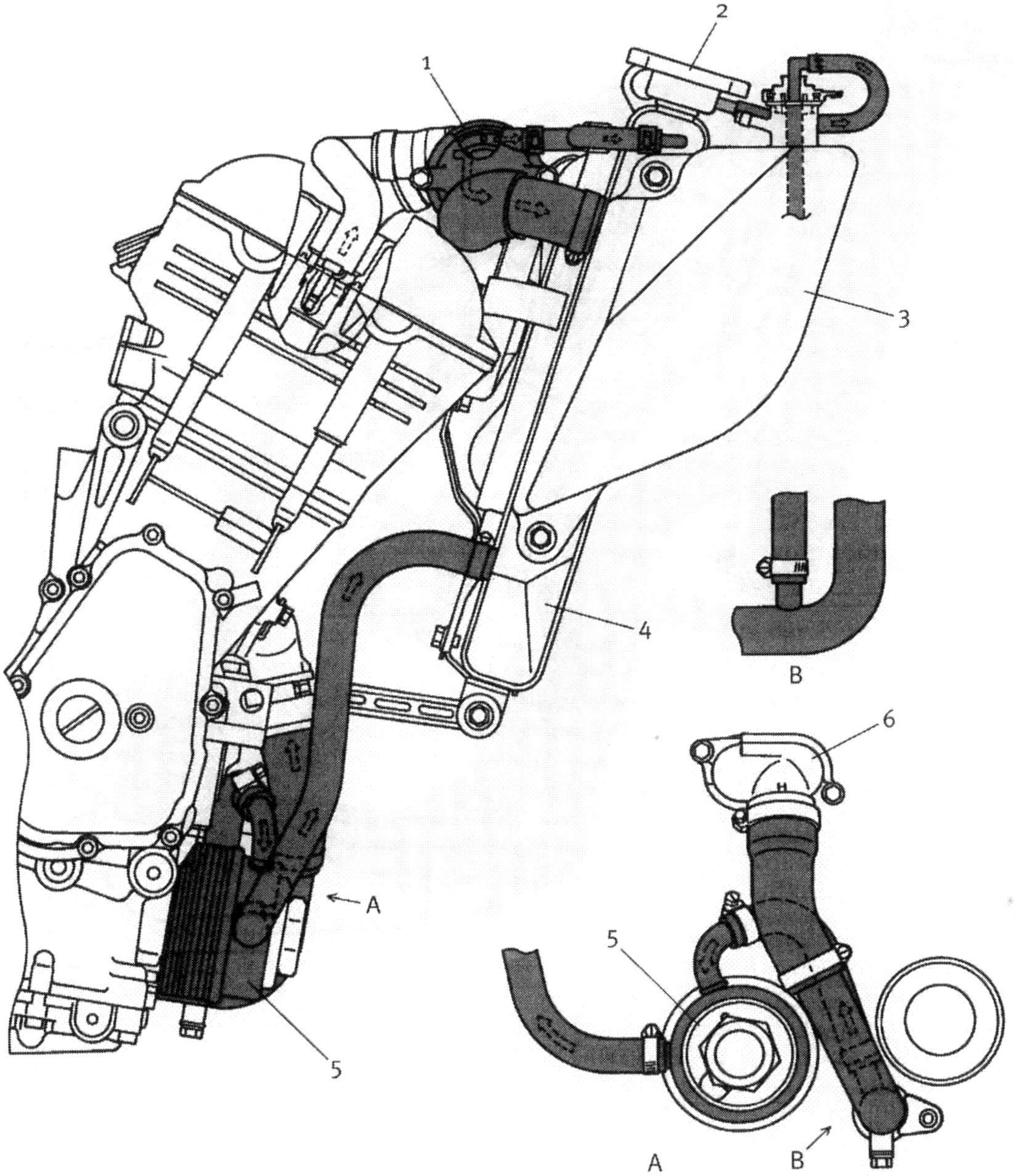

Kühlsystem
1 Thermostatventil
2 Kühlerdeckel
3 Ausgleichsbehälter
4 Kühler
5 Ölkühler
6 Zylinderblock-Stutzen

Kühlsystem

1 Thermostatgehäuse
2 Wasserpumpe
3 Kühler
4 Lüftermotor

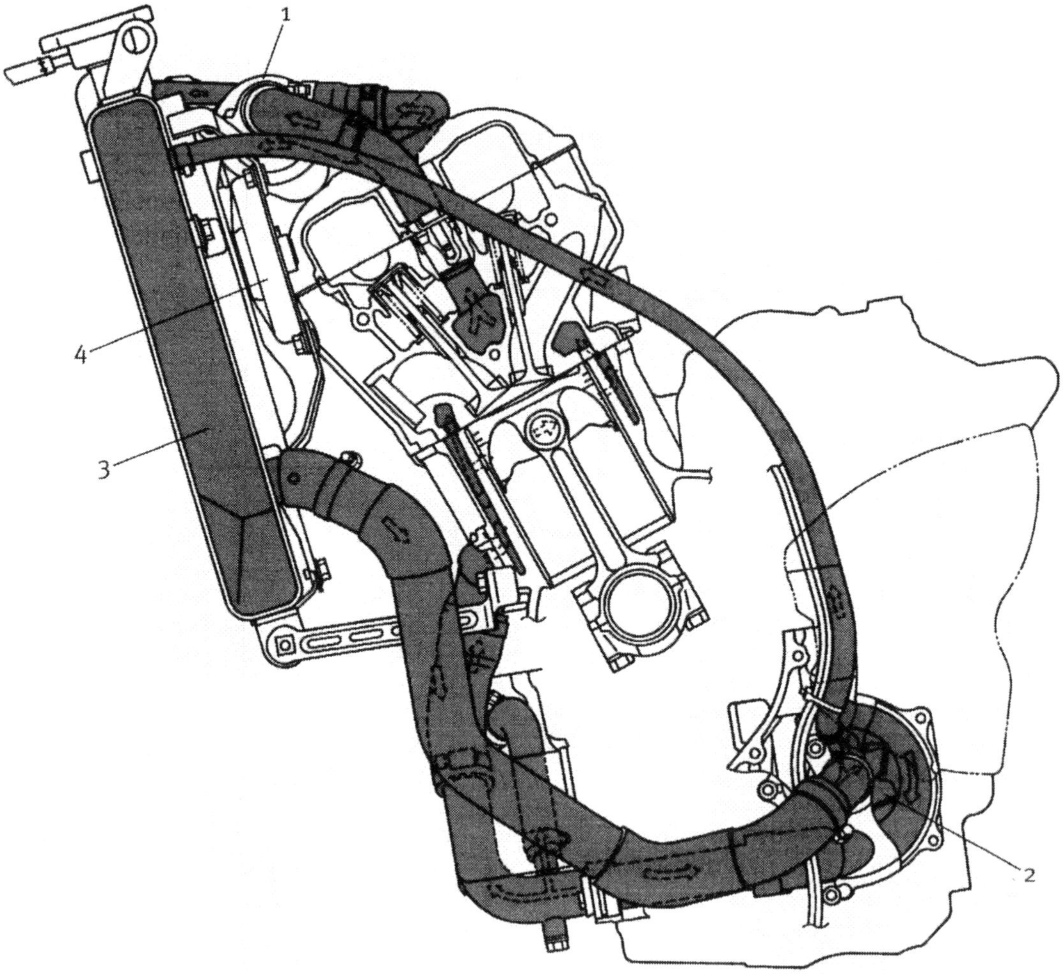

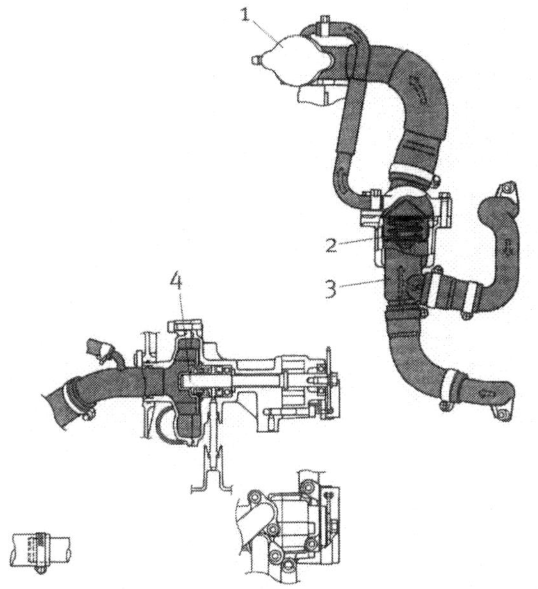

Kühlsystem
1 Kühlerdeckel
2 Thermostatventil
3 Thermostatgehäuse
4 Wasserpumpe

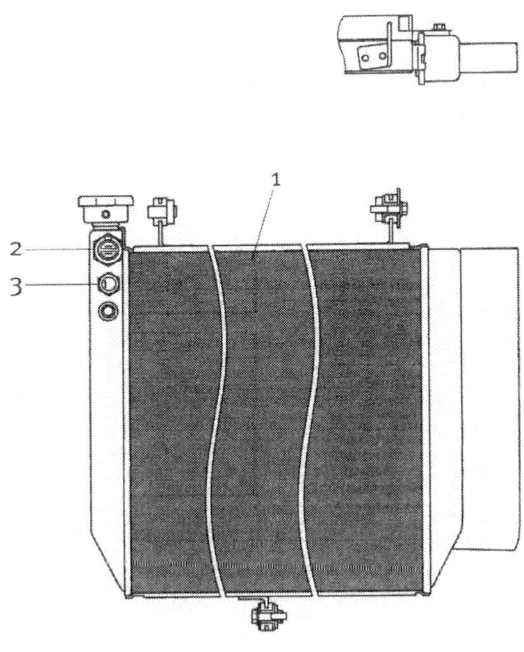

Kühlsystem
1 Kühler
2 Thermoschalter
3 Thermosensor

Schaltplan

YAMAHA YZF–R1
ab Baujahr 1998

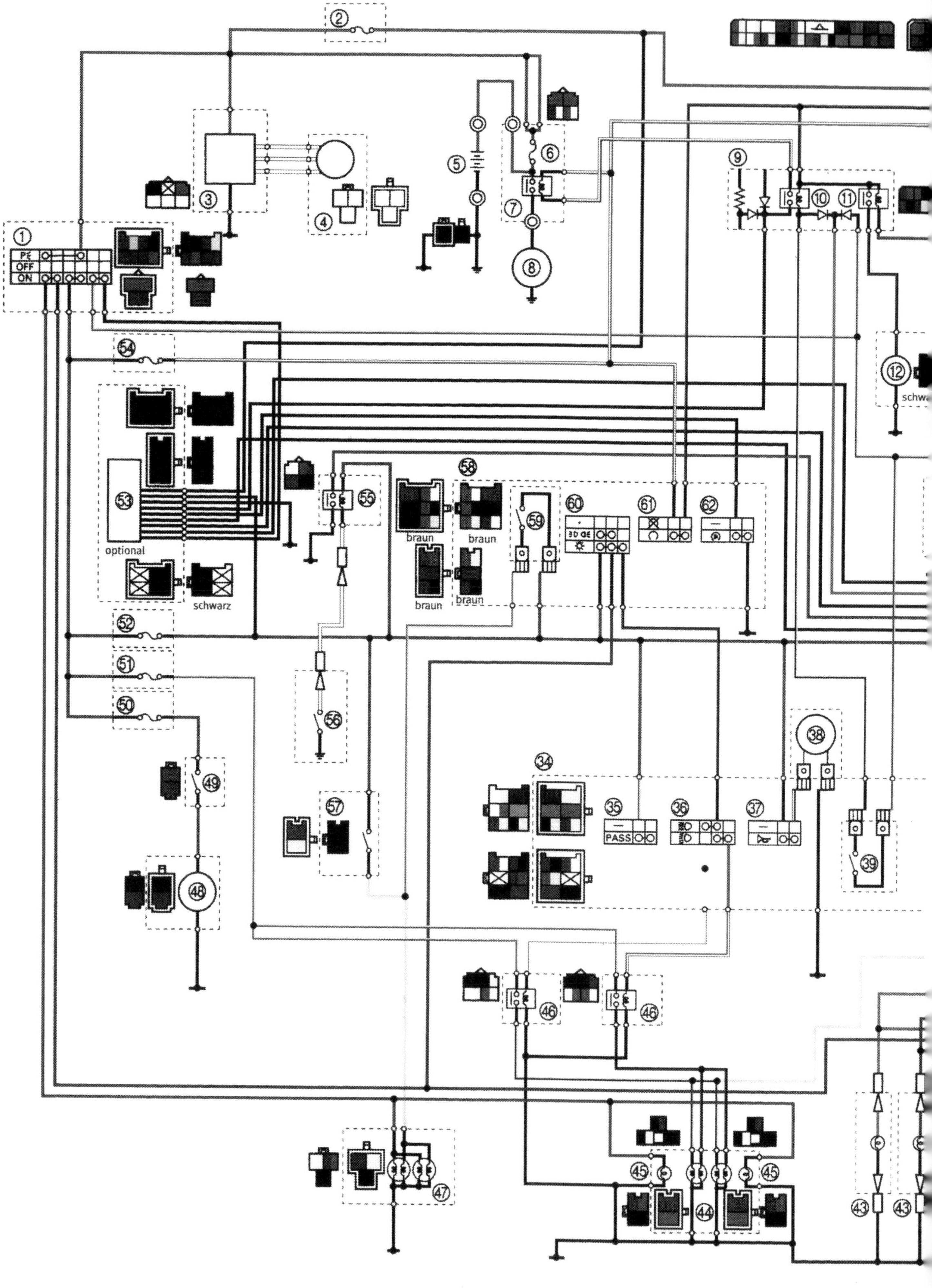

Kabelbaum
Sc
PE
OFF
ON
optional
schwarz
braun
braun
braun
braun
PASS
schw

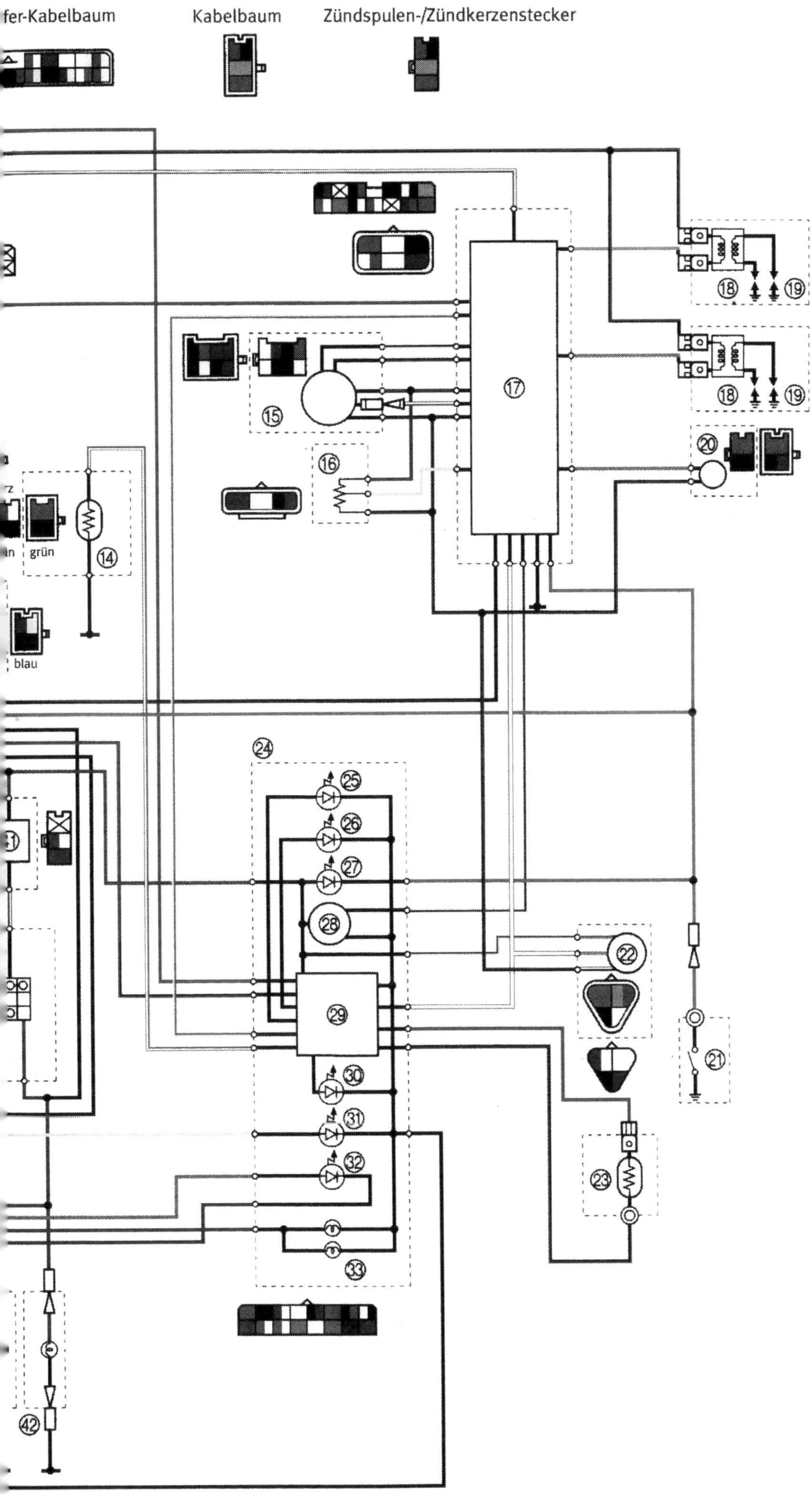

Schaltplan ab 1998

1 Zündschloss
2 Tacho-Sicherung
3 Gleichrichter/Regler
4 Generator
5 Batterie
6 Hauptsicherung
7 Starterrelais
8 Starter
9 Relais-Einheit
10 Starter-Sperrrelais
11 Benzinpumpen-Relais
12 Benzinpumpe
13 Seitenständer-schalter
14 Benzinstandgeber
15 EXUP-Servomotor
16 Drosselklappen-sensor
17 Zündbox
18 Zündspule
19 Zündkerze
20 Pickup
21 Neutralanzeige-schalter
22 Tachosensor
23 Thermosensor
24 Instrumentekonsole
25 Reserve-Warnleuchte
26 Ölstand-/Wassertemperatur-Warnleuchte
27 Neutral-Kontrollleuchte
28 Drehzahlmesser
29 Instrumentekonsole
30 Wassertemperatur-Anzeige
31 Fernlicht-Kontrollleuchte
32 Blinker-Kontrollleuchte
33 Instrumente-beleuchtung
34 Lenkerschalter links
35 Lichthupenschalter
36 Abblendschalter
37 Hupenschalter
38 Hupe
39 Kupplungsschalter
40 Blinkerschalter
41 Blinkerrelais
42 Blinker hinten
43 Blinker vorn
44 Scheinwerfer
45 Standlicht
46 Scheinwerfer-Relais
47 Brems-/Rücklicht
48 Lüftermotor
49 Thermoschalter
50 Lüftermotor-Sicherung
51 Scheinwerfer-Sicherung
52 Blinkersicherung
53 Diebstahlschutz-anlage CYCLELOCK (Sonderzubehör)
54 Zündungs-Sicherung
55 Ölstandgeber-Relais
56 Ölstandschalter
57 Bremslichtschalter/Fuss
58 Lenkerschalter rechts
59 Bremslichtschalter/Hand
60 Lichtschalter
61 Motorstoppschalter
62 Starterschalter

Schaltplan

Yamaha YZF–R1
ab Baujahr 2000

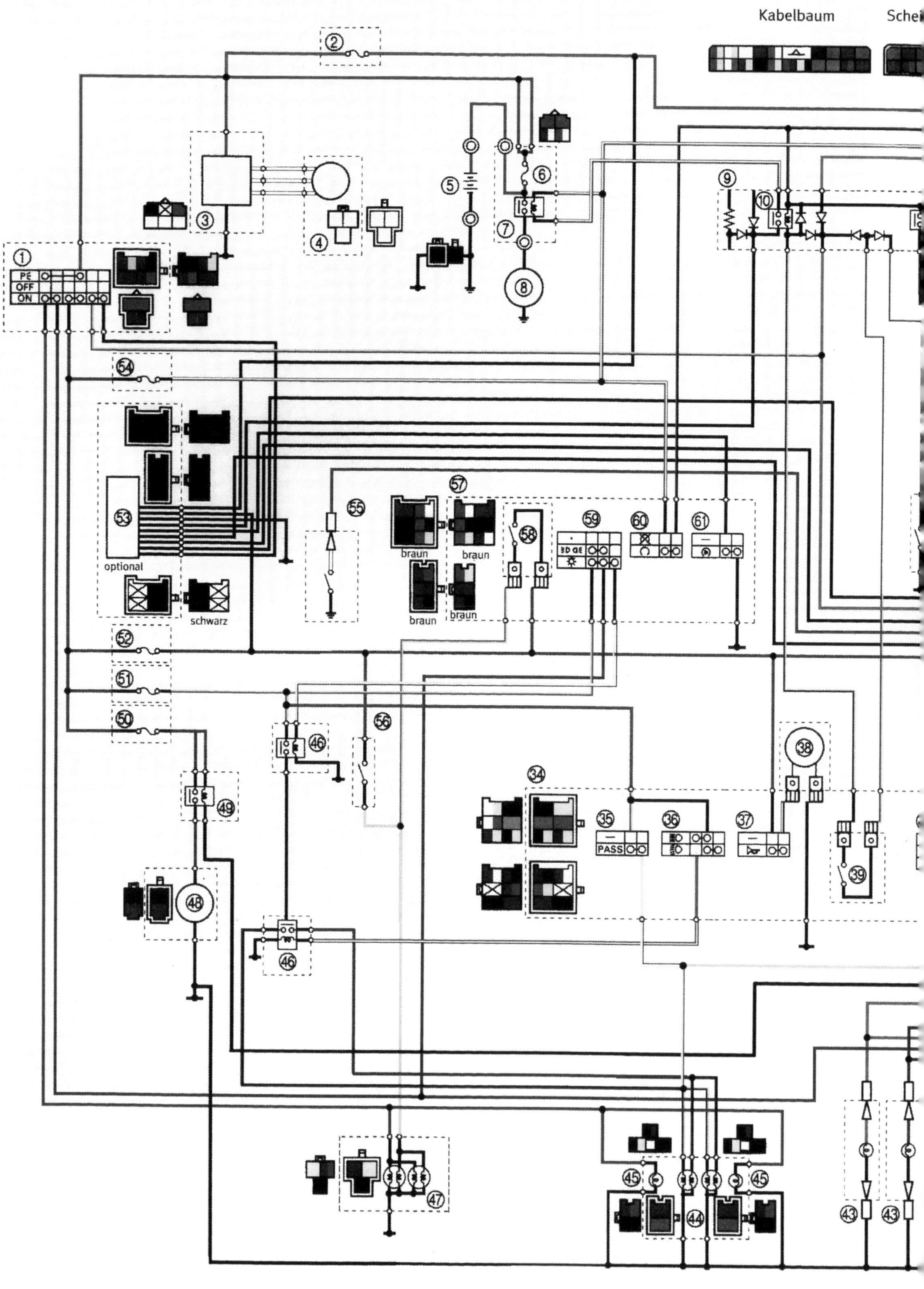

Kabelbaum
Schei
PE
OFF
ON
optional
braun
braun
braun
braun
schwarz
PASS

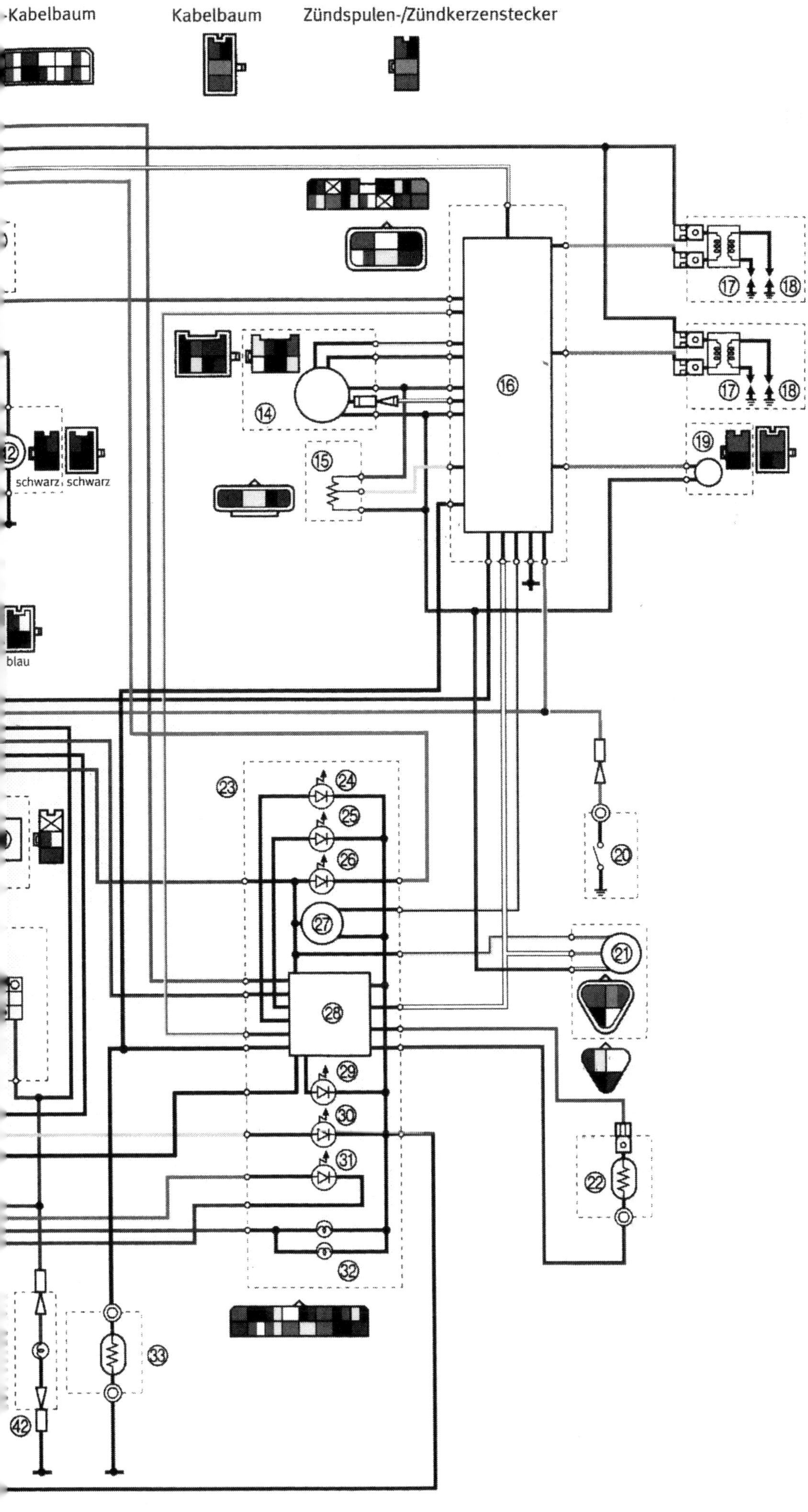

Schaltplan ab 2000

1 Zündschloss
2 Tacho-Sicherung
3 Gleichrichter/Regler
4 Generator
5 Batterie
6 Hauptsicherung
7 Starterrelais
8 Starter
9 Relais-Einheit
10 Starter-Sperrrelais
11 Benzinpumpen-Relais
12 Benzinpumpe
13 Seitenständer-schalter
14 EXUP-Servomotor
15 Drosselklappen-sensor
16 Zündbox
17 Zündspule
18 Zündkerze
19 Pickup
20 Neutralanzeige-schalter
21 Tachosensor
22 Thermosensor
23 Instrumentekonsole
24 Reserve-Warnleuchte
25 Ölstand-Warnleuchte
26 Neutral-Kontrollleuchte
27 Drehzahlmesser
28 Instrumentekonsole
29 Wassertemperatur-Anzeige
30 Fernlicht-Kontrollleuchte
31 Blinker-Kontrollleuchte
32 Instrumente-beleuchtung
33 Benzinstandgeber
34 Lenkerschalter links
35 Lichthupenschalter
36 Abblendschalter
37 Hupenschalter
38 Hupe
39 Kupplungsschalter
40 Blinkerschalter
41 Blinkerrelais
42 Blinker hinten
43 Blinker vorn
44 Scheinwerfer
45 Standlicht
46 Scheinwerfer-Relais
47 Brems-/Rücklicht
48 Lüftermotor
49 Lüftermotor-Relais
50 Lüftermotor-Sicherung
51 Scheinwerfer-Sicherung
52 Blinkersicherung
53 Diebstahlschutz-anlage CYCLELOCK (Sonderzubehör)
54 Zündungs-Sicherung
55 Ölstandschalter
56 Bremslichtschalter/Fuss
57 Lenkerschalter rechts
58 Bremslichtschalter/Hand
59 Lichtschalter
60 Motorstoppschalter
61 Starterschalter

FSC
www.fsc.org
MIX
Papier | Fördert gute Waldnutzung
FSC® C083411

Kolibri 360 GmbH
Ferdinand-Jühlke-Straße 7
99095 Erfurt, Deutschland
produktsicherheit@kolibri360.de